植物化学实验

主　编　赵子剑　赵紫犁

副主编　王国权　周　进　熊建武

参　编　陈胜璜　赵永新　林红卫　何学红

刘志华　赫媛媛　侯安国　刘光明

罗正红　李　敏

主　审　陈迪钊

西安电子科技大学出版社

内 容 简 介

本实验教材是作者在总结多年教学实践经验的基础上编写而成的，主要介绍了植物(中药、天然药物)化学实验准备，常用植物(中药、天然药物)化学实验技术，以及植物化学研究中有代表性的生物碱、蒽醌、黄酮、萜类等相关的 29 个实验。各实验主要包括实验目的与要求、实验原理、实验内容、注意事项、思考题等内容。书末选录了部分与植物化学实验相关的参考数据，包括植物(中药、天然药物)化学成分检出试剂配置法、常用层析显色剂的制备及使用、常用溶剂物理常数和精制方法、常用溶剂性质表、化学试剂规格表等。

本实验教材适合作为制药工程、中药学、药学、农学及相关专业植物化学、中药化学、天然药物化学实验课的教材。

图书在版编目(CIP)数据

植物化学实验/赵子剑，赵紫犁主编. —西安：西安电子科技大学出版社，2013.9

ISBN 978-7-5606-3184-4

Ⅰ. ① 植…　Ⅱ. ① 赵…　② 赵…　Ⅲ. ① 植物生物化学—实验　Ⅳ. ① Q946-33

中国版本图书馆 CIP 数据核字(2013)第 209205 号

策　　划　杨丕勇

责任编辑　阎　彬　杨丕勇

出版发行　西安电子科技大学出版社(西安市太白南路 2 号)

电　　话　(029)88242885　88201467　　邮　　编　710071

网　　址　www.xduph.com　　电子邮箱　xdupfxb001@163.com

经　　销　新华书店

印刷单位　陕西华沐印刷科技有限责任公司

版　　次　2013 年 9 月第 1 版　　2013 年 9 月第 1 次印刷

开　　本　787 毫米×1092 毫米　1/16　　印　张　12

字　　数　280 千字

印　　数　1～3000 册

定　　价　24.00 元

ISBN　978-7-5606-3184-4/Q

XDUP　3476001-1

前　言

植物化学是一门实践性很强的学科，只有通过对植物中有效成分的提取、分离、鉴定等实验，才能真正了解这门学科，才能利用这门学科为我国的药学事业做出应有的贡献。

植物作为药用已有几千年的历史，具有现代科学意义的植物(中药、天然药物)化学已有二百多年的历史，各种科学仪器的出现为植物(中药、天然药物)化学研究提供了强有力的工具，使研究的速度大大加快。但是，实验室中最基本的操作仍是最重要的，这是体现植物(中药、天然药物)化学素质的最基本部分，所以本实验教材仍保留这些内容。本实验教材包括植物(中药、天然药物)化学研究中有代表性的生物碱、蒽醌、黄酮、萜类等相关的 29 个实验，书末选录了部分与植物(中药、天然药物)化学实验相关的参考数据，包括植物(中药、天然药物)化学成分检出试剂配置法、常用层析显色剂的制备与使用、常用溶剂性质表、常用植物(中药、天然药物)成分分离系统等。

本实验教材由赵子剑(怀化学院副教授、执业药师，湖南大学化学专业在读博士)、赵紫犁(长沙麓山国际实验学校教师，湖南省化学奥赛金牌教练)任主编；王国权(陕西中医学院副教授)、周进(湖南工业职业技术学院副教授、高级工程师)、熊建武(湖南工业职业技术学院教授、高级工程师)任副主编；湖南中医药大学陈胜璜，怀化学院赵永新、林红卫、何学红、罗正红、李敏，湖南怀化医学高等专科学校刘志华，甘肃张掖医学高等专科学校赫媛媛，云南中医学院侯安国，湖南文理学院刘光明参编。本实验教材由赵子剑、赵紫犁、周进统稿，陈迪钊(怀化学院教授，硕士生导师)主审。在本实验教材编写过程中，得到了怀化学院杨吉兴教授、张俭教授等的大力支持和帮助，湖南正好制药有限公司张光贤高级工程师也提出了一些修改建议和意见，在此对他们表示衷心的感谢。

本实验教材实验内容丰富，涉及内容广，适合大学本科、高职院校及成人高等学校的制药工程、中药学、药学、农学及相关专业开设植物化学、中药化学、天然药物化学实验课时使用，也可作为药物研究机构和药厂从事中药(天然药物)化学开发与研究的科技人员、医药类院校制药专业硕士研究生、医药类院校各专业教师的参考书。

限于编者水平，书中难免存在不足之处，敬请广大师生与读者批评指正。

编　者

2013 年 5 月

目　　录

第一章

植物(中药、天然药物)化学实验准备

1.1　植物(中药、天然药物)化学实验注意事项

植物(中药、天然药物)化学实验时间长，操作繁杂，所用溶剂和试剂品种多，而且用量较大。许多有机溶剂及药品有毒或具有易燃、腐蚀性、刺激性和爆炸性等特点，在实验操作过程中又经常需要进行加热或减压等操作，学生将接触各种热源和电器，如果操作不慎，易引起中毒、触电、烧伤、烫伤、火灾、爆炸等事故。所以要求每个实验操作者，必须加强爱护国家财产和保障人民生命安全的责任心，严格遵守操作规程，树立严谨的科学实验态度，提高警惕，消除隐患，预防事故发生。

为了确保实验的安全进行，要求如下：

(1) 实验前，认真阅读实验内容及其相关知识，掌握实验原理、操作方法及注意事项。实验开始前应清点本次实验所用仪器设备、溶剂、试剂，熟悉存放位置；认真检查仪器是否完整无损，装置是否正确，经检查合格后方可开始实验。

(2) 实验时要保持室内整洁、安静，不准做与实验无关的事情，不得擅自离开岗位。在实验过程中应密切观察实验进程是否正常，仪器装置有无漏气、碎裂等现象。以科学的实事求是态度，认真及时地记录操作步骤、实验现象、有关数据、实验结果等，以备如实地填写实验报告。

(3) 倒取和存放易燃性有机溶剂时，要远离火源。不得随意将易燃、易爆、有毒的有机溶剂及药品倒入水槽或污物缸内。不得在烤箱内烘烤留有易燃性有机溶剂的仪器或药品。取用药品、试剂和溶剂时，应避免交叉污染，以确保实验的准确性。

(4) 使用精密仪器及电气设备时，应先了解其原理及操作规程，检查好电路，严格按操作规程进行。遇到不明了的问题应及时向老师请教，切忌自作主张、乱动仪器。不要用湿手接触电器。仪器用完后，关好电源，立即清理擦拭干净，摆放整齐。

(5) 回流或蒸馏有机溶剂时，应检查冷凝水是否畅通。不得用明火直接加热，应根据其溶剂的沸点选用水浴、油浴或沙浴。

(6) 实验室中常用到一些有毒或剧毒药品及溶剂。人体中毒的途径一般分为呼吸道、消化道或皮肤吸收。所以室内要通风良好，产生毒气的操作应在通风橱内进行。取用剧毒药品时切勿将其洒在容器外，吸取有毒液体时应使用吸球，不要让其接触皮肤或口腔。毒物及废液不得随意乱倒。实验室内严禁饮食。

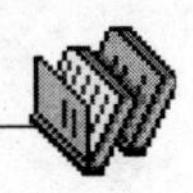

(7) 爱护公物，注意节约水电和能源，不浪费药品、试剂及溶剂。损坏仪器设备，应及时向老师报告，并登记。

(8) 实验结束后，打扫实验室卫生。检查水、电、煤气等开关是否关闭，关妥门窗后，方可离开实验室。

(9) 实验时若不慎起火，应沉着冷静。首先立即切断实验室内所有电源及火源，搬走易燃易爆物品，同时针对起火点情况，选用适当灭火器材进行灭火。

实验者在开始实验前，应了解以下急救常识：

(1) 外伤。及时取出伤口中的碎玻璃屑或固体物质，用蒸馏水冲洗后贴创可贴或涂擦络合碘，用消毒纱布包扎，伤口严重时经简单处理后应及时送往医院就医。

(2) 中毒。如发生中毒现象，应迅速使中毒者撤离现场至通风良好的地方，解开衣领，松开腰带，让其做深呼吸。轻者可慢慢恢复。较重者应饮服高锰酸钾(1∶5000)或 1%硫酸铜溶液后，压舌催吐。呕吐后，再根据毒物性质不同，选择饮服鸡蛋清、牛奶、淀粉糊、橘子汁、咖啡、浓茶水等。如发生昏迷或休克，应进行人工呼吸或输氧，并及时送往医院急救。

(3) 灼伤。如为火灼伤，忌水洗，可局部涂抹苦味酸、甘油、鸡蛋清、烧伤膏等。药物灼伤，应先用大量水冲洗，再根据药物的性质，采用适宜的方法处理。如为酸碱灼伤，先用大量水冲洗后，再用 3%碳酸氢钠或 1%醋酸溶液蘸洗，并局部涂凡士林。如果试剂溅入眼内，先用大量水淋洗，再点入可的松眼药水等。

(4) 触电。如有人发生触电事故，应迅速切断电源。触电轻微者可很快自行恢复，较严重者须进行人工呼吸，并立即送医院急救。

1.2　安全防火须知

(1) 实验室存放的易燃性有机溶剂要远离火源。

(2) 在进行易燃性有机溶剂实验时，一定要按照操作规程进行，不可将易挥发、易燃性有机溶剂倒入水槽或废液缸内。

(3) 烤箱内不能烤盛有易燃性溶剂的器皿。

(4) 消防器材、沙箱、石棉布、灭火器应放在方便固定的地点，不能随意移动，均应处于备用状态。

(5) 万一不慎着火，要沉着冷静，积极抢救，应立即切断室内电源和火源，用石棉布将着火部位盖严，使其隔绝空气而熄灭，或视火势情况选用适当灭火器材进行灭火。在实验室使用二氧化碳灭火器较好，它具有不腐蚀、不导电的优点。

1.3　应特别注意的实验室常见事故

(1) 蒸馏或回流加热时，发现未放入沸石，未等溶液冷却就补加沸石，结果溶液冲出瓶外有时引起火灾。

(2) 蒸馏易燃物时，忘记通冷却水，大量蒸气逸出易引起火灾。

(3) 蒸馏易燃物时，塞子漏气引起火灾。

(4) 用三角烧瓶做减压装置的接受器易发生炸裂。

(5) 减压操作结束后，放气太快，使压力计冲破。

(6) 使用真空干燥器时，用完就直接开干燥器的放气阀，结果使泵内的机油被吸到干燥器中，样品被污染。

1.4　常用仪器使用规范

1.4.1　RE-1001B 旋转蒸发仪操作规程

1. 操作程序

(1) 抽真空：接通真空油泵(循环水真空泵)电源，打开通路中的阀门，抽真空至适当程度。如果管路系统密闭良好，则在负压达到要求后，应尽可能地将管道通路中的阀门关掉，然后关闭真空油泵，以延长油泵寿命。

(2) 加料：利用系统负压，将原料吸入盛料器，容量不得超过一半。

(3) 接通自来水：接通自来水冷却，运行期间注意观察冷凝器的温度，调整冷凝水的流量以满足充分冷凝的要求。

(4) 接通水浴锅电源：设定温度，加热升温。

(5) 水浴锅加水：通常使旋转瓶浸入 1/3～1/2 深度为宜，水浴高度能以浮力平衡旋转瓶重量为宜。装卸旋转瓶时最佳水位是与瓶内液面相平的，并且最好关闭水浴锅，待水浴锅温度下降至适宜温度时再进行。

(6) 旋转：打开电控器开关，由慢到快调节旋钮，最佳转速要避开水浴共振波动。

(7) 回收溶剂：关掉真空油泵，打开加料开关放气，打开放料阀即可放出收集瓶中的溶媒。

2. 注意事项

(1) 运转期间若关闭真空油泵，则必须提前关闭抽气管路中的阀门，防止真空油泵中的介质倒吸。

(2) 真空油泵严禁敞开进气口运行，防止杂质吸入设备腔体。

(3) 运转期间注意观察电机、电源线路情况，发现异常情况应斟酌处理，并报实验室主管人员。

1.4.2　WFH-201B 暗箱式紫外透射反射仪操作规程

1. 概述

该仪器能分别发出短波 254 nm、长波 365 nm 的紫外线(反射)及 300 nm 的紫外线(透射)，既可以单独使用，也可以混合使用。

2. 使用

(1) 接通 220 V 电源。

(2) “点样”开关用于暗箱照明，不可以与紫外线开关同时使用。

(3) “254 nm”开关用于打开短波紫外灯。

(4) “365 nm”开关用于打开长波紫外灯。

(5) “300 nm”开关用于打开透射紫外灯。

开机约 3 分钟，是观察和拍照的最佳时机，此时样品发出的荧光处于最佳状态。拍照时若罩上黑绒布遮去室内可见光，则效果更好。

3．注意事项

(1) 紫外灯打开后，切勿自下而上直视观看，以免损伤眼睛。

(2) 灯管寿命有限，不用时一定要保持关闭状态。

(3) 灯管和滤色玻璃勿用手直接接触，以免沾污造成失透。

(4) 若滤色玻璃色片发生霉变、污染，应及时用小块毛毡、牙膏(或刨光粉)或擦镜纸沾上酒精，擦拭清除。

1.4.3 电子分析天平标准操作规程

(1) 接通电源，打开电源开关和天平开关，预热至少 30 分钟以上。也可于上班时预热至下班前关断电源，使天平处于稳定的预热状态。

(2) 参数选择。预热完毕后，轻轻按一下天平控制面上的开关键，天平即开启，并显示 0.0000；按下开关键不松手，直至出现 Int-x-后立即松开，并立即轻轻按一下开关键即可选择积分时间，选择挡为 1、2、3，一般选“2”挡；选好后，再按住开关键不松开，直到出现 Asd-x-后立即松开，并立即轻轻按动开关键即可选择稳定度，选择挡为 1、2、off 三挡，一般选“2”挡。以上两参数选好后，如无必要可不再改变，每次开启后即执行选定参数。

(3) 天平自检。电子天平设有自检功能，进行自检时，天平显示“CAL……”，稍等片刻，闪显“100”，此时应将天平自身配备的 100 g 标准砝码轻轻推入，天平即开始自校，片刻后显示 100.0000，之后显示“0”，此时应将 100 g 标准砝码拉回，片刻后天平显示 00.0000。此时天平自检完毕，即可称量。

(4) 放入被称物。将被称物预先放置，使之与天平室的温度一致(过冷、过热物品均不能放在天平内称量)，必要时先用台式天平称出被称物的大约重量。开启天平侧门，将被称物置于天平载物盘中央；放入被称物时应戴手套或用带橡皮套的镊子镊取，不应直接用手接触，必须轻拿轻放。

(5) 读数。天平自动显示被测物的重量，等稳定后(显示屏左侧亮点消失)即可读数并记录。

(6) 关闭天平，断开电源。

1.4.4 722 分光光度计操作规程

(1) 预热仪器。将选择开关置于“T”，打开电源开关，使仪器预热 20 分钟。为了防止光电管疲劳，不要连续光照。预热仪器时和不测定时应将试样室盖打开，使光路切断。

(2) 选定波长。根据实验要求，转动波长手轮，调至所需要的单色波长。

(3) 固定灵敏度挡。在能使空白溶液很好地调到“100%”的情况下，尽可能采用灵敏度较低的挡。使用时，首先调到“1”挡，灵敏度不够时再逐渐升高。但换挡改变灵敏度后，须重新校正“0%”和“100%”。选好灵敏度后，实验过程中不要再变动。

(4) 调节 T = 0%。轻轻旋动“0%”旋钮，使数字显示为“00.0”(此时试样室是打开的)。

(5) 调节 T = 100%。将盛蒸馏水(或空白溶液，或纯溶剂)的比色皿放入比色皿座架中的第一格内，并对准光路，把试样室盖子轻轻盖上，调节透过率“100%”旋钮，使数字显示正好为“100.0”。

(6) 吸光度的测定。将选择开关置于“A”，盖上试样室盖子，将空白液置于光路中，调节吸光度调节旋钮，使数字显示为“.000”。将盛有待测溶液的比色皿放入比色皿座架中的其它格内，盖上试样室盖，轻轻拉动试样架拉手，使待测溶液进入光路，此时数字显示值即为该待测溶液的吸光度值。读数后，打开试样室盖，切断光路。重复上述测定操作1～2 次，读取相应的吸光度值，取平均值。

(7) 浓度的测定。选择开关由“A”旋置“C”，将已标定浓度的样品放入光路，调节浓度旋钮，使得数字显示为标定值，将被测样品放入光路，此时数字显示值即为该待测溶液的浓度值。

(8) 关机。实验完毕，切断电源，将比色皿取出洗净，并将比色皿座架用软纸擦净。

1.4.5　UV-2450 紫外光谱仪操作规程

(1) 检查电源是否正确连接，仪器配件是否完整。

(2) 开稳压电源。

(3) 待电源电压达到 220 V 后开主机。

(4) 开启仪器电源，15 秒后开启电脑与显示器。

(5) 点击应用软件，点击连接，待仪器自检完毕后，使仪器预热 15 分钟。

(6) 设置分析方法与参数。

(7) 放入参比溶液，进行调零或基线校正。

(8) 按照石英比色皿的操作要求，正确地装液、清洗与擦拭。

(9) 比色皿正确装液后关闭比色皿室盖，待方法设置选择完成后点击应用软件 Start，开始测定。

(10) 测定完毕，把数据保存到相应的文件夹中(不能保存在 C 盘中)。

(11) 退出应用软件，取出石英比色皿，用相应的方法清洗好比色皿，之后将比色皿浸泡在装有无水乙醇的烧杯中 24 小时，再将其装入比色皿盒。

(12) 关闭仪器，用仪器罩盖好仪器。

1.5　实验报告内容和要求

实验完毕，应提交实验报告。实验报告的格式、内容及要求如下。

1．题目

2．实验目的和要求

3．实验操作及原理

(1) 简明扼要地说明提取和分离的理论依据。

(2) 用阶梯式流程图记录实验过程、现象及出现的问题，包括投料量、中间产品得重。

4．化学成分鉴定

(1) 化学反应：包括反应试剂用量及结果。

(2) 薄层层析：绘制 TLC 图谱，注明层析条件。

(3) 产品的产量、得率，测定 m.p.结果。

(4) 呈交样品：注明产品名称、m.p.或 b.p.、产量、得率、日期、班、组、姓名。

5．讨论

讨论你对本实验的收获和体会，列举实验中出现的问题并找出出现问题的原因，说明有何改进意见等。

第二章

常用植物(中药、天然药物)化学实验技术

2.1　常用实验操作技术

2.1.1　浸渍法操作及应用特点

浸渍法主要包括以下几种：

(1) 冷浸法。取药材粗粉，置适宜容器中，加入一定量的溶剂如水、酸水、碱水或稀醇等，密闭，不时搅拌或振摇，在室温条件下浸渍1～2天或规定时间，使有效成分浸出，滤过。药材再加入适量溶剂浸泡2～3次，使有效成分大部分浸出。然后将药渣充分压榨、滤过，合并滤液，经浓缩后即得提取物。

(2) 温浸法。具体操作与冷浸法基本相同，但温浸法的浸渍温度一般在40～60℃之间，浸渍时间短，却能浸出较多的有效成分。由于温度较高，浸出液冷却后放置贮存常析出沉淀，为保证质量，需滤去沉淀后再浓缩。

(3) 重浸渍法，即多次浸渍法。此法可减少药渣吸附浸出液所引起的药物成分的损失量。其操作是：将全部浸渍溶剂分为几份，先用第一份浸渍药材后，将药渣再用第二份溶剂浸渍，如此重复2～3次，最后将各份浸渍液合并处理，即得。多次浸渍法能大大地降低浸出成分的损失量，其降低的程度可用下式表示：

$$r = x\left[\frac{a^m}{(n+a)(n+2a)^{m-1}}\right]$$

式中，r 为药渣吸液所导致的成分损失量(即留于 a 中的浸出成分的量)；m 为浸渍次数；x 为药材成分总浸出量；a 为药渣吸附的浸液量；n 为首次分离出的浸液量。

由上式知，r 值的减小与 a 值有关，与其在总浸液量中所占的比例的方次成反比地减小，而浸渍次数即是方次的级数，故浸渍的次数越多，成分损失量就越小。欲使 r 值减小，关键在于减小 a 值和合理控制浸出次数。减小 a 值的方法是压榨药渣。一般浸渍2～3次即可将 r 值减小到一定程度，浸渍次数过多并无实际意义。

浸渍法简单易行，适用于黏性药材、无组织结构的药材、新鲜及易于膨胀的药材、价格低廉的芳香性药材；不适用于贵重药材、毒性药材及高浓度的制剂。因为浸渍法溶剂的

用量大，且呈静止状态，所以溶剂的利用率较低，有效成分浸出不完全，即使采用重浸渍法，加强搅拌，或促进溶剂循环，也只能提高浸出效果，不能直接制得高浓度的制剂。浸渍法所需时间较长，不宜用水做溶剂，通常用不同浓度的乙醇或白酒，故浸渍过程中应密闭，防止溶剂的挥发损失。

2.1.2 渗漉法操作及应用特点

1．渗漉装置

常用的渗漉装置见图 2-1。渗漉筒一般为圆柱形或圆锥形，筒的长度为筒直径的 2～4 倍。渗漉提取膨胀性不大的药材时用圆柱形渗漉筒；膨胀性大的药材的渗漉提取则采用圆锥形渗漉筒。

2．操作方法

将药材粗粉放在有盖容器内，再加入占药材粗粉量 60%～70%的浸出溶剂均匀湿润后，密闭，放置 15 分钟至数小时，使药材充分膨胀后备用。另取脱脂棉一团，用浸出液润湿后，铺垫在渗漉筒的底部，然后将已湿润膨胀的药材粗粉分次装入渗漉筒中，每次装药后，均须摊匀压平。松紧程度视药材质地及浸出溶剂而定，含水量较多的溶剂宜压松些，含醇量高的溶剂则可压紧些。药粉装完后，用滤纸或纱布将药材面覆盖，并加一些玻璃珠或碎瓷片等重物，以防加入溶剂时药粉被冲浮起来。然后向渗漉筒中缓缓加入溶剂，并注意应先打开渗漉筒下方浸液出口之活塞，以排除筒内空气，待溶液自下口流出时，关闭活塞。流出的溶剂应再倒回筒内，并继续添加溶剂至高出药粉表面数厘米，加盖放置 24～48 小时，使溶剂充分渗透扩散。开始渗漉时，渗漉液流出速度如以 1000 g 药粉计算，每分钟流出 1～3 mL 或 3～5 mL 为宜。渗漉过程中需随时补充新溶剂，使药材中的有效成分充分浸出。渗漉溶剂的用量一般为 1∶4～1∶8(药材粉末∶渗漉溶剂)。

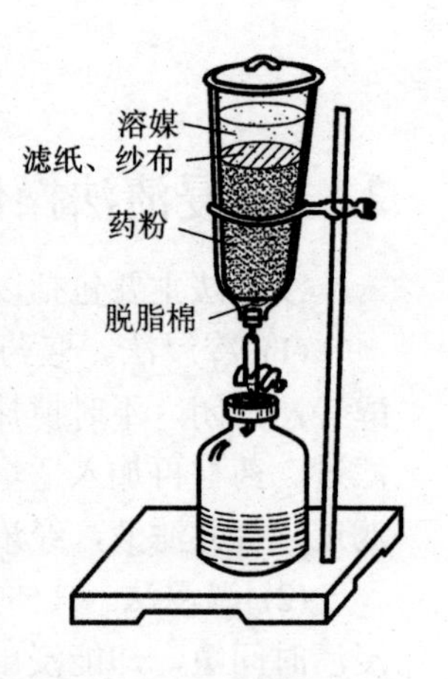

图 2-1 渗漉装置

3．注意事项

(1) 供渗漉用的药材粉末不能太细，以免堵塞药粉颗粒间孔隙，妨碍溶剂通过。一般大量渗漉时药材应切成薄片或 0.5 cm 左右的小段；小量渗漉时需将药材粉碎成粗粉。若粉碎时残留的细粉较多，应待粗粉充分湿润后再将其拌入粗粉一起装筒，这样可避免堵塞渗漉筒。

(2) 药粉装筒前一定要先放入有盖容器中用溶剂湿润，且放置一定时间，使药粉充分湿润膨胀，以免在渗漉筒中膨胀后造成堵塞，或膨胀不均匀造成浸出不完全。

(3) 装筒时药粉的松紧及使用压力是否均匀，对浸出效果影响很大。药粉装得过紧会使出口堵塞，溶剂不易通过，无法进行渗漉。药粉装得过松，溶剂很快流过药粉，造成浸出不完全，消耗的溶剂量多。因此装筒时，要分次一层一层地装，每装一层，要用木槌均匀压平，不能过松或过紧。

(4) 渗漉筒中的药粉量装得不宜过多，一般为渗漉筒容积的 2/3，留有一定的空间以存放溶剂，便于操作和连续渗漉。

(5) 药粉填装好后，应先打开渗漉筒下口活塞，再添加溶剂，否则会因加溶剂造成气泡，冲动粉柱而影响浸出。渗漉过程中，溶剂必须保持高出药面，否则渗漉筒内药粉干涸开裂，再加入溶剂时溶剂会从裂隙间流过而影响浸出。若采用连续渗漉装置(见图 2-2)，则可避免此现象的发生。

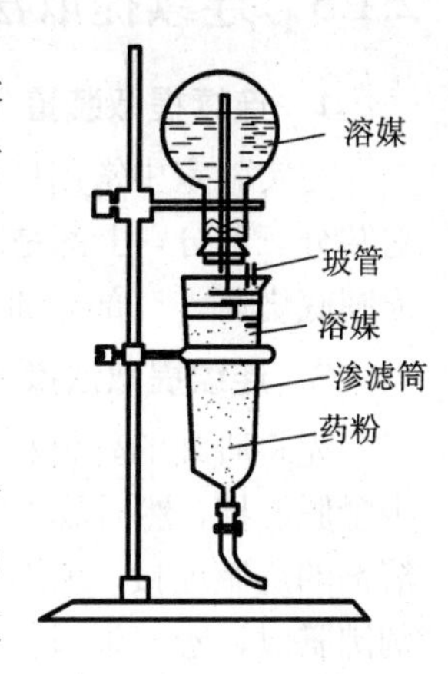

图 2-2　连续渗漉装置

4．渗漉法应用特点

渗漉法属于动态浸出，溶剂的利用率高，有效成分浸出完全，故适用于贵重药材、毒性药材及高浓度制剂，也可用于有效成分含量较低的药材的提取；但对新鲜的及易膨胀的药材、无组织结构的药材不宜选用。渗漉法不经滤过处理可直接收集渗漉液。因渗漉过程所需时间较长，不宜用水做溶剂，通常用不同浓度的乙醇或白酒，故应防止溶剂的挥发损失。

2.1.3　煎煮法操作

煎煮法系指用水作溶剂，加热煮沸浸提药材成分的一种方法，适用于有效成分能溶于水，且对湿、热较稳定的药材。该法浸提成分范围广，但往往杂质较多，给精制带来不利，且煎出液易霉败变质。因符合中医传统用药习惯，溶剂易得价廉，煎煮法至今仍为最广泛应用的基本浸提方法。

操作方法：取药材饮片或粗粉，置于适当容器(勿用铁器)中，加水浸没药材，充分浸泡后，加热煎煮，待药液沸腾后，继续保持微沸一定时间，然后进行滤过，得到水煎液。药渣再加适量水，重复操作数次至水煎液味淡薄为止。合并各次水煎液，浓缩即得提取物。一般需煎煮 2～3 次，煎煮的时间可根据药材的量及质地而定。对少量质松、轻薄的药材，第一次可煮沸 20～30 分钟；而药材量多或质地坚硬时，第一次约煎煮 1～2 小时。第二、三次煎煮时间可酌减。

2.1.4　回流提取法操作及应用特点

将药材粗粉装入圆底烧瓶内，添加溶剂使其浸过药面 1～2 cm，烧瓶内药材及溶剂的总量一般为烧瓶容积的 1/2～2/3。烧瓶上方接通冷凝管，置水浴中加热回流一定时间，滤出提取液，药渣再添加新溶剂回流提取，见图 2-3。一般需提取 3 次，合并提取液。

回流提取法的应用特点：该法较渗漉法的溶剂耗用量少，因为溶剂能循环使用。但回流热浸法溶剂只能循环使用，不能不断更新；而循环回流冷浸法溶剂既可循环使用，又能不断更新，故溶剂用量最少，浸出较完全。但应注意，回流法由于连续加热，浸出液在蒸发锅中受热时间较长，故不适用于受热易破坏的药材成分浸出。若在其装置上连接薄膜蒸发装置，则可克服此缺点。

图 2-3　回流提取装置

2.1.5 连续提取法操作

1. 连续提取装置

在实验室中常用脂肪抽出器(索氏提取器)作为连续提取装置。它共分三部分，上部是冷凝管，中部是带有虹吸管的提取筒，下部为圆底烧瓶。三部分通过磨口严密连接(见图 2-4)。

图 2-4 索氏提取器

2. 连续提取法操作

先将研细的药材粉末装入滤纸筒中，轻轻压实，上盖以滤纸或少量脱脂棉，然后放入提取筒中，再将提取筒下端和盛有适量提取溶剂的烧瓶连接，上端接上冷凝管。安装完毕后，水浴加热，当溶剂沸腾时，蒸气通过提取筒旁侧的玻管上升到达冷凝管中，被冷凝成为液体后，滴入提取筒中，当筒中液体的液面超过虹吸管的最高处时，由于虹吸作用，提取液自动流入烧瓶中，烧瓶内的溶液再受热气化上升，而被溶出的中药成分因不能气化而留在烧瓶中，如此循环提取，直至药材中的可溶性成分大部分提出后为止，一般需要数小时才能完成。

如果是大量提取，可根据此原理设计类似的大量连续提取装置(见图 2-5)。

若试样量少，可用简易半微量提取器(见图 2-6)：把被提取中药粗粉放入折叠滤纸筒中。此装置操作方便，提取效果也较好。

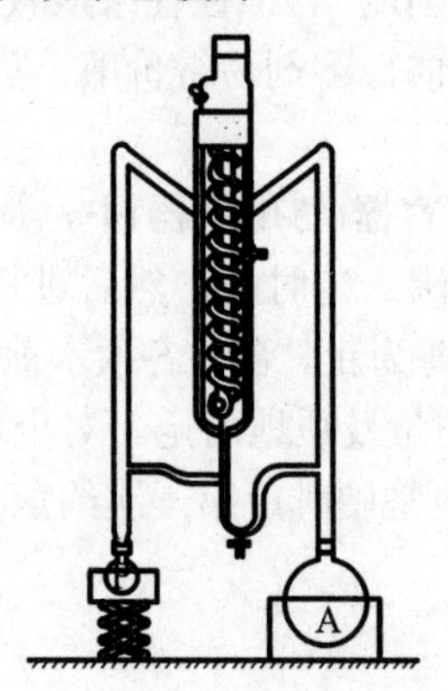

图 2-5 大量连续提取装置

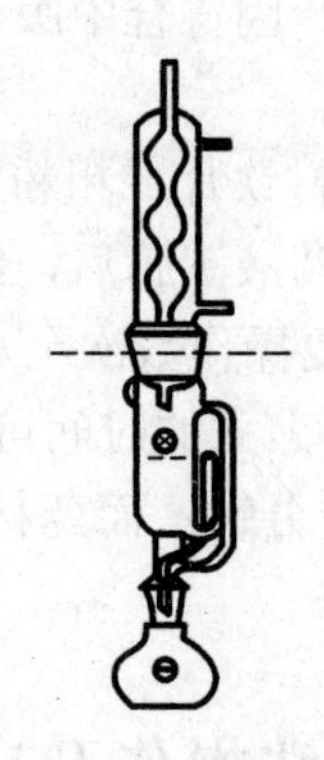

图 2-6 简易半微量提取器

3. 注意事项

(1) 滤纸筒可用定性滤纸捆扎而成(见图 2-7)。滤纸筒高度以超过索氏提取器的虹吸管 1～2 cm 为宜。滤纸筒内径应小于索氏提取器的提取筒内径。

(2) 药材粉末的装入量不宜过多，放入提取筒内后，药面应低于虹吸管，并应注意不要把药粉流出滤纸筒外，以防堵塞虹吸管。

(3) 加热前，应在烧瓶内加入止暴剂，如果提取液已加热而没有加入止暴剂，补加时必须将提取液冷至沸点以下，方可加入，切忌将止暴剂直接加入已接近沸腾的提取液中，否则提取液可能突然放出大量蒸气，而将大部分液体从蒸馏瓶口喷出，造成火灾及烫伤事故。如果因故中途停止提取，在再次加热前，应加入新的止暴剂。

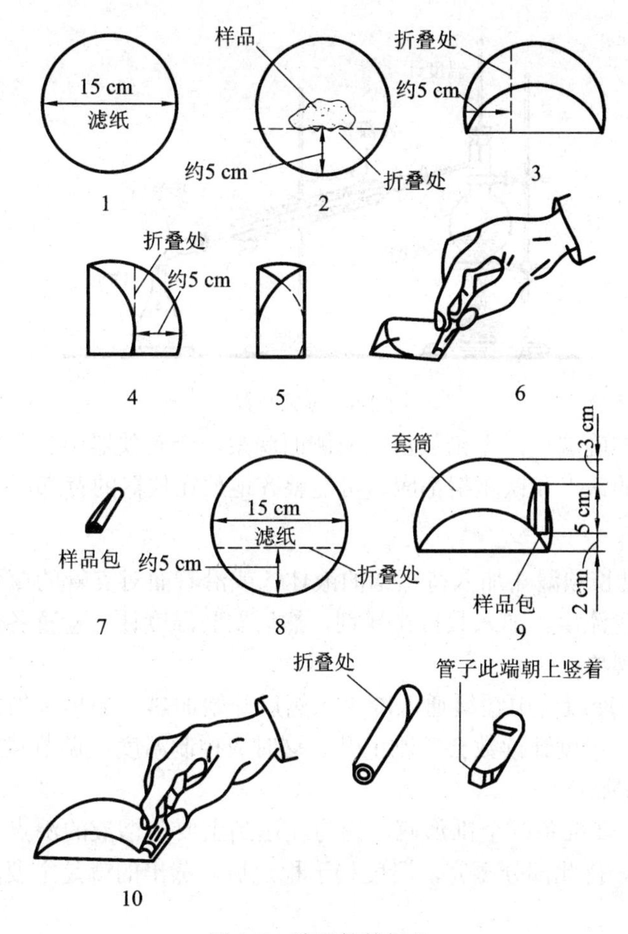

图 2-7　滤纸筒的捆扎

2.1.6　蒸馏法操作

1. 蒸馏装置及安装

最常用的常压蒸馏装置，由蒸馏瓶、温度计、冷凝管、接液管和锥形瓶(接受器)组成，见图 2-8。

根据待蒸馏液体的量选择大小合适的蒸馏瓶，把配有温度计的塞子塞入瓶口，调整温度计的水银球上限和蒸馏瓶支管的下限，使其在同一水平线上。蒸馏瓶与冷凝管相连的支管口应伸出塞子 2～3 cm。安装时冷凝管上端的出水口应向上，保证套管中充满水，冷凝管下端通过塞子和接液管相连。接液管和锥形瓶间不可用塞子塞住，而应与外界大气相通。

在安装仪器前首先选择合适规格的仪器，配妥各连接处的塞子，安装的顺序一般是先从热源处开始，然后由下而上、从左到右依次安装。蒸馏瓶用铁夹垂直夹好，铁夹的位置应在蒸馏瓶支管以下的瓶颈处；安装冷凝管时，铁夹应夹在冷凝管的重心部位，调整它的位置，使其与蒸馏瓶的支管在同一直线上，然后松开冷凝管铁夹，使冷凝管沿此直线移动和蒸馏瓶相连，这样才不致折断蒸馏瓶支管。再装上接液管和锥形瓶。各铁夹不应夹得太紧或太松，以夹住后稍用力尚能转动为宜。

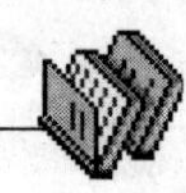

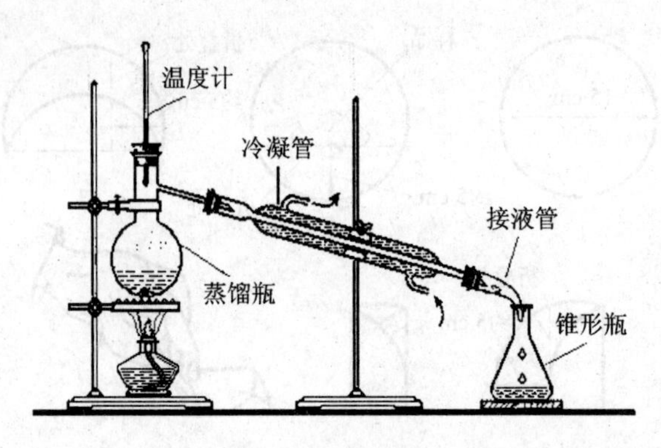

图 2-8　蒸馏装置

整套装置要求准确端正，无论从正面或侧面观察，全套仪器中各部件的中心线都应在一条直线上。所有的铁夹和铁座架都应尽可能整齐地放在仪器的背部。

2．蒸馏操作

(1) 加料。通过长颈漏斗加入待蒸馏的液体，或沿着面对支管的瓶颈壁小心地加入，必须防止液体从支管流出。加入数粒止暴剂，然后安装温度计，检查各仪器之间的连接是否紧密，有无漏气现象。

(2) 加热。先向冷凝管中缓缓通入冷水，然后开始加热。加热时当蒸气的顶端到达温度计水银球部位时，温度计读数会急剧上升。这时应控制温度，调节蒸馏速度，通常以每秒钟蒸出 1～2 滴为宜。

(3) 收集馏液。要准备两个锥形瓶，因为在达到主要蒸馏液的沸点之前，可能有沸点较低的液体先蒸出。待此部分蒸完，温度趋于稳定后，蒸出的就是主要蒸馏液，这时应更换一个锥形瓶。

如果维持原来的加热温度，不再有馏液蒸出，温度突然下降，这时就可停止蒸馏，切勿将蒸馏液全部蒸干，以免蒸馏瓶破裂或发生其他意外事故。

蒸馏完毕，先应停止加热，然后关闭水源，拆除仪器(程序和装配时相反)。

3．注意事项

(1) 装配蒸馏装置时必须做到紧密整齐。

(2) 加入蒸馏液的体积，应不超过蒸馏瓶体积的 2/3，一般不少于 1/3。

(3) 当蒸馏易挥发和易燃的液体时，不能用明火，一般以水浴为热源。

(4) 开始加热前必须在蒸馏瓶内加入止暴剂，如果蒸馏液已加热而没有加入止暴剂，补加时必须将蒸馏液冷却至沸点以下，方可加入，切忌将止暴剂直接加入已接近沸腾的蒸馏液中，否则蒸馏液可能突然放出大量蒸气，而将大部分液体从蒸馏瓶口喷出，造成火灾及烫伤事故。如果因故中途停止蒸馏，在再次加热前，应加入新的止暴剂。

2.1.7　减压蒸馏法操作

1．减压蒸馏的装置

常用的减压蒸馏系统可分为蒸馏、抽气以及测压装置这三部分，见图 2-9。

(1) 蒸馏装置部分。减压蒸馏瓶(又称克氏蒸馏瓶)有两个颈，其中一颈中插入温度计，另一颈中插入一根末端拉成毛细管的玻管，玻管长度应使其下端距瓶底 1～2 mm。玻管上端有一段带螺旋夹的橡皮管。蒸馏液的接受器用蒸馏瓶或抽滤瓶。根据蒸出的液体的不同沸点，选用合适的热浴和冷凝管。

(2) 抽气装置部分。

① 水泵：用玻璃或金属制成，其效能与其构造、水压及水温有关。水泵所能达到的最低压力为当时室温下的水蒸气压。例如在水温为 6～8℃时，水蒸气压为 0.93～1.06 kPa。在夏天，若水温为 30℃，则水蒸气压为 4.20 kPa 左右。现在还有一种循环水真空泵装置(见图 2-10)，可节约用水，配有指针式压力表，减压效能也较好。

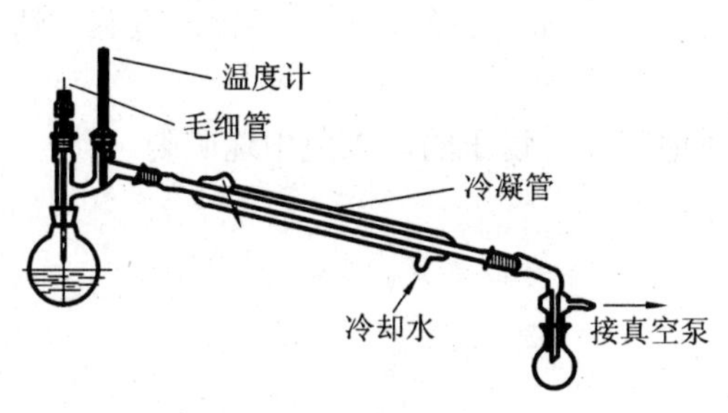
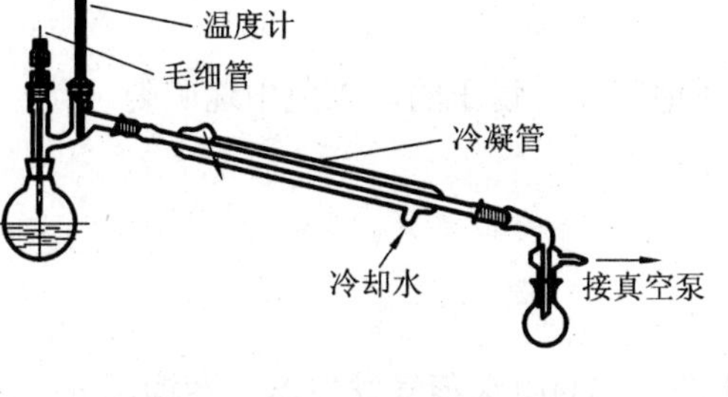

图 2-9　减压蒸馏装置

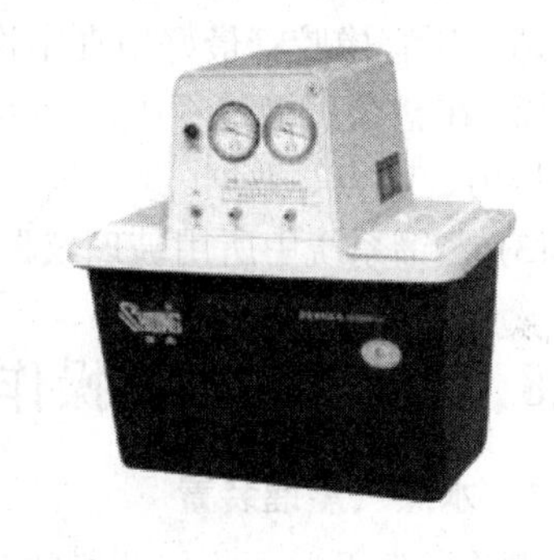

图 2-10　减压装置(循环水真空泵)

② 油泵：其效能取决于油泵机械结构以及油的质量。好的油泵能抽至真空度 0.013 33 kPa(0.1 毫米汞柱)。油泵结构较精密，工作条件要求较严，蒸馏中如果有挥发性的有机溶剂、水或酸的蒸气进入都会损坏油泵。为了防止易挥发的有机溶剂、酸性物质和蒸气进入油泵，必须在馏液接受器与油泵之间顺次安装冷却阱和几种吸收塔。将冷却阱置于盛有冷却剂的广口保温瓶中，冷却剂可用冰-水、冰-盐、干冰等。吸收塔又称干燥塔，通常设两个，前一个装无水氯化钙(或硅胶)，后一个装粒状氢氧化钠。有时为了吸除烃类气体，可再加一个装石蜡片的吸收塔。

(3) 测压装置部分。实验室通常采用水银压力计测量减压系统的压力。开口式水银测压计的两臂汞柱高度之差即为大气压力与系统中压力之差，因此蒸馏系统内的实际压力(真空度)应是大气压力减去这一汞柱差。使用时应避免水或其他污物进入压力计内，否则将严重影响其准确度。

在泵前还应接一个安全瓶，瓶上的两通活塞供调节系统压力及放气之用。

2. 减压蒸馏操作

当被蒸馏物中含有低沸点的物质时，应先进行普通蒸馏，然后用水泵减压蒸去低沸点物，最后再用油泵减压蒸馏。

在克氏蒸馏瓶中，放置待蒸馏的液体(不超过容积的 1/2)，按图 2-9 装好仪器，旋紧毛细管上的螺旋夹，打开安全瓶上的两通活塞，然后开泵抽气。逐渐关闭两通活塞，从压力计上观察系统所能达到的真空度。如果因为漏气而不能达到所需的真空度，可检查各部分塞子和橡皮管的连接是否紧密等。必要时可用熔融的固体石蜡密封(密封应在解除真空后才能进行)。如果超过所需的真空度，可小心地旋转两通活塞，慢慢地引进少量空气以调节至

所需的真空度。调节螺旋夹，使液体中有连续平稳的小气泡通过。开启冷凝水，选合适的热浴加热蒸馏。加热时，克氏蒸馏瓶的圆球部位至少应有 2/3 浸入浴液中。控制浴温比待蒸馏液体的沸点高20℃～30℃，使每秒钟馏出 1～2 滴为宜。

蒸馏完毕时，先撤去热源，待稍冷后，缓缓旋开夹在毛细管上的橡皮管的螺旋夹，并慢慢打开安全瓶上的活塞，使测压计的水银柱缓慢地回复原状(若放开得太快，水银柱很快上升，有冲破测压计的可能)，待系统内外压力平衡后，方可关闭抽气泵，以免抽气泵中的油反吸入干燥塔中。最后拆除仪器。

3. 注意事项

(1) 减压蒸馏的整个系统必须保持密封不漏气，所以选用橡皮塞的大小及钻孔都要十分合适。所有橡胶管最好用真空橡皮管。各磨口玻璃塞部位都应仔细地涂好真空脂。

(2) 在整个蒸馏过程中，都要密切注意温度计和压力计的读数。经常注意蒸馏情况和记录压力、沸点等数据。

(3) 蒸馏系统中所用玻璃仪器必须选择质地坚硬、耐压的，以免中途破裂。

2.1.8 水蒸气蒸馏法操作

1. 水蒸气蒸馏装置

实验室常用的水蒸气蒸馏的简单装置(见图 2-11)由水蒸气发生器、蒸馏部分、冷凝部分和接受器四个部分组成。

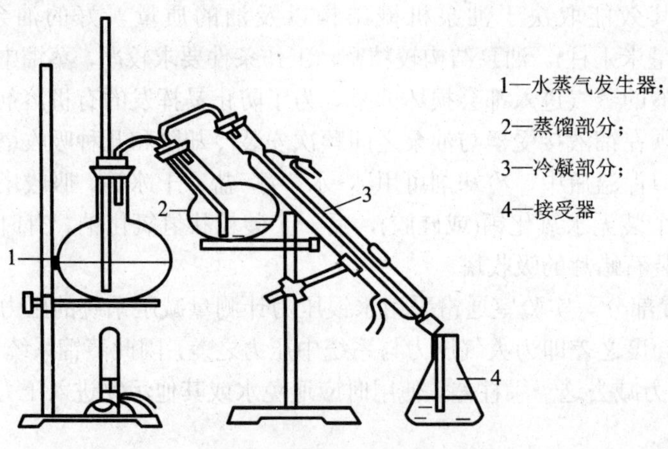

图 2-11 水蒸气蒸馏装置

蒸馏部分通常采用 500 mL 以上的长颈圆底烧瓶。为了防止瓶中液体受热后跳溅冲入冷凝管内，故将烧瓶的位置向水蒸气发生器的方向倾斜 45°。瓶内液体不宜超过其容积的 1/3。蒸气导入管的末端应弯曲，使之垂直地正对瓶底中央并伸到接近瓶底。蒸气导出管(弯角约 30°)孔径应比蒸气导入管略大一些，一端插入圆底烧瓶的双孔塞子中，露出约 5 mm，另一端通过塞子和冷凝管相连接。蒸馏液通过接液管进入接受器。必要时接受器外围可用冷水浴冷却。

2. 水蒸气蒸馏操作

先将待蒸馏液(混合液或混有少量水的固体)置于蒸馏部分中，在水蒸气发生器中加入

约占容器容量 3/4 的热水，并加入数片素烧瓷。待检查整个装置不漏气后，旋开螺旋夹，加热水蒸气发生器。当有大量水蒸气从 T 形管的支管冲出时，立即旋紧螺旋夹，水蒸气便进入圆底烧瓶内开始蒸馏。在蒸馏过程中，如果由于水蒸气的冷凝而使圆底烧瓶内液体量增加，以至超过圆底烧瓶容积的 2/3，或水蒸气蒸馏速度不快，则可隔石棉网直接加热圆底烧瓶。但应注意防止圆底烧瓶内发生严重的崩跳现象，以免发生意外。蒸馏速度应控制在每秒钟 2～3 滴。在蒸馏过程中，必须经常检查安全管中的水位是否正常，圆底烧瓶中有无严重的溅飞现象。一旦发生不正常现象，应立即旋开螺旋夹排出水蒸气，然后移去热源，拆下装置进行检查，排除堵塞后再继续进行水蒸气蒸馏。当馏出液呈澄清透明无明显油珠时，便可停止蒸馏，首先旋开螺旋夹，与大气相通，然后方可停止加热，否则圆底烧瓶中的液体会倒吸到水蒸气发生器中。

3. 注意事项

(1) 如果随水蒸气挥发的物质具有较高的熔点，在冷凝后易于析出固体，则此时应将冷凝水的流速调小，使此物质在冷凝管中仍能保持液体状态便于流出。假如冷凝管中已有固体析出，并且接近阻塞蒸馏液的流出时，可暂时关闭冷凝水的流通，甚至可将冷凝水暂时放去，以使冷凝管的温度上升，蒸馏物熔融成液体状态后，随水流入接受器中。必须注意当冷凝管夹套中重新通入冷却水时，要小心而缓慢，以免冷凝管因骤冷而破裂。如果冷凝管已被阻塞，应立即停止蒸馏，并设法疏通，如用玻棒将阻塞的晶体捅出或在冷凝管夹套中灌入热水使之熔融成液体而流出，然后再继续蒸馏。

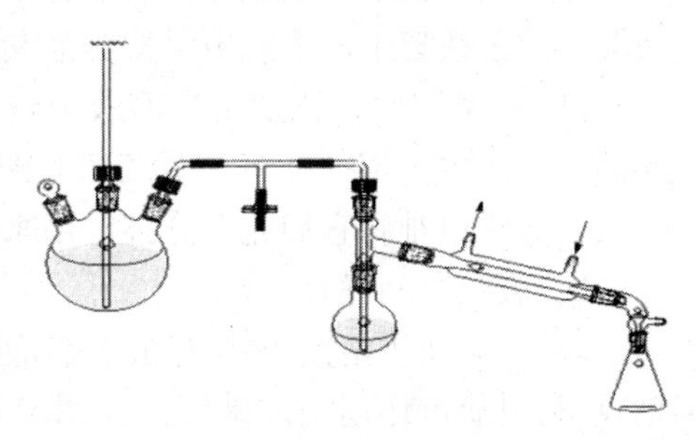
图 2-12　少量物质的水蒸气蒸馏

(2) 如果待蒸馏溶液的量较小，可用克氏蒸馏瓶代替圆底烧瓶，如图 2-12 所示。

2.1.9　萃取法操作

1. 萃取装置

实验室最常使用的萃取器械为分液漏斗，见图 2-13。

2. 萃取操作

操作时应选择容积较待分离液体体积大 1 倍以上的分液漏斗，把下端的活塞擦干，薄薄地涂上一层润滑油，塞好后再把活塞旋转数圈，使润滑油均匀分布，然后放在铁圈中(铁圈固定在铁架上)。关好活塞，将待分离的溶液和萃取溶剂(一般为待分离溶液体积的 1/3)依次自上口倒入分液漏斗中，塞好塞子。上口的塞子不能涂润滑脂，但应注意旋

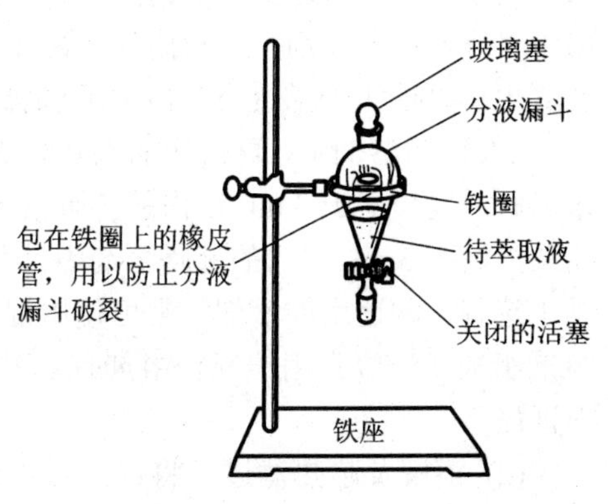

图 2-13　分液漏斗的萃取操作

紧，以免漏出液体。取下分液漏斗，先用右手手掌顶住漏斗磨口玻璃塞子，手指可握住漏斗颈部或主体。左手握住漏斗下部的活塞部分，大拇指和食指按住活塞柄，中指垫在塞座下边，以防活塞脱出。振摇时将漏斗稍倾斜，漏斗的活塞部分向上，便于自活塞放气。开始时振摇要慢，每摇几次以后，将漏斗口朝向无人处开启活塞，放出因振摇而生成的气体，以便平衡内外压力。重复操作 2～3 次，然后再用力振摇相当时间，使两种不相溶的液体充分接触，提高萃取率。振摇时间太短会影响萃取率。

将分液漏斗放回铁圈上静置，待溶液分成两层后，打开上面的玻塞，再将活塞缓缓旋开，使下层液体自活塞放出。分液时一定要尽可能分离干净，有时在两液相间可能出现的一些絮状物也应同时放去。然后将上层液体从分液漏斗的上口倒出，切不可也从活塞处放出，以免被残留在漏斗颈上的第一种液体所沾污。萃取次数取决于分配系数，一般为 3～5 次。

3. 注意事项

(1) 分液漏斗的玻塞和活塞应用橡皮筋(或细绳子)套扎在漏斗身上，以免滑出打碎或调错。

(2) 在操作时，防止只拿分液漏斗下端的玻管，以免折断。分取下层液体时，应把分液漏斗放于铁架上，不能用手持分液漏斗进行分离液体。

(3) 在萃取时，特别是当溶液呈碱性时，常常会产生乳化现象，有时由于存在少量轻质的沉淀或由于溶剂互溶、两液相的密度相差较小等原因，也可能使两液相不能很清晰地分层，这样很难将它们完全分离。用来破坏乳化的方法有：

① 较长时间静置。

② 若因两种溶剂(水与有机溶剂)能部分互溶而发生乳化，可以加入少量电解质(如氯化钠)，利用盐析作用加以破坏。在两液相密度相差很小时，也可加入食盐，以增加水相的密度。

③ 若因溶液呈碱性而产生乳化，常可加入少量稀硫酸或采用滤过等方法除去。

2.1.10 重结晶法操作

1. 重结晶的操作

(1) 溶剂的选择。重结晶对溶剂的基本要求是结晶物质在溶剂中热时溶解度大，冷时溶解度小。可以通过试验来选择。其方法是：取 0.1 g 待重结晶的固体粉末于一小试管中，用滴管逐滴加入溶剂并不断振荡，待加入的溶剂约有 1 mL 时，小心将其加热至沸(严防溶剂着火)，若此物质在 1 mL 冷的或沸腾的溶剂中都全溶，则此溶剂不适用。若该物质不溶于 1 mL 沸腾溶剂中，再每次加入 0.5 mL 溶剂并加热至沸腾，若溶剂量达 3 mL，该物质仍未溶解或物质溶于 3 mL 以内的沸腾溶剂中，但冷却后无结晶析出，则此溶剂也不适用。若物质能溶于 3 mL 以内的沸腾溶剂中，冷却后能析出多量晶体，这种溶剂可认为适用。如果难于选择一种适用的溶剂，常可使用混合溶剂。混合溶剂一般由两种能以任何比例互溶的溶剂组成。一般常用的混合溶剂有乙醇-水、乙醇-乙醚、乙醇-丙酮、乙醇-氯仿、乙醚-石油醚等。

(2) 溶解及趁热滤过。将试样置于锥形瓶中，加入较需要量(根据查得的溶解度数据)稍少的重结晶溶剂，加热到沸腾，若未完全溶解，可再分次添加溶剂，每次加入后均需再

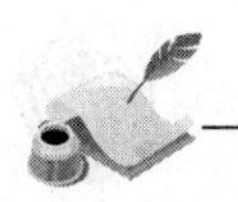

加热使溶液沸腾，直至物质完全溶解，趁热滤过。如此时溶液中含有色物质，可在溶液中加活性炭脱色。加活性炭时，应将溶液稍放冷，然后加入适量活性炭，再煮沸 5～10 分钟，趁热滤过。为加快滤过，可选用颈短而粗的玻璃漏斗。滤过前，把漏斗放烘箱中预先烘热，滤过时再将漏斗取出，在漏斗中放一折叠滤纸，先用少量热的溶剂湿润，以避免滤纸吸收溶液中的溶剂使结晶析出而堵塞滤纸的滤过孔隙。滤过时通常只有很少的结晶在滤纸上析出，可用少量热溶剂洗下或弃去。如滤纸上析出的结晶较多，须用刮刀刮下，加少量的溶剂溶解并滤过。滤完后，加塞放置，冷却析晶。

(3) 结晶。产生结晶时，如将滤液在冷却过程中不断搅拌，则可得到细小晶体。小晶体中包含的杂质较少，但表面积大，吸附于表面的杂质较多。如将滤液在室温下静置使之慢慢冷却，可得到较大晶体。若滤液经冷却后仍无晶体析出，可用玻璃棒摩擦容器内壁以形成粗糙面，使溶质分子呈定向排列而形成结晶，也可投入晶种(若无此物质的晶体，可用玻棒蘸一些滤液晾干后，摩擦容器内壁)，使晶体迅速形成。

(4) 减压滤过。为了使滤过迅速，可采用布氏漏斗进行抽气滤过，简称抽滤装置(见图 2-14)。

抽滤瓶的侧管用较耐压的厚橡皮管将其与油泵相连。布氏漏斗配一橡皮塞，塞在抽滤瓶上必须紧密不漏气，漏斗管下端的斜口要正对抽滤瓶的侧管。布氏漏斗中铺的圆形滤纸要比漏斗内径略小，使其能紧贴于漏斗底壁，但应能盖住所有小孔。抽滤前先用少量同一种重结晶溶剂将滤纸润湿，然后打开油泵将滤纸吸紧，避免结晶在抽滤时从滤纸边沿吸入抽滤瓶中。将容器中液体和结晶倒入布氏漏斗中，进行抽滤。抽尽全部溶液后，可用少量滤液洗出黏附于容器壁上的结晶以减少损失。

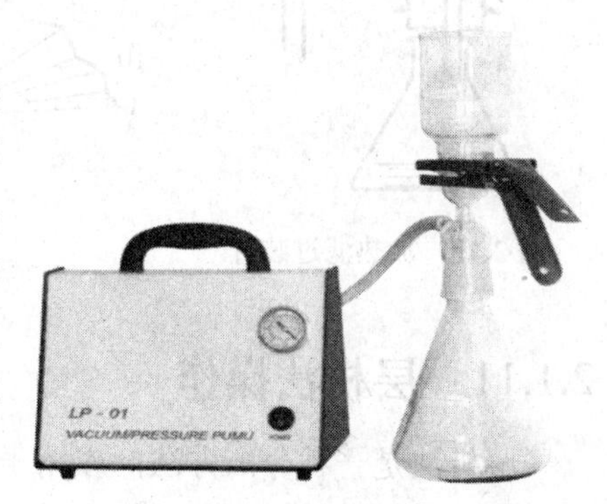

图 2-14　抽滤装置

布氏漏斗上的结晶要用重结晶的同一种溶剂进行洗涤，以除去存在于结晶表面的母液，用量应尽量少，以减少溶解损失。洗涤时将抽气暂时停止，在晶体上加少量溶剂，用刮刀或玻璃棒小心搅动(不要使滤纸松动)，使所有的结晶湿润。静置，再行抽气，在进行抽气的同时，用清洁的玻塞倒置在结晶表面上用力挤压，使溶剂和结晶更好地分开。一般重复洗涤 1～2 次即可。

最后取出结晶，置于洁净的表面皿上晾干，或在低于该结晶熔点的温度下烘干。

2．注意事项

(1) 活性炭可吸附有色杂质、树脂状物质以及均匀分散的物质，使用活性炭脱色应注意下列几点：

① 必须避免用量过多，因为活性炭也可能吸附所要得到的试样。用量应根据杂质颜色深浅而定，一般为干燥粗晶重量的 1%～5%。如一次操作不能使溶液完全脱色，则可再用 1%～5%的活性炭重复操作。

② 不能向正在沸腾的溶液中加入活性炭，以免溶液暴沸而溅出。

③ 活性炭在水溶液中脱色效果较好，在非极性溶液中脱色效果较差。

(2) 如趁热滤过时溶液稍经冷却就很快析出结晶，或滤过的液体量较多，则应使用热滤装置(见图 2-15)，即把玻璃漏斗套在一个金属制的热水漏斗套里。这种滤过方法的好处是，在热水漏斗的保温下可以防止在滤过过程中，因温度降低而在滤纸上析出结晶。但在滤过易燃的有机溶剂时一定要熄灭周围的火焰。

(3) 应用折叠滤纸(又称菊花形滤纸)(见图 2-16)折叠时，折纹勿折至滤纸的中心，否则，滤纸中央部分易在滤过时破裂。使用时将折好的滤纸翻转并整理好，放入漏斗中，以避免将弄脏的一面接触滤液。

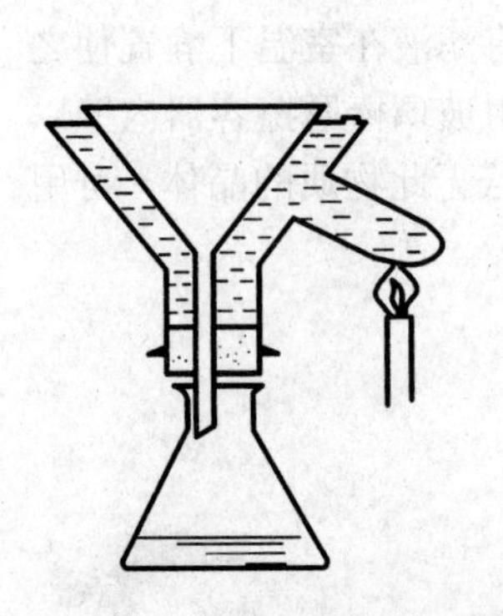

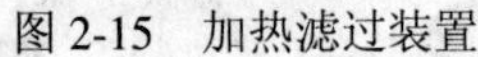

图 2-15　加热滤过装置

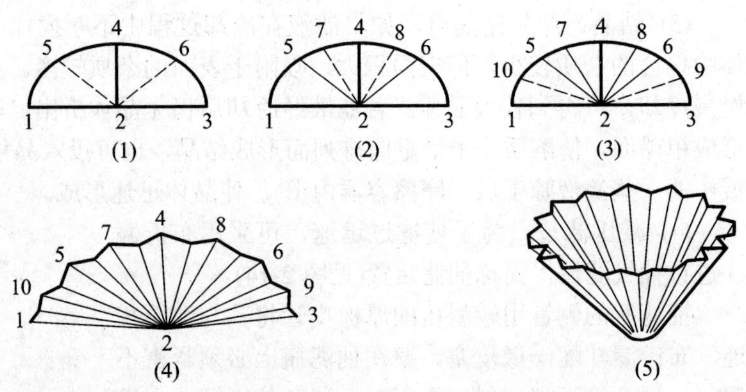

图 2-16　菊花形滤纸折叠顺序

2.1.11　层析法操作

层析法是一种分离方法，应用于理化性质差别不大的各种成分分离，因其需要特殊装置，分离量一般较小，所以能用常规的方法如溶剂法、化学法、沉淀法分离的尽量不用此法。层析法可作为分离手段，也可作为一种鉴定方法。当条件(吸附法、展开剂等)固定时各成分在层析过程中所移动的距离具有一定的重现性。如纸层析、薄层层析中的 R_f 值，气相及高压液相中的保留时间都是一常数，可作为鉴定使用。特别是将样品与已知成分对照时，观察斑点颜色、比移值或保留时间是否相同，以确定是否为同一物质，准确度较高。

1. 柱层析法

1) 吸附柱层析

吸附柱层析法是将混合物样品加在装有吸附剂(氧化铝、硅胶、聚酰胺等)的长玻璃柱中，再加适当的溶剂冲洗，由于吸附剂对各组分的吸附能力不同而在柱中向下移动的速度不同，吸附力最弱的组分随溶剂首先流出，通过分段定量收集洗脱液而使各组分得到分离的方法。柱层析装置见图 2-17。具体操作如下：

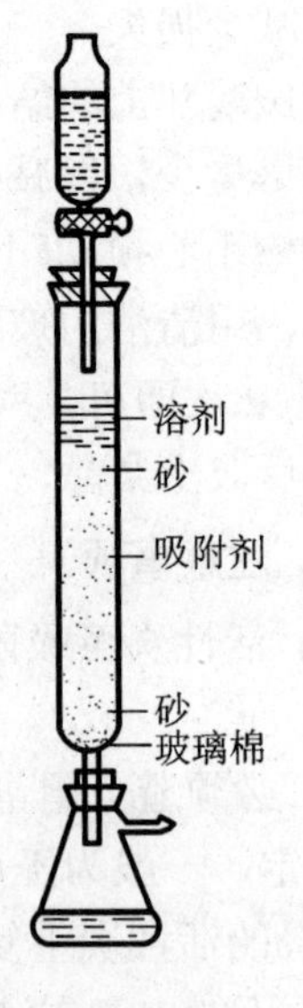

图 2-17　柱层析装置

(1) 层析柱的选择。层析柱一般使用下端带有活塞的玻璃管，柱的直径与高度比为 1∶10～1∶40，柱的大小视分离样品的量而定，一般能装样品的30～50倍量的吸附剂即可。

(2) 吸附剂的选择。常用的吸附剂有以下几种：

氧化铝：为亲水性吸附剂，吸附能力较强，适用于分离亲脂性成分。中性氧化铝适宜于分离生物碱、萜类、甾类、挥发油、内酯及某些苷类；酸性氧化铝适合分离酸性成分；碱性氧化铝适合分离碱性成分。

硅胶：也是亲水性的吸附剂，其吸附能力较氧化铝弱，但适用范围远比氧化铝广，亲脂性成分及亲水性成分都可应用。中草药中存在的各类成分大都可用硅胶进行分离。

聚酰胺：其吸附原理主要是分子中的酰胺基可与酚类、酸类等成分形成氢键，因此，主要用于分离黄酮类、蒽醌类、酚类、有机酸类、鞣质等成分。

活性炭：是疏水性(又叫非极性)吸附剂，主要分离水溶性成分，如氨基酸、糖、苷等。

(3) 洗脱剂的选择。在进行柱层析时，用于冲洗加有样品柱子的溶剂习惯上称为洗脱剂(用于薄层与纸层析展开的溶剂称为展开剂)。洗脱剂的选择须将被分离物质与所用的吸附剂性质这两者结合起来加以考虑。

当用氧化铝、硅胶等极性吸附剂(又叫亲水性吸附剂)进行层析时，被分离物质若为弱极性物质，一般选用弱极性溶剂为洗脱剂；若被分离物质为强极性成分，则需选用强极性溶剂为洗脱剂。溶剂极性越大，洗脱能力越强，常用的洗脱剂按洗脱能力由小到大排列如下：石油醚、己烷、苯、甲苯、乙醚、氯仿、醋酸乙酯、醋酸甲酯、丙酮、乙醇、甲醇。

当用聚酰胺进行层析时，常用的洗脱剂按洗脱能力由小到大为：水，30%、50%、70%、95%乙醇，丙酮，稀氢氧化钠水液或稀氢氧化铵水液，二甲基甲酰胺。但丙酮以后的洗脱剂往往不用。

当用活性炭作吸附剂进行层析时，常用洗脱剂按洗脱能力由小到大为：水，10%、20%、30%、50%、75%、95%乙醇。

(4) 操作方法。

① 装柱。将层析柱洗净、干燥，底部铺一层脱脂棉，再铺一层5 mm厚的洗净干燥的石英砂，以保持平整的表面。装柱法有两种：

干装法：将吸附剂通过小漏斗倒入柱内，中间不应间断，形成一细流慢慢加入管内，也可用橡皮槌轻轻敲打层析柱，使其装填均匀。柱装好后，打开下端活塞，然后倒入洗脱剂，以排尽柱内空气，并保留一定液面。

湿装法：将最初准备使用的洗脱剂装入管内，然后把吸附剂慢慢连续不断地倒入管内(或将吸附剂与适量洗脱液调成混悬液慢慢加入柱内)，此时将下端活塞打开，使洗脱剂慢慢流出，带动吸附剂缓慢沉于柱的下端，待加完吸附剂后，继续使洗脱剂流出，直到吸附剂的沉降不再变动。此时再在吸附剂上面加少许棉花或小片滤纸，将多余洗脱剂放出至上面保持有1 cm高液面为止。

② 加样。将欲分离的样品溶于少量开始的洗脱剂中，制成样品溶液(该溶液要求体积小、浓度高)，加于层析柱的顶端。如样品不溶于开始的洗脱剂，则将样品溶于挥发性的溶剂中，然后取少量的吸附剂(所用吸附剂为全量的1/10～1/20)与其拌匀，除尽溶剂，再将含有样品的吸附剂均匀置于柱顶，再覆盖上一层砂子或玻璃珠即可。

③ 洗脱。选择好洗脱剂后，将其放在分液漏斗中，打开活塞慢慢连续不断地使其滴加在吸附柱上。同时打开层析柱下端活塞，等份收集洗脱液，也可用自动收集器收集，流速

保持 1～2 滴/秒。一般先选用洗脱能力弱的溶剂洗，再逐步增加洗脱能力强的溶剂。如单一溶剂洗脱效果不好，可用混合溶剂洗脱。对成分复杂的常用梯度洗脱，每份收集洗脱剂的量和所用吸附剂的量大体相当。如各成分的结构相似，则每份收集的量要小，反之则大些。每份洗脱液采用薄层层析或纸层析定性检查，根据层析结果，成分相同的洗脱液合并，合并后回收溶剂可得某个单体成分。如仍为几个成分混合物，可再用层析法或其它方法进一步分离。

2) 分配柱层析

分配柱层析法是利用混合物中各成分在两种不相混淆的液体之间的分布情况不同，而使其得到分离的一种方法。它相当于一种连续逆流萃取分离法，只是把其中一种溶剂固定在一种惰性的固体中。此种固体本身没有吸附能力，只是用来固定一种溶剂，故称为“支持剂”或“载体”、“担体”；被支持剂吸着固定的溶剂称为固定相，分离时将含有固定相的支持剂装在柱内，加被分离的样品后，用适当溶剂进行洗脱。在洗脱过程中，流动相与固定相发生接触，由于样品中各成分在两相之间的分布不同，因此向下移动的速度也不一样：易溶于流动相中的成分移动得快，而在固定相中溶解度大的成分移动得就慢，因此得到分离。具体操作如下：

(1) 支持剂的选择。支持剂是一种没有吸附能力，而能吸收较大量固定相液体的惰性固体。常用的支持剂有以下几种：

- 含水硅胶：含 17%以上水的硅胶已失去吸附作用，可作支持剂。硅胶能吸收本身重量 50%的水而仍呈不显潮湿的粉末状。
- 硅藻土：能吸收本身重量 100%的水，仍呈粉末状。
- 纤维素：能吸收本身重量 100%的水，仍呈粉末状。
- 微孔聚乙烯粉等。

(2) 固定相的选择。如分离亲水性成分，用正相分配层析，此时固定相常用水、各种水溶液(酸、碱、盐、缓冲液)、甲醇、甲酰胺、二甲基甲酰胺。如分离亲脂性成分，采用反相分配层析，此时固定相常用液体石蜡、硅油等。

(3) 洗脱剂的选择。在正相分配层析中，洗脱剂(流动相)常选用石油醚、环己烷、苯-氯仿、氯仿-乙醇、醋酸、乙酯、正丁醇、异戊醇等。洗脱时先用亲脂性强的洗脱，再逐渐改用亲脂性弱的洗脱。在反相层析中正好相反，洗脱剂选用水、甲醇、乙醇等洗脱时先用极性大的，再逐渐改用中等极性的洗脱。

(4) 操作方法。

① 装柱。先将选好的固定相溶剂和支持剂放在烧杯内搅拌均匀，在布氏漏斗上抽滤、除去多余的固定相后，再倒入选好的流动相溶剂中，剧烈搅拌，使两相互相饱和平衡，然后在层析柱中加入已用固定相饱和过的流动相，再将载有固定相的支持剂按湿法装入柱中。

② 加样。加样量比吸附层析少，样品量与支持剂量比是 1∶100～1∶1000。加样方法是样品溶于少量的流动相中，加于柱的顶端。如样品难溶于流动相，易溶固定相，可用少量固定相溶解，再加少量支持剂拌匀后装入柱顶。如样品在两相中都难溶解，可溶于适宜的挥发性溶剂中，拌入干燥的支持剂，除去溶剂后，再加适量的固定相拌匀后上柱。

③ 洗脱。洗脱方法与吸附柱层析相同，但必须注意的是，用作流动相的溶剂一定事先以固定相溶剂饱和，否则层析过程中大量流动相通过支持剂时，会把支持剂中的固定相逐

渐溶掉，破坏平衡，影响分离，甚至最后只剩下支持剂，而破坏了该分配系统。

3) 离子交换层析

将离子交换树脂装在层析柱中，使样品溶液通过，溶液中的离子性物质与树脂进行离子交换而被吸附。由于不同的离子与同一树脂的交换能力不同，所以移动速度也不一致，在柱上形成层析谱，再选择一适当的洗脱剂(含有比吸附物质更活泼的离子)进行洗脱交换，可将吸附物质按先后顺序洗下来而得到分离。离子交换层析法适合分离离子性化合物，如生物碱、有机酸、氨基酸、肽类及黄酮类等成分。具体操作如下：

(1) 树脂的选择。

① 离子交换树脂的类型。离子交换树脂是一种不溶性的高分子化合物。它具有特殊的网状结构，网状结构的骨架(树脂核母核)是由苯乙烯(或甲基丙烯酸等)通过二乙烯苯交链聚合而成的，骨架上带有能解离的基团作为被交换的离子。离子交换树脂根据所含交换基团的不同分为以下几类：

阳离子交换树脂。能与溶液中的阳离子进行交换的树脂称为阳离子交换树脂。此种树脂又根据交换基团活性大小分为强酸型和弱酸型阳离子交换树脂。强酸型阳离子交换树脂在母核上链有许多 $—SO_3H$ 基，称磺酸基，类似硫酸，交换反应是同磺酸基中的 H^+进行交换的。弱酸型阳离子交换树脂在母核上链有许多 —COOH 基，称羧基，类似醋酸，交换反应是同羧基中的 H^+进行交换的。

阴离子交换树脂。能与溶液中的阴离子进行交换的树脂称为阴离子交换树脂，它也可分为强碱型和弱碱型。强碱型阴离子交换树脂在母核上链有许多季铵基 $—N(CH_3)_3^+OH$，类似氢氧化钠，交换反应是在 $—N(CH_3)_3^+OH^-$ 中的 OH^-与被分离的阴离子之间进行的。弱碱型阴离子交换树脂在母核上链有许多 $—NH_2$、$═NH$、$≡N$ 等伯胺、仲胺、叔胺，交换反应是在氨基上进行的。

② 离子交换树脂的特性。

交联度：表示离子交换树脂中交联剂的含量，以重量百分比表示。二乙烯苯常用来作合成树脂的交联剂，交联度就是合成树脂时，二乙烯苯在原料总重量中所占的百分比。商品交联度从1%～16%的都有，例如上海树脂厂生产的聚苯乙烯型强酸型阳离子交换树脂，产品型号为 732(强酸 1 × 7)，其中 1 × 7 即表示交联度为 7%。交联度与树脂的孔隙大小有关：交联度大，网孔小，形成的网状结构紧密；交联度小，网孔大，形成的网状结构疏松。

交换容量：每克干树脂所含交换基团的摩尔质量。树脂的交换容量一般为 1～10 mmol/g，实际的交换容量受交联度和溶液 pH 值的影响，都低于理论值。交换容量表示离子交换树脂与某离子交换能力的大小。

③ 树脂选择的一般规律。选择哪一种离子交换树脂，主要考虑被分离物质带何种电荷以及电性的强弱。一般规律如下：

a. 被分离的物质为生物碱或无机阳离子时，选用阳离子交换树脂；如是有机酸或无机阴离子时，选用阴离子交换树脂。

b. 被分离的离子吸附性强(交换能力强)，选用弱酸或弱碱型离子交换树脂；如用强酸、强碱型树脂，则由于吸附力过强而使洗脱再生困难。吸附性弱的离子，选用强酸或强碱型离子交换树脂；如用弱酸、弱碱型则不能很好地交换或交换不完全。

c. 被分离物质分子量大，选用低交联度的树脂；分离生物碱、大分子有机酸及肽类，

采用1%～4%交联度的树脂为宜；分离氨基酸可用8%交联度的树脂；如制备去离子水或分离无机成分，可用16%交联度的树脂。

d. 作层析用的离子交换树脂，要求颗粒细，一般用200～400目；作提取离子性成分用的树脂，粒度可粗，可用100目左右；制备去离子水的交换树脂可用16～60目。但无论作什么用，都应选用交换容量大的。

(2) 树脂的预处理。新出厂的树脂要用水浸泡，使之充分吸水膨胀，还要用酸碱处理除去不溶于水的杂质。一般步骤是：先用水浸泡24小时→倾出水后洗至澄清→加2～3倍量2N盐酸搅拌2小时(或在柱中流洗)→除酸后水洗至中性→加4～5倍量2N氢氧化钠搅拌2小时(或流洗)→除碱液后水洗至中性，再用适当试剂处理，使其成为所要求的形式。

(3) 操作方法。

① 装柱。离子交换用的柱子有玻璃、有机玻璃、塑料及不锈钢等各种制品，但都要耐酸碱，柱直径和长度比一般为1∶10～1∶20，为了提高分离效果也有用更长的。装柱法同吸附柱层析中的湿法装柱。但所用的溶剂是不同的，该装柱法使用水而不是有机溶剂。

② 加样和洗脱。将样品溶在水中或酸碱溶液中配成样品溶液，加入柱内，溶液中的离子与树脂上的离子发生交换而被吸着在树脂上。为了使交换反应进行得完全，要把流速控制在1～2 mL/(cm^3·min)，待样品溶液流完(加样量要根据交换容量计算)，用蒸馏水冲洗树脂柱，洗去残液，再进行洗脱。不同成分所用洗脱剂不同，原则上是用一种比吸着物质更活泼的离子把吸着物质替换出来。常用洗脱剂是酸、碱、盐的水溶液及各种不同离子浓度的缓冲溶液。如在阳离子交换树脂中常用醋酸、枸橼酸、磷酸缓冲液。在阴离子交换树脂中经常用氨水、吡啶等缓冲溶液。对复杂的多组分可采用梯度洗脱法，洗出液按体积分段收集、层析检识、合并相同组分、回收溶剂，即可得单一化合物。

(4) 树脂的再生。用过的树脂使其恢复原状的过程称为再生。再生的方法可采用预处理的方法。阳树脂按酸→碱→酸的步骤处理；阴树脂按碱→酸→碱的步骤处理。如还要交换同一种样品，只要经转型处理就行了。如需阳树脂成钠型，则用4～5倍1～1.5N氢氧化钠(或氯化钠)流经树脂，再用蒸馏水洗至中性即为钠型树脂。如需氯型，则用盐酸处理。阴树脂需用氯型，用盐酸处理；需用OH^-型，则用氢氧化钠处理。不用时加水保存，一般保存时阳树脂均要转为钠型，阴树脂转为氯型。

4) 凝胶过滤层析

该法是以凝胶作固定相的液相层析。凝胶是具有许多孔隙的立体网状结构的多聚体，而且孔隙大小有一定的范围。用时将凝胶在适宜的溶剂中浸泡(一般用水)，使其吸收大量液体充分溶胀成为柔软而有弹性的物体，然后装入层析柱中，加入样品溶液，再以洗脱剂洗脱。在洗脱过程中各组分在柱内的保留程度决定于分子的大小，小分子可以渗透进入凝胶内部孔隙中而被滞留；中等分子可以部分地进入；大分子则完全不能进入。因此大分子首先从柱内流出，经过一段时间后，各组分按分子由大到小的顺序得到分离，这个效应称为“分子筛效应”，因此凝胶也称为分子筛。具体操作如下：

(1) 凝胶的选择。凝胶过滤层析法的关键之处在于选择合适的凝胶，常用的层析凝胶有以下几种：

① 葡聚糖凝胶，又称交联葡聚糖。它是由葡聚糖(右旋糖酐)和交联剂(1-氯代-2，3-环氧丙烷)通过醚桥交联形成的多孔立体网状结构。由于其分子内含大量羟基而具有极性，

能吸水膨胀成胶粒，但不溶于水及稀酸碱溶液，适合于水溶性成分即苷类、氨基酸、肽、蛋白质及多糖的分离。葡聚糖凝胶网孔的大小可由制备时添加不同比例的交联剂来控制。交联度大的孔隙小、吸水少、膨胀少，用于分子量小的物质的分离；交联度小的孔隙大、吸水多、膨胀多，适用于分子量大的物质的分离。交联度大小用每克干凝胶吸水量“G”来表示。G大表示吸水量大而交联度小。如G-25表示吸水量为2.5 mL/g(型号即为吸水量×10)。各种型号的凝胶性质如表2-1所示。

表2-1 葡聚糖凝胶性质一览

型号	吸水量/(g/g干凝胶)	膨胀体积/(mL/g干凝胶)	分离范围(分子量)		最小溶胀时间/h	
			肽与蛋白质	多糖	20℃～25℃	90℃～100℃
葡聚糖G-10	1.0±0.1	2～3	<700	<700	3	1
葡聚糖G-15	1.5±0.2	2.5～3.5	<1500	<1500	3	1
葡聚糖G-25	2.5±0.2	0	1000～5000	100～5000	3	2
葡聚糖G-50	5.0±0.3	10	1500～3万	500～1万	3	2
葡聚糖G-75	7.5±0.5	12～15	3000～7万	1000～5万	24	3
葡聚糖G-100	10.0±1.0	15～20	4000～15万	1000～10万	48	5
葡聚糖G-150	15.0±1.5	20～30	5000～40万	1000～15万	72	5
葡聚糖G-200	20.0±2.0	30～40	5000～80万	1000～20万	72	5

② 葡聚糖凝胶LH-20。在葡聚糖凝胶G-25分子中引入羟丙基以代替分子中羟基的氢，成醚键连接($R—OH \rightarrow R—O—CH_2CH_2CH_2OH$)，使葡聚糖具有一定的亲脂性，这样不仅能吸水膨胀，而且在许多有机溶剂中(醇、甲酰胺、丙酮、醋酸乙酯、氯仿等)也能膨胀，应用范围增大，对黄酮、蒽醌、香豆素等成分也可分离。表2-2中列举了它在不同溶剂中溶胀后的体积。

表2-2 葡聚糖凝胶LH-20在各种溶剂中溶胀后的体积

溶剂	溶胀后的体积/(mL/g)	溶剂	溶胀后的体积/(mL/g)
二甲基亚砜	4.4～4.6	甲酰胺	3.6～3.9
吡啶	4.2～4.4	丁醇	3.5～3.8
水	4.0～4.4	四氢呋喃	3.3～3.6
二甲基二甲酰胺	4.0～4.4	二氧六环	3.2～3.5
甲醇	3.9～4.3	丙酮	2.4～2.6
二氯甲烷	3.6～3.9	四氯化碳	1.8～2.2
氯仿①	3.8～4.1	苯	1.6～2.0
丙醇	3.7～4.0	乙酸乙酯	1.6～1.8
乙醇②	3.6～3.9	甲苯	1.5～1.6
异丁醇	3.6～3.9		

注：① 内含10%醇，② 内含1%苯。

③ 琼脂糖凝胶：是由D-半乳糖和3，6-脱水-L-半乳糖相间结合的链状多糖以氢键交联结合的网状结构。网孔的大小可由琼脂糖的含量来控制，含量有2%、4%、6%不等，并

称为 Sephrose 2B、4B、6B。含量越低，其结构越松散，即多孔性越高。琼脂水凝胶作成珠状后不能再脱水干燥，否则不能再溶胀恢复原有形状，因此商品大都以含糖状态供应。珠状琼脂糖凝胶十分亲水，理化性质稳定，又有很松的网状结构，适合于特大分子(分子量百万以上)的分离。

④ 聚丙烯酰胺凝胶：是用丙烯酰胺在水中与 N，N-亚甲基二丙烯酰胺为交联剂聚合而得，商品以珠状干粉供应，用时需溶胀。美国 Bio-Rad 厂出的商品名是生物胶-P，使用情况与葡聚糖凝胶相似，但其在酸、碱性较强的情况下不稳定，pH 值使用范围为 2～11。

(2) 操作方法。

① 装柱。葡聚糖凝胶和生物胶-P 商品都是干粉，装柱前先量好柱的体积，再根据凝胶的吸水量算出干重，称重后用水溶胀(葡聚糖 LH-20 可用有机溶剂溶胀)。水量要超过吸水量，使之充分吸水溶胀。溶胀时间随交联度不同而异，温度高时溶胀时间可缩短(参看表 2-1)。溶胀平衡后，凝胶的颗粒均匀，可用倾淀法除去极细的颗粒。

柱一般用短而稍粗的柱。装柱方法是湿法装柱，待凝胶沉积后，再通过 2～3 倍柱床体积的溶剂使柱床稳定，凝胶表面留一定量溶剂。

② 加样、洗脱与收集。

样品加水(或其它溶剂)配成浓度适当的样品溶液(太浓的溶液黏度大，不易分离)，加样方法与一般柱层析相同。上样后选择洗脱液进行洗脱。常用洗脱液为水、酸、碱、盐和缓冲溶液。如用葡聚糖凝胶 LH-20 层析，可用各种有机溶剂洗脱。一般把用水作洗脱剂的称为凝胶过滤层析，用有机溶剂为洗脱剂的称为凝胶渗透层析。

洗脱方式可下行也可上行，洗脱速度也要控制，速度大小受凝胶粒度及交联度影响。颗粒细可稍快，交联度大可稍快。流出液要分步收集，可用分部收集器收集，再分析合并，得单一成分。

凝胶柱可反复使用，无须特殊再生处理。

凝胶过滤层析主要用在从大分子物质中分离小分子(如从蛋白质、酶、多糖、生物碱等物质中脱盐精制)或从小分子物质中分离大分子，这称为组别分离；也可用于分子量近似的物质分离，这称为分级分离；还可用在药品溶液中除热源等。

2. 薄层层析法

薄层层析法是把吸附剂(或支持剂)匀浆均匀地铺在一块玻璃板或其它片基上成一薄层，把欲分离的样品加到该薄层的一端，用合适的溶剂进行展开。由于吸附剂对不同成分的吸附能力不同(或不同成分在固定相和移动相中的分配系数不同)，在板上移动的速度不同，因而得到分离。薄层层析是一种简单快速的层析法，它不仅用于成分的鉴定，而且用于混合物的分离和纯化，具体操作如下。

1) 制层析板

首先根据欲分离成分的量选择薄展板的大小，如分离混合物的量为 0.5 g 左右，一般采用 20 cm × 20 cm 的大方板 1～3 块；如量少可用 10 cm × 10 cm 小方板；如作微量分离鉴定，可用 3 cm × 15 cm 小板及 2.5 cm × 7.5 cm 的载玻片。选好的玻璃板应先用清洁液或肥皂液浸泡，再用自来水、蒸馏水洗净，晾干备用。铺板的方法有干法与湿法两类。

(1) 干法制板。如用氧化铝、硅胶作吸附剂，可将干粉直接铺在板上，随用随铺。方法是：首先将一定量氧化铝或硅胶放在玻板上，然后用一根两端带有套圈的玻璃棒放在板的一端，向前推移，即可铺成一均匀的薄层，如图2-18所示。套圈的厚度即是薄层的厚度，定量分离时厚度约为1～3 mm，定性鉴定时厚度约为0.2～1 mm。也可用铺层器铺制，用这种方法制出的薄板称为软板，容易损坏，因此层析操作中要特别小心。

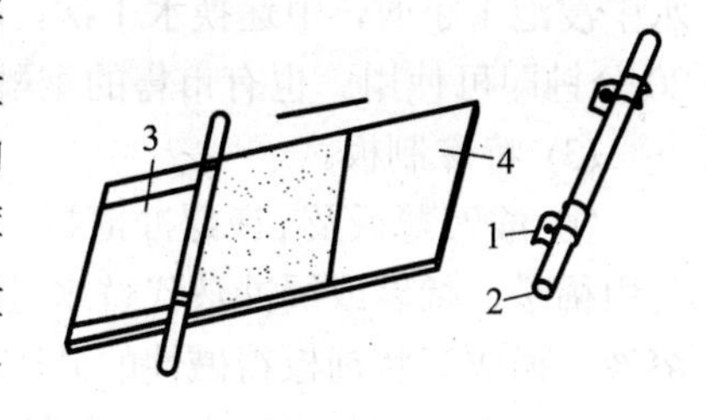

1—套圈；2—玻棒；3—吸附剂；4—玻板

图2-18 干法制板

(2) 湿法制板。湿法是把吸附剂加水或其它溶剂先调成糊状再铺层。有些吸附剂还要另加入少量黏合剂，以增加制成薄板的牢固性。因此湿法铺层又分不含黏合剂和含黏合剂的薄板。

① 不含黏合剂板。将选择好的吸附剂称出一定量，加适当溶剂(水、乙醇、醋酸乙酯、氯仿等)搅拌成一均匀的浆，取一定量一次倾注于玻璃板的中间，轻轻摇动，使该浆均匀分布于玻璃板上，在水平位置放置晾干，此种铺法称为倾注法。也可用铺展器涂铺。另外还可用浸渍法，该法是将吸附剂均匀悬浮在有机溶剂中，如35 g硅胶加100 mL氯仿，调成均匀悬浮液，将两块相同大小的清洁玻璃板面对面贴紧，浸入悬浮液中，取出分别放在水平位置，每块只有一面被涂布，溶剂很快地在薄层上蒸发，得一均匀薄层。这种不加黏合剂的湿法铺板待溶剂挥发后仍为软板，容易脱落，只有纤维素板比较牢固。

② 含黏合剂板。在吸附剂中加适当的黏合剂，再加一定量的水，调成糊状再铺层。这样铺的板比较牢固，称为硬板。常用的黏合剂有烧石膏(也称煅石膏($CaSO_4 \cdot 0.5H_2O$)，用G表示，G是Gypsum的缩写)，羧甲基纤维素钠(CMC-Na)及淀粉等。

下面介绍几种硬板的制法：

- 硅胶G板(G的含量有5%、10%、15%)。取硅胶G一份(市售品含量为G量为13%～15%)加水2～3份，调成糊状铺展。糊状物太稠或太稀都不能铺层。晾干后于110℃活化半小时，放干燥器中备用。加分离易被吸附的化合物时可不活化。
- 氧化铝G板(一般含烧石膏5%)。取氧化铝G一份加水1～2份调匀铺层。
- 硅胶CMC-Na板。取硅胶一份，加0.7%～1%CMC-Na水溶液2～2.5份，调成糊状铺层，水平放置，待自然干燥后硅胶颜色渐变白时，移烘箱中110℃烘30分钟活化，放干燥器中备用。
- 氧化铝CMC-Na板。取氧化铝一份加0.7%～1%CMC-Na水溶液1.5份，调匀铺层。
- 硅胶淀粉板。取硅胶95份与淀粉5份混匀，加2～3倍量水，于水浴上加热至呈糊状物，立即铺层。
- 用淀粉和CMC-Na作黏合剂制得的薄板硬度较好，可用铅笔在板上书写。

在实验室中也常用显微镜的载玻片铺板。这种方法在层析条件的摸索中简单快速，是一种很实用的方法。

- 聚酰胺板。聚酰胺粉不能用干法制板，因该粉易跟着玻璃棒滑动，湿法铺板也较困难，易干裂。如在聚酰胺中加10%～20%的纤维素粉作黏合剂，铺出的板比较好。取聚酰胺3.2 g加甲酸20 mL，搅拌使其完全溶解后，加纤维素0.8 g和乙醇6 mL，充分混合均匀，徒手铺板，置水平处放置，任甲酸自然挥发，2～3小时后，薄层变色至不透明时，浸入常

水中浸泡 1 小时，中途换水 1 次，取出，再用适量蒸馏水冲洗，沥干，置 80℃以下烘 15～20 分钟即可使用。也有市售的聚酰胺薄膜，可直接使用。

(3) 特殊制板。

① 酸碱薄板及 pH 缓冲薄板。为了改变吸附剂原来的酸碱性，改进分离效果，在铺板时用稀酸、稀碱或缓冲液代替水进行湿法铺板。如在硅胶中加适量(0.1 N～0.5 N)氢氧化钠溶液，调成糊状铺板得碱性的硅胶板，可分离生物碱等碱性成分。也可用不同 pH 值的缓冲溶液代替水，制成一定 pH 值的薄层，可分离氨基酸、生物碱。

② 荧光板。有时化合物本身不显色，在紫外光下也不显荧光，又无适当的显色剂显色，则可在吸附剂中加入荧光物质，制成荧光板。该板在层析后，用紫外灯照射薄板时薄板显荧光，而斑点处出现暗点。常用无机荧光素有两种，一种在 254 nm 紫外光照射下发出荧光(如 Zn_2SiO_4、Mn)，一种是在 365 nm 紫外光照射下发出荧光(如 ZnS、CdS、Ag)。制备时在吸附剂中加 1.5%荧光物质，研细混匀，加水调成糊状铺层。市售的硅胶 GF254 就是一种在 254 nm 光照下能发出荧光的荧光吸附剂。常用的有机荧光物质有荧光素钠。可在薄板上喷 0.04%荧光素钠水溶液、0.5%硫酸奎宁醇溶液及 1%磺基水杨酸的丙酮溶液，制成荧光薄板。

③ 络合薄板。包括：

• 硝酸银板。在吸附剂中加一定量 10%硝酸银水溶液，调成糊状铺板，也可将制好的硬板(如硅胶 G)浸入 10%硝酸银甲醇溶液约 1 分钟，取出阴干。该板适合分离含碳数相同的饱和与不饱和化合物。不饱和化合物中的双键、三键可与硝酸银产生 π－络合物。层析时速度慢，饱和化合物与硝酸银不产生络合物；层析时速度较快，可达到分离目的。

• 硼酸薄层。把先制备好的硬板浸入硼酸的饱和甲醇溶液中约 1 分钟，取出阴干即可，适用于分离糖。

④ 涂布固定相的薄板。在分配薄层中，薄层板上要涂布固定相，涂布的方法有以下几种：

• 浸渍法。把固定相溶在易挥发的有机溶剂中配成一定浓度的溶液，如 15%～25%的甲酰胺的丙酮溶液或 30%丙二醇的丙酮溶液，把薄层浸入后，取出，在空气中使溶剂挥发，而固定相留在薄层上。如进行反相分配层析，用液体石蜡、硅油作固定相时，可将薄层浸入 1%液体石蜡的乙醚溶液或 5%硅油的乙醚溶液中，取出晾干即可。

• 展开法。薄板用含有固定相的溶液上行展开一次。

• 喷雾法。把含有固定相的溶液用喷雾器喷到薄层上。此法简单，但薄板上的固定相不易均匀。

⑤ 烧结薄板。此板是将玻璃粉与硅胶或氧化铝、硅藻土等吸附剂按不同比例混合，经高温烧结而成的烧结薄板。此种薄板抗摩擦性能高，吸附剂与板结合得牢，易携带，而且使用后可用清洁液洗涤，活化后可反复使用。烧结板目前国内已有商品出售。硅胶烧结制备方法：将硅胶 H(不加黏合剂的硅胶)和颗粒度为 200～300 目的玻璃粉，按一定比例(1∶2～1∶4)倒入研钵中，加入适量蒸馏水和硫酸镁溶液研磨成糊状匀浆，立即倒入铺层器，在玻璃板上铺成 0.25 mm 厚度均匀的薄层，干燥后放在平整的不锈钢板上，500℃～600℃保温 15 分钟即成。

⑥ 有浓缩区的薄板。此板由两部分组成。下端是无活性的大孔二氧化硅浓缩区，厚度

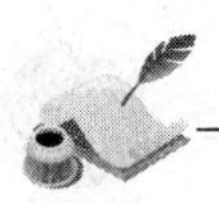

为0.5 mm(约宽2.5 cm)，上端邻接活性硅胶层，厚度为0.25 mm。两层间虽有明显界线，但彼此间仍然相通，样品展开通过界线时没有阻力。样品点在浓缩区，展开时，样品点随溶剂移动到浓缩区前沿，形成很狭窄的线型，长度为原样品斑点的直径。这些被浓缩后的样品点移动到活性层析层后，才开始得到分离。这种层析板的特点是：加样时不需特别注意所点斑点的形状与大小，样品都在活性区的起始线才开始真正层析，可避免由于加样不水平所引起的误差；样品点在浓缩区进行了一次纯化和浓缩，分离效果好。这样带浓缩区的预制板，德国Merck公司有商品出售。

2) 点样技术

(1) 样品溶液的配制。将欲分离或鉴定的样品溶解在低沸点的溶剂中或溶在展开剂中，配成浓度为1%～2%的溶液。如分离样品量大或进行制备性薄层层析时，样品溶液的浓度可达5%～10%。

(2) 点样方法。在薄层板离底边1.5～2 cm处用铅笔划一直线(如软板可作一记号)作为起始线。用内经为1 mm的平口毛细管将样品溶液吸入管内，再滴在薄板的起始线上。如样品溶液浓度低可反复点几次，但每次点时都必须使上次点的溶剂挥干后进行。样品点的直径为2～3 mm，如板面较宽，可以点几个样品，两样品之间应保持1.5～2 cm的距离。毛细管点样简单易行。如进行定量分离，可用微量注射器点样；如进行制备性分离，样品可点成虚线状或直线状。点样时要避免在薄层上造成洞穴，如出现洞穴，当展开剂上升时必将绕着洞穴上升，使分离点出现三角形区带，影响分离效果。

(3) 点样量。点样量的多少直接影响层析结果，太少可能斑点模糊或完全显示不出斑点；太多则展开后出现斑点过大或拖尾，使相似的化合物斑点连起来，甚至出现自原点到分离点整个一条都是样品带，致使分离完全失败。一般对吸附剂厚0.25～0.5 mm的薄板，每点所含样品量约为5～15 μg(浓度为1%～2%的溶液点0.5～2 μg即可)；对1 mm左右厚的制备层析板，含样量可达10～50 μg，最多可达100 μg。

3) 展开

(1) 展开剂的选择。在氧化铝、硅胶吸附薄层中，展开剂选择的原则与柱层析相同，对同一个化合物来讲，展开剂的极性愈大，洗脱能力愈强(此化合物在展开剂中要有一定的溶解度)，即在薄层板上把它推得愈远。如用一种展开剂去展开某一化合物，如它移动得太近，就考虑换一种极性较大的展开剂或在原来的展开剂中加入一定量极性大的溶剂去展开。例如用苯，再用苯-氯仿(9∶1、8∶2、……)，再用氯仿，再用氯仿-丙酮(95∶5、7∶3、……)，依次增加展开剂的极性，使化合物斑点推到适当的位置。也可用三种以上混合剂展开。如用一种展开剂去展开某一化合物，如它移动太远，几乎到前沿，就考虑换一种极性较小的展开剂展开。

在分配薄层析中，展开剂的选择与分配柱层析相同。用水作固定相时，较好的展开剂有水饱和的酚、水饱和的正丁醇、正丁醇-醋酸-水(4∶1∶5)、异丙醇-氢氧化铵-水(45∶5∶10)等。用甲酰胺、乙二醇等作固定相时，有正己烷、苯、苯-氯仿(1∶1)等。在以液体石蜡、硅油等作固定相的反相层析中，较好的展开剂有甲醇-水(95∶5、9∶1、8∶2、7∶3)、丙酮-水、氯仿-甲醇-水等。

根据吸附剂、化合物的极性以及它在展开剂中的溶解度或分配系数来选择溶剂，只是一个简单的原则。在实际工作中大都还要经过实验来确定合适的展开剂。先在载玻片的薄

层上来实验，成功后，再用到大的薄板上。在吸附薄层上也可用微型圆环技术快速地对展开剂进行筛选。方法是将样品溶液在一薄板上点成同样大小的圆点，如图 2-19(a)所示的 1、2、3、4，再用毛细管吸取各种展开剂加到样点中心。展开剂自毛细管中流出而进行展开，就可看到图 2-19(b)的不同圆形层谱。从图 2-19(b)可以看出，点 3 的展开剂较好，它已把样品展开为同心圆点。2 的展开剂最不好，样品点未动。

(2) 操作方法。展开操作需在密闭容器中进行。根据薄板的大小，选用适当的层析槽。层析槽一般是玻璃制成的，有长方形盒子状，也有用方形或圆形的玻璃标本缸及带盖的玻璃杯的。口和盖子的边缘是磨砂的。展开方式有以下几种：

① 上行展开：是最常用的展开方式，根据需要又有斜上行与直立上行，展开剂从下往上展开。通常将展开剂倒入层析槽内，将点好样的薄板浸入展开剂约 0.5 cm。软板只能与水平面成 5°～10°的角上行，硬板可直立上行，展开的距离一般为 10～15 cm，如图 2-20 所示。如某一物质的 R_f 值很小，与其邻近的物质不易分开，则采用连续展开，薄层的顶端与外界敞通。当展开剂走到薄层的顶端尽头处。就连续不断地从薄层顶端向外界挥去，而使展开继续进行，使斑点分离开。

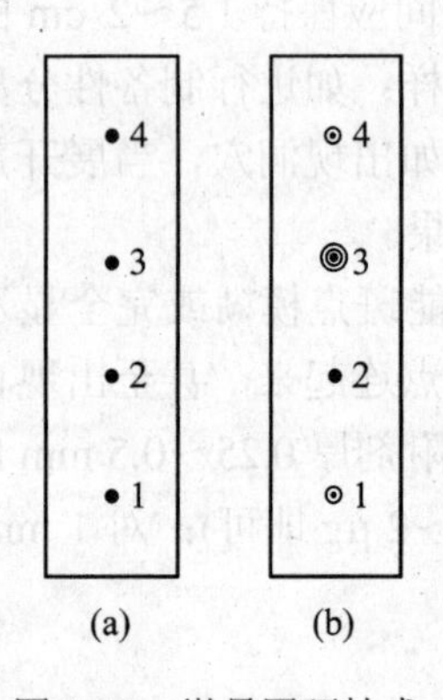

图 2-19 微量圆环技术

图 2-20 上行展开

② 下行展开：在层析槽内，在薄层的上端放一个盛展开剂的槽，用厚滤纸把展开剂引到薄层的上端而使展开剂向下移动。下行法由于展开剂受重力作用而流动较快，所以展开时间比上行法短。连续下行法也较方便，当展开剂流到下端尽头后，它会再滴到层析槽的底部而贮积起来。

③ 二次展开：一次展开后如两种物质不能完全分离，可把薄层从层析槽中取出挥去展开剂，再放入层析槽中，用同样的或另一种展开剂进行第二次展开，直到两种物质很好地分离。

④ 双向展开：在正方形的薄板上，如果将样品点在薄板的一角，先进行一次展开，然后挥去展开剂，将薄板转 90°角，再将薄板进行二次展开(通常换另一展开剂)，第一次展开时分离不彻底的几种成分经二次转换方向展开，其结果就可能分离得更好一些。

⑤ 径向展开：层析板是圆形，中间有一小圆洞，样品点在圆洞周围，展开剂由圆心向外展开。为提高展开速度，已有专门的离心旋转薄层层析仪出售。

4) 定位方法

薄层展开以后，无论对化合物进行定性鉴定还是制备性分离或含量测定，都需要确定

它们的位置(称为定位或显色)。这样才能知道各成分分离的情况及根据显色情况推断是什么类型的化合物。对有色化合物的位置可直接检出，对无色化合物的检出方法有以下几种：

(1) 荧光定位。薄层展开后，待溶剂挥散后在紫外灯下观察，若样品本身有荧光，则显出各种颜色的荧光斑点。也有的化合物在紫外灯的照射下，吸收紫外光不发出荧光而呈现暗色斑点；有的需要与某种试剂作用以后才显出荧光或荧光加强；也有的化合物需在留有少许溶剂的情况下方显出荧光。对一些紫外灯下不发生荧光的物质，可用荧光板展析，此时在紫光灯下斑点掩盖了荧光，出现一暗点。紫外分析仪(也叫荧光灯、紫外灯)有两种滤光片，一种能透过 254 nm 的紫外光，另一种能透过 365 nm 的紫外光。

(2) 显色定位。

① 蒸气显色。有一些物质的蒸气(如固体碘、液体溴、浓氨水等)可与一些化合物作用显色。将它们放入密闭容器内(标本缸等)，然后将挥去溶剂的薄板放入其中，可显出各种色点。多数化合物遇碘蒸气会显黄棕色点，取出后，立即划出斑点位置，因为放在空气中颜色会慢慢褪去。碘是一种非破坏性的显色剂，待颜色褪去后，可将化合物取出定性定量，

② 喷显色剂。各类化合物都有专属的显色剂(参看附录 2)。如检测已知类型的化合物，可用各类专用显色剂喷雾。如检测的样品为未知化合物，可喷雾通用显色剂或各类化合物的显色剂。操作时先将显色剂装在喷瓶内，瓶口接一皮管，用嘴吹或皮老虎喷。对软板要趁溶剂未干前喷，以免薄层被吹散。喷瓶与薄板的距离约为 30～50 cm，喷出的雾点要细而均匀。喷刺激性或腐蚀性的显色剂时应在通风橱内进行。薄层上出现的色点用小针或铅笔标出位置。

(3) R_f 的计算。斑点定位后，各成分在薄板上的斑点位置可用比移值(R_f 值)来表示。图 2-21 为 R_f 值的测量示意图。R_f 的计算公式为

$$R_f = \frac{\text{展开后，起始线至班点中心距离}}{\text{展开后，始互线溶剂前沿的距离}}$$

$$\text{化合物}A\text{的}R_f = \frac{a}{c}, B\text{的}R_f = \frac{b}{c}$$

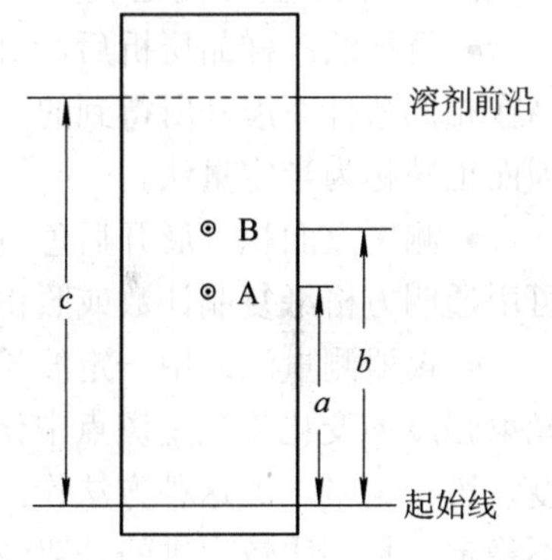

图 2-21　R_f 值测量示意图

计算出的 R_f 值可与已知化合物的 R_f 值对照，也可与文献上记载的 R_f 比较，来进行定性鉴定。

5) 斑点的取下与洗脱

薄层上色点位置确定以后，为了进一步定性鉴定和定量，需将斑点取下。如用荧光定位或碘熏定位，可直接将斑点取下。如用显色剂定位，可同时点几个同一样品点，进行层析，只让其中一个点显色，而将其它对应的点取下。对于软板，可用吸集器将色点位置的吸附剂吸下。如为硬板，可用小刀割下。对制备性的薄层层析，更需将分离后的色带取下，以便得到单一成分。收集方法见图 2-22。收集到小层析管中的吸附剂，选用适当的溶剂进行洗脱，为了增加洗脱速度，可减压洗脱，如图 2-23 所示。

洗脱下来的溶液，可直接测定(例如紫外光谱)，也可将溶剂蒸干，再用甲醇溶解测定，如有足够的点样量时，回收溶剂后，可得分离后的单体成分。

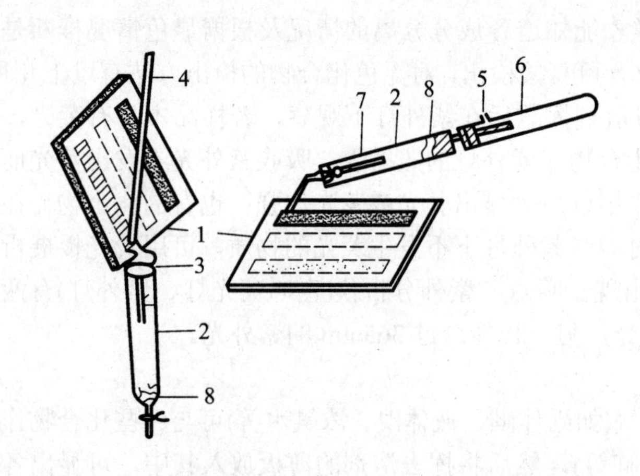

1—薄层板；2—小层析管；3—漏斗；4—刮刀；5—连接减压泵；

6—分支试管；7—有尖嘴玻璃管；8—棉花

图 2-22　制备薄层色带收集示意图

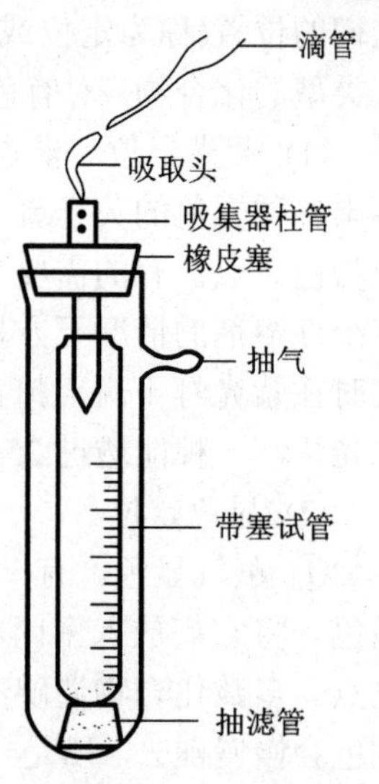

图 2-23　减压洗脱装置

6) 定量

(1) 薄板上直接测定。

• 目视法：样品层析后，直接观察色点的大小及颜色深浅，并与已知不同浓度的标准品在相同条件下展开所得到的一系列标准色点相比较，近似地判断样品中所测成分的含量，因而也被称为半定量法。

• 测斑点面积：展开后色点的面积与样品量之间存在着一定的关系。可用测面仪，也可用透明方格纸复制计数或照相复制测斑点面积，进行定量。

• 仪器测量法：用一定波长、一定强度的光束照射薄层上斑点，用仪器测量照射前后光束强度的变化来确定斑点中化合物的含量。可采用光密度计直接测定薄层上斑点的光密度，进行定量。但这种方法作出的定量曲线不够线性，主要因为薄层厚度不均匀，空白值不稳定。目前比较先进的是双波长薄层层析扫描仪(如日本岛津 CS-930)，它是采用两种不同光源的波长，用一种波长测定样品，用另一种波长扫描样品邻近的薄层，作为空白，观察两种波长的强度差，可消除薄层空白值所引起的误差。测定时一面对薄层上斑点沿 Y 轴方向进行锯齿形扫描，一面沿 X 方向极缓慢地扫描，所以能测定斑点全部面积，测定准确度高。这种仪器特别适合中药中多成分的含量测定，它是目前快速准确的定量方法。

(2) 洗脱测定。用微量注射器取一定量的已知浓度的样品溶液点样。层析分离后，取下斑点部分的吸附剂，用适当溶剂把化合物洗脱后进行测定。薄层层析上样量一般为几微克到几百微克，对这样小量的样品常用的测定方法是紫外分光光度法及可见分光光度法。

紫外分光光度法是将洗脱液调整至一定体积，在化合物的最大吸收波长处测定吸收值，把样品斑点相应位置的且与斑点同样大小的空白吸附剂取下，用同一种洗脱剂洗脱(如薄层厚度不匀，斑点和空白点要同重量)，作为测定时的空白对照溶液。因为吸附剂本身洗脱后往往也有一定的吸收值。

可见分光光度法是在调整体积后的洗脱液中，加入专属性好的显色试剂显色，再取斑点相应位置同等大小的空白吸附剂进行同样的洗脱显色，作为比色的空白溶液，用可见光来测定吸收值，进行定量。洗脱法操作步骤虽然多，但洗脱不需要贵重仪器设备，测定结果具有较好的准确度，所以仍是目前常用的方法。

3. 干柱层析

干柱是指由填充剂(吸附剂、载体)干装而成的柱。干柱层析是指用一种洗脱剂进行一次展开的分离方法。它是一种改进了的柱层析技术，与湿柱相比，省去了很长的梯度洗脱步骤，只要选择好展开剂，很短时间内即可完成。凡能用薄层层析分离的混合物，把薄层层析条件(吸附剂、展开剂等)直接用在干柱上，可迅速获得制备性分离。简单讲干柱层析是指把吸附剂按干法装在柱中，欲分离的混合物吸着在干柱的顶端，用溶剂进行展开，待溶剂达到柱底时，以荧光定位或以化合物在薄层上的 R_f 值推定位置，根据各个成分的位置进行分割，各段以有机溶剂提取，即得各单一成分。具体操作如下。

1) 干柱的制备

干柱层析中常用的吸附剂有氧化铝、硅胶。对吸附剂粒度要求较细，一般为 150～200 目，对难分离的样品需用 200～300 目，而且吸附活度要低，降活性的吸附剂分离效果要好，一般为Ⅱ～Ⅲ级。为了使吸附剂活性降低，可将吸附剂置圆底烧瓶中，加入适量的水，放在密闭的旋转蒸发器上转动 2～3 小时，使达到平衡。测定氧化铝、硅胶活性的简易方法，可采用毛细管法，即：取一端封闭的 1.0 mm× 75 mm 的毛细管一根，填满待测的吸附剂，在其开口的一端滴上一滴苯，将毛细管倒过来再将封闭端割开，然后将滴过苯的那端插入 0.5%染料的苯溶液中几毫米深(测氧化铝用对氨基偶氮苯，测硅胶用对二甲氨基偶氮苯)，直到一滴染料被吸附，再将毛细管移到另一盛几毫升苯的小试管中，进行展开，展开后计算 R_f 值，由表 2-3 查出吸附剂的活性级别。

表 2-3　氧化铝、硅胶活性级别表

加水量		染料的 R_f 值	吸附剂活性级别 (根据 Brockman 标准)
氧化铝	0	0	Ⅰ
	3	0.12	Ⅱ
	6	0.24	Ⅲ
	8	0.46	Ⅳ
	10	0.54	Ⅴ
硅胶	0	0.15	Ⅰ
	3	0.22	
	6	0.33	
	9	0.44	
	12	0.55	Ⅱ
	15	0.65	Ⅲ

选择好吸附剂后，再选择适当的层析柱，进行干法装柱。干柱层析中所用的层析柱有以下几种：

(1) 玻璃柱。取一定长度的玻璃管，底部置一打细孔塞子，底端盖一滤纸并用皮筋扎紧，从开口端用干法装入吸附剂，即制成玻璃干柱。玻璃柱的优点是干法装柱容易，装成

的柱较均匀，但是不易分割，吸附剂不易倒出。并且因玻璃不容易透过短波紫外光，不宜用紫外光定位。

(2) 半玻璃柱。为了克服上述玻璃柱的缺点，可将圆玻璃柱从中间竖直切开，形成半圆柱，装上吸附剂后，敞开的一面，用一大小对应的玻璃条盖紧，接处不能有空隙，用绳子扎紧，待展开后取掉玻璃盖板，可用紫外灯定位，可将吸附剂直接挖出。

(3) 塑料薄膜柱(尼龙柱)。与前二者相比，塑料薄膜柱具有紫外光定位容易、切开容易的优点，但装柱较难。方法如下：剪取一定直径和长度的袋状塑料薄膜，将一端封闭，从另一端充入空气，并用橡皮筋扎紧。于80～90℃水浴中把袋状薄膜的两边烫平(否则两条折边与填充剂之间有较大的空隙，使得展开剂的移动速度比柱的其它部分快，造成色带不齐)。解下皮筋，由开口端将一团棉花塞入底端，为了排气，在柱底用针打2～3个小孔，将吸附剂通过漏斗倒入柱中。为使填充致密，在装到1/3高度时，可将塑料柱由高处向低处硬面蹾几次(像填装测熔点毛细管似的)，然后再装1/3，重复上述操作，最后装到预定高度。填充结实的柱是十分硬的，可用夹子固定在支架上。

2) 加样

(1) 溶液加样法。将适量样品(样品与吸附剂之比为1∶10～1∶300)以适量展开剂溶解(溶液浓度如太浓，加样后吸附剂易结块；太稀，样品区带太宽，影响分离效果)。把样品溶液置分液漏斗中，打开活塞将其迅速全部加于柱顶，用手轻拍柱顶，使样品带平整，并在柱顶放一块圆形滤纸(用针刺几个洞)，以免加洗脱剂时，搅动柱顶表面。

(2) 拌样加样法。取适量样品用低沸点的溶剂(乙醚、二氯甲烷等)溶解，然后加入样品5倍量的吸附剂拌匀，置空气中晾干或在旋转蒸发器里，30～40℃的条件下将其蒸干成粉末状，再均匀置于柱顶，尽量使样品带平整并覆盖上一层砂或玻璃珠即可。

3) 展开

干柱层析的洗脱剂就是样品在薄层上有效分离的展开剂。如为混合溶剂，则吸附剂应预先以展开剂处理，否则分离效果差。具体方法是在吸附剂中加入其重量的10%的混合溶剂，置球磨机上旋转3小时，使其达到平衡。在用尼龙柱时，展开剂中不能含乙酸、氯仿、二氯甲烷。乙酸会腐蚀尼龙，氯仿、二氯甲烷会使尼龙变软，柱体发生凹陷现象。

将选择好的展开剂置于分液漏斗中，并将分液漏斗用塞子塞紧固定在层析柱上，分液漏斗下端插入柱顶上方5 cm处，打开活塞使溶液流入柱顶，待流至液面淹没分液漏斗的下端时，自动停止，这样展开层可自动控制。当展开剂通过柱体到达底部时，展开即完成。对于 R_f 比较小的成分，可继续冲洗适当体积，也可将成分洗脱下来(称为洗脱干柱)。展开的方式除下行外，也可上行展开。

4) 定位与分割

在分离有色化合物时，可直接看到各化合物分离后的色带。对于无色的混合物，展开后于暗室中在紫外光下观察柱(玻璃柱在长波长紫外光下观察，尼龙柱可在短波长的紫外光下观察)，以荧光定位。如无荧光，可在附吸剂中加入0.5%的无机荧光物质，层析后，在荧光灯下化合物将出现暗带。也可利用薄层上所测的 R_f 值来推断干柱中的部位。定位后，如用尼龙柱，可像切香肠那样，用刀把柱切成段。如用半玻璃柱，则用刀直接挖出吸附剂。如用玻璃柱，则需将柱倒过来向下往橡皮垫上蹾，使柱中的吸附剂慢慢滑下来，再切开，也可用自制的半圆形铲从玻璃柱中将色带挖出。得到的各段吸附剂，选用适当的溶剂进行

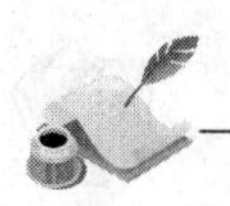

提取，提取溶液浓缩后，可得单一成分。

4．纸层析

纸层析是将样品溶液点在层析滤纸的一端，用一定的展开剂进行展开，不同的成分移动的速度不同，因而达到分离，根据移动的位置求出 R_f 值，进行定性鉴定。纸层析主要是分配层析，滤纸是载体，滤纸含的水分为固定相，展开剂为移动相，层析时据不同成分在两相中分配系数的不同而使其分离，具体操作如下。

1) 滤纸的选择

层析用的滤纸必须是质地均匀、平整无折痕、边沿整齐的，否则溶剂在展开时，速度将不均匀。层析滤纸型号很多，分厚型、薄型两种，厚型、薄型中又根据质地松紧不同有快、中、慢速之分。选择时根据被分离的成分及采用的展开剂来选。对 R_f 值相差小的化合物，应采用慢速滤纸；对 R_f 值相差较大的化合物，可采用快速滤纸。如展开剂中以正丁醇为主，黏度大，展开速度慢，可用快速滤纸；如展开剂以石油醚、氯仿为主，展开速度快，可选用慢速滤纸或中速滤纸。对于滤纸厚度的选用，作一般的定性鉴定，用薄型为宜；对定量或微量制备则以厚型为宜。层析滤纸的大小根据一次层析要分离样品的多少及展开的方式选择。如点一种样品，可用 2.5 cm × 15 cm 的滤纸条；如点两种样品，可用 5 cm × 20 cm 的滤纸条；如点更多样品，可用各种形状滤纸(如要双向展开，用正方形滤纸；如要径向展开，用圆形滤纸)。

2) 点样

纸层析点样的方法与薄层相似。将样品溶在适当的溶剂中配成样品溶液，用毛细管或微量注射器取约 1～10 μL 样品溶液点在选好的滤纸上。样品点的位置距纸一端约 2～3 cm，样品点彼此间距离 1.5～2 cm，样品点的大小直径一般不超过 0.3 cm。若样品溶液浓度稀，可反复点几次，每点一次可借红外灯或电吹风迅速干燥。

3) 展开剂的选择和展开方式

在纸层析中一般以纸中吸着水为固定相，纸表面可吸附 20%～25%的水，其中 6%的水与纤维素分子中的羟基以氢键结合，形成结合水。展开剂(移动相)的选择要从欲分离物质在二相中的溶解度来考虑，使各组分以适当的速度移动，既不跑到前沿($R_f = 1$)，又不留在原点不动($R_f = 0$)。在化合物定性时，R_f 值应控制在 0.3～0.7；对各成分进行分离时，R_f 值应控制在 0.05～0.85 之间。常用的溶剂系统有以下几类：

以水为固定相的纸层析，展开剂多用与水部分相溶的醇类有机溶剂，如正丁醇-醋酸-水(4∶1∶5 上层)、水饱和的正丁醇等，也可用酸、盐的水溶液展开。用此类溶剂展开时，化合物的极性与 R_f 值的关系与前正好相反：极性大，R_f 值大；极性小，R_f 值小。

对一些亲脂性较强的样品，可用非水又亲水的甲酰胺、丙二醇等代替水作固定相。将甲酰胺或丙二醇溶于丙酮中，配成 20%～30%的溶液，再将层析滤纸浸入溶液中立即取出，置两层粗滤纸间压平，取出滤纸待丙酮挥散即可。展开剂多用亲脂性溶剂，如苯、氯仿、乙酸乙酯等。

对亲脂性很强的成分，可用反相纸层析，以液体石蜡、凡士林的苯溶液作固定相，而用亲水性强的溶剂为移动相。各类成分在纸层析中常用展开剂见表 2-4。

表 2-4　各类成分在纸层析中常用展开剂

化合物	固　定相	移动相
生物碱	水 不同 pH 缓冲液 甲酰胺	正丁醇-醋酸-水(4∶1∶5)上层(BAW) 正丁醇-水 苯、氯仿、醋酸乙酯等
黄酮类	水	BAW、水饱和正丁醇、水饱和酚 氯仿-醋酸-水(13∶6∶1)、氯仿-乙醇-水(8∶2∶1)、2～6%醋酸、3%NaCl
蒽醌类	水	石油醚-丙酮-水(1∶1∶3)上层 氯仿-甲醇-水(2∶1∶1)下层 苯-丙酮-水(4∶1∶2)下层
香豆素	水 甲酰胺	水饱和的氯仿 水饱和的异戊醇
强心苷	水 甲酰胺	BAW 乙酸乙酯-吡啶-水 己烷或石油醚 水饱和丁酮 氯仿-甲醇-水 苯-甲醇-水(11∶4∶5) 甲苯-丁酮-水(6∶4∶1) 甲苯、苯 氯仿-二氧六环-丁醇/甲酰胺(70∶20∶51 饱和) 氯仿-四氢呋喃-乙酰胺(50∶50∶6.5) 醋酸乙酯-吡啶-水(3∶1∶3) 丁醇-乙醇-25%氨水(10∶2∶51)
皂苷	水	苯-乙酸乙酯(1∶1) 甲苯-乙酸-水(5∶5∶1) 环己烷-氯仿-丙酮(4∶3∶3)
皂苷元	甲酰胺 液体石蜡	己烷-苯-氯仿 苯-氯仿(6∶4) 环己烷-苯(1∶1) 甲醇-水(95∶5)
糖	水	水饱和苯酚 BAW BEW(正丁醇-乙醇-水(4∶1∶2.2) 乙酸乙酯-吡啶-水(2∶1∶7) 丁醇-吡啶-水(45∶25∶40)
有机酸	水	BAW 正丁醇-乙醇-水(4∶1∶5) 异戊醇-三甲基吡啶-水(10∶2∶1)

纸层析的展开方式与薄层相似，有上行、下行、双向、放射状展开，不论用什么方式展开，都必须在密闭的展开室中进行。上行展开时，可根据滤纸大小选用试管、层析筒、圆形或方形的标本缸等，大的滤纸可卷成圆形，如图 2-24 所示；下行展开时，层析缸上边必须有一个盛放溶剂的溶剂槽，如图 2-25 表示。

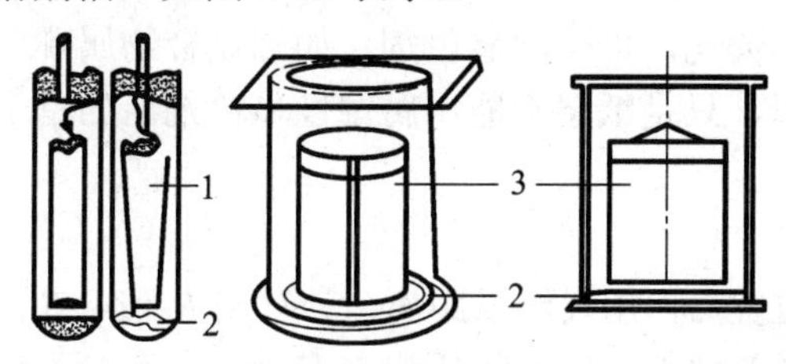

1—滤纸条；2—展开溶剂；3—滤纸筒

图 1-24　上行纸层析展开示意图

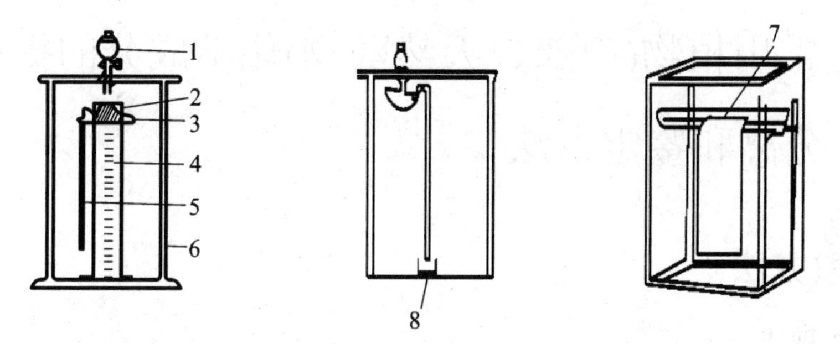

1—分液滤斗；2—压住滤纸的玻璃物体；3—展开溶剂及存放溶剂的槽；

4—量筒作为支架；5、7—层析滤纸；6—标本缸；8—回收溶剂

图 2-25　下行纸层析展开示意图

在进行双向展开时，样品加在方形滤纸的一角，先用一种溶剂进行，第一向展开后，将纸上的溶剂除净并使其干燥，截去溶剂没有流到的部分，转 90°后，再用第二向溶剂展开。

放射展开的容器，可用适当大小的培养皿，圆形滤纸比培养皿稍大，能搁在其上。从边缘至圆心剪下一条宽 2～3 mm 纸条，截成适当长度，使其能浸入盛在下面培养皿中的溶剂内 0.3～0.5 cm。样品加在直径为 2 cm 的圆周上，样品点彼此间距离为 1 cm，溶剂沿着浸在溶剂内的纸条上升进行展开，如图 2-26 所示。也可将圆形滤纸剪成一定形状，如图 2-27 所示，进行径向展开，将圆心剪一小孔，插入一滤纸芯，放在培养皿上，使滤纸芯插入下层培养皿的溶剂中，进行展开。

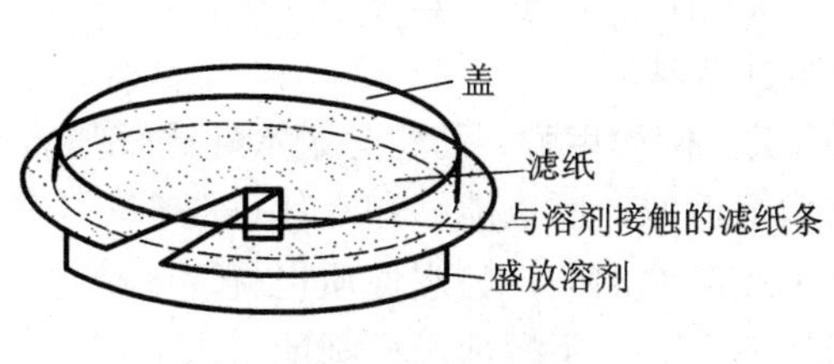

图 2-26　放射状纸层析装置

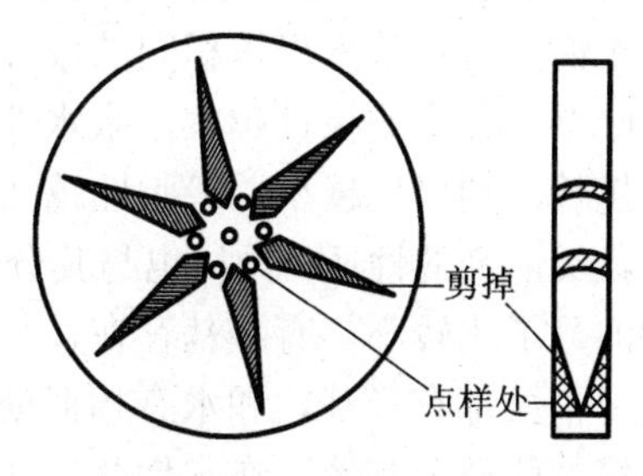

图 2-27　径向纸层析图

4) 定位

展开后，从展开室中取出滤纸先记下溶剂前沿，将滤纸在室温下晾干或用电吹风吹干，再进行斑点定位。

如化合物本身有色，可直接记下斑点位置，如无色可在荧光灯下观察。化合物如有荧光，可用荧光定位；如无荧光，可喷洒显色剂。如知化合物属哪一类，可喷专属显色剂。纸层析显色剂与薄层相似，只是纸层不能用腐蚀性显色剂。如是未知化合物，可喷通用显色剂。

5) 定性检定

定出化合物斑点的位置后，用尺测量距离，计算出 R_f 值。在同样条件下，各种物质的 R_f 值是常数，因此在同样条件下和标准物质的 R_f 值比较，可定性检定是哪一化合物。最好是将样品和标准品在同一滤纸上进行层析对照。

2.2 常用植物(中药、天然药物)化学成分的提取、分离和鉴定方法

2.2.1 提取方法

1. 溶剂提取法

1) 溶剂提取法的原理

溶剂提取法是根据中草药中各种成分在溶剂中的溶解性质，选用对活性成分溶解度大、对不需要溶出成分溶解度小的溶剂，将有效成分从药材组织内溶解出来的方法。当溶剂加到中草药原料(需适当粉碎)中时，溶剂由于扩散、渗透作用逐渐通过细胞壁透入到细胞内，溶解了可溶性物质，而造成细胞内外的浓度差，于是细胞内的浓溶液不断向外扩散，溶剂又不断进入药材组织细胞中，如此多次往返，直至细胞内外溶液浓度达到动态平衡，此时将此饱和溶液滤出，继续多次加入新溶剂，就可以把所需要的成分近于完全溶出或大部溶出。

中草药成分在溶剂中的溶解度直接与溶剂性质有关。溶剂可分为水、亲水性有机溶剂及亲脂性有机溶剂，被溶解物质也有亲水性及亲脂性的不同。

有机化合物分子结构中亲水性基团多，其极性大而疏于油；有的亲水性基团少，其极性小而疏于水。这种亲水性、亲脂性及其程度的大小，是和化合物的分子结构直接相关的。一般来说，两种基本母核相同的成分，其分子中功能基的极性越大，或极性功能基数量越多，则整个分子的极性越大，亲水性越强，而亲脂性就越弱；其分子非极性部分越大，或碳键越长，则极性越小，亲脂性越强，而亲水性就越弱。

各类溶剂的性质，同样也与其分子结构有关。例如甲醇、乙醇是亲水性比较强的溶剂，它们的分子比较小，有羟基存在，与水的结构很近似，所以能够和水任意混合。丁醇和戊醇分子中虽都有羟基，和水有相似处，但分子逐渐地加大，与水性质也就逐渐疏远。所以它们能彼此部分互溶，在它们互溶达到饱和状态之后，丁醇或戊醇都能与水分层。氯仿、

苯和石油醚是烃类或氯烃衍生物，分子中没有氧，属于亲脂性强的溶剂。

这样，我们就可以通过中草药成分结构分析，去估计它们的此类性质和选用的溶剂。例如葡萄糖、蔗糖等分子比较小的多羟基化合物，具有强亲水性，极易溶于水，就是在亲水性比较强的乙醇中也易于溶解。淀粉虽然羟基数目多，但分子太大，所以难溶解于水。蛋白质和氨基酸都是酸碱两性化合物，有一定程度的极性，所以能溶于水，不溶于或难溶于有机溶剂。苷类都比其苷元的亲水性强，特别是皂苷由于它们的分子中往往结合有多数糖分子，羟基数目多，能表现出较强的亲水性，而皂苷元则属于亲脂性强的化合物。多数游离的生物碱是亲脂性化合物，与酸结合成盐后，能够离子化，加强了极性，就变为亲水的性质，这些生物碱可称为半极性化合物。所以，生物碱的盐类易溶于水，不溶或难溶于有机溶剂；而多数游离的生物碱不溶或难溶于水，易溶于亲脂性溶剂，一般以在氯仿中的溶解度最大。鞣质是多羟基的化合物，为亲水性的物质。油脂、挥发油、蜡、脂溶性色素都是强亲脂性的成分。

总的说来，只要中草药成分的亲水性和亲脂性与溶剂的此项性质相当，就会在其中有较大的溶解度，即所谓“相似相溶”的规律。这是选择适当溶剂自中草药中提取所需要成分的依据之一。

2) 溶剂的选择

运用溶剂提取法的关键，是选择适当的溶剂。溶剂选择适当，就可以比较顺利地将需要的成分提取出来。选择溶剂要注意以下三点：① 溶剂对有效成分溶解度大，对杂质溶解度小；② 溶剂不能与中草药的成分起化学变化；③ 溶剂要经济、易得、使用安全等。

常见的提取溶剂可分为以下三类：

(1) 水。水是一种强的极性溶剂。中草药中亲水性的成分，如无机盐、糖类、分子不太大的多糖类、鞣质、氨基酸、蛋白质、有机酸盐、生物碱盐及苷类等都能被水溶出。为了增加某些成分的溶解度，也常采用酸水及碱水作为提取溶剂。酸水提取，可使生物碱与酸生成盐类而溶出，碱水提取可使有机酸、黄酮、蒽醌、内酯、香豆素以及酚类成分溶出。但用水提取，易酶解苷类成分，且易霉坏变质。某些含果胶、黏液质类成分的中草药，其水提取液常常很难过滤。沸水提取时，中草药中的淀粉可被糊化，而增加过滤的困难。故含淀粉量多的中草药，不宜磨成细粉后加水煎煮。中药传统用的汤剂，多用中药饮片直火煎煮，除加温可以增大中药成分的溶解度外，还可能与其它成分产生“助溶”现象，增加了一些水中溶解度小的、亲脂性强的成分的溶解度。但多数亲脂性成分在沸水中的溶解度是不大的，即使有助溶现象存在，也不容易提取完全。如果应用大量水煎煮，就会增加蒸发浓缩时的困难，且会溶出大量杂质，给进一步分离提纯带来麻烦。中草药水提取液中含有皂苷及黏液质类成分，在减压浓缩时，还会产生大量泡沫，造成浓缩的困难。通常可在蒸馏器上装置一个汽-液分离防溅球加以克服，工业上则常用薄膜浓缩装置。

(2) 亲水性的有机溶剂，也就是一般所说的与水能混溶的有机溶剂，如乙醇(酒精)、甲醇(木精)、丙酮等，以乙醇最常用。乙醇的溶解性能比较好，对中草药细胞的穿透能力较强。亲水性的成分除蛋白质、黏液质、果胶、淀粉和部分多糖等外，大多能在乙醇中溶解。难溶于水的亲脂性成分，在乙醇中的溶解度也较大。还可以根据被提取物质的性质，采用不同浓度的乙醇进行提取。用乙醇提取比用水提取用溶媒量少，提取时间短，溶解出的水溶性杂质也少。乙醇为有机溶剂，虽易燃，但毒性小，价格便宜，来源方便，若有一定设

备即可回收反复使用，而且乙醇的提取液不易发霉变质。由于这些原因，用乙醇提取的方法是最常用的方法之一。甲醇的性质和乙醇相似，沸点较低(64℃)，但有毒性，使用时应注意。

(3) 亲脂性的有机溶剂，也就是一般所说的与水不能混溶的有机溶剂，如石油醚、苯、氯仿、乙醚、乙酸乙酯、二氯乙烷等。这些溶剂的选择性能强，不能或不容易提取出亲水性杂质。但这类溶剂挥发性大，多易燃(氯仿除外)，一般有毒，价格较贵，设备要求较高，且它们透入植物组织的能力较弱，往往需要长时间反复提取才能提取完全。如果药材中含有较多的水分，用这类溶剂就很难浸出其有效成分，因此，大量提取中草药原料时，直接应用这类溶剂有一定的局限性。

3) 提取方法

用溶剂提取中草药成分，常用浸渍法、渗漉法、煎煮法、回流提取法及连续提取法等。同时，原料的粉碎度、提取时间、提取温度、设备条件等因素也都会影响提取效率，必须加以考虑。

(1) 浸渍法。浸渍法系将中草药粉末或碎块装入适当的容器中，加入适宜的溶剂(如乙醇、稀醇或水)，浸渍药材以溶出其中成分的方法。本法比较简单易行，但浸出率较差，且如以水为溶剂，其提取液易于发霉变质，须注意加入适当的防腐剂。

(2) 渗漉法。渗漉法是将中草药粉末装在渗漉器中，不断添加新溶剂，使其渗透过药材，自上而下从渗漉器下部流出浸出液的一种浸出方法。当溶剂渗进药粉溶出成分比重加大而向下移动时，上层的溶液或稀浸液便置换其位置，造成良好的浓度差，使扩散能较好地进行，故浸出效果优于浸渍法。但应控制流速，在渗漉过程中随时自药面上补充新溶剂，使药材中有效成分充分浸出为止。或当渗漉液颜色极浅或渗漉液的体积相当于原药材重量的 10 倍时，便可认为基本上已提取完全。在大量生产中常将收集的稀渗漉液作为另一批新原料的溶剂之用。

(3) 煎煮法。煎煮法是我国最早使用的传统的浸出方法。所用容器一般为陶器、砂罐或铜制、搪瓷器皿，不宜用铁锅，以免药液变色。直火加热时最好时常搅拌，以免局部药材受热太高，容易焦糊。药厂现多采用多功能提取罐，进行煎浸。

(4) 回流提取法。此方法应用有机溶剂加热提取中草药成分，需采用回流加热装置，以免溶剂挥发损失。小量操作时，可在圆底烧瓶上连接回流冷凝器。瓶内装药材约为容量的 30%～50%，溶剂浸过药材表面约 1～2 cm。在水浴中加热回流，一般保持沸腾约 2 小时后放冷过滤，再在药渣中加溶剂，作第二、三次加热回流(分别约为半小时)，或至基本提尽有效成分为止。此法提取效率较浸渍法高，大量生产中多采用连续提取法。

(5) 连续提取法。应用挥发性有机溶剂提取中草药有效成分，不论小型实验或大型生产，均以连续提取法为好。连续提取法需用溶剂量较少，提取成分也较完全。实验室常用脂肪提取器或称索氏提取器。连续提取法一般需数小时才能将中草药成分提取完全，提取成分受热时间较长，遇热不稳定易变化的成分不宜采用此法。

2. 水蒸气蒸馏法

水蒸气蒸馏法适用于能随水蒸气蒸馏而不被破坏的中草药成分的提取。此类成分的沸点多在 100℃以上，与水不相混溶或仅微溶，且在约 100℃时存在一定的蒸气压。当与水在

一起加热，其蒸气压和水的蒸气压总和为一个大气压时，液体就开始沸腾，水蒸气将挥发性物质一并带出。例如中草药中的挥发油，某些小分子生物碱，如麻黄碱、烟碱、槟榔碱，以及某些小分子的酚性物质，如牡丹酚等，都可应用本法提取。有些挥发性成分在水中的溶解度稍大些，常将蒸馏液重新蒸馏，在最先蒸馏出的部分，分出挥发油层，或在蒸馏液水层经盐析法并用低沸点溶剂将成分提取出来。例如玫瑰油、原白头翁素(protoanemonin)等的制备多采用此法。

3. 升华法

固体物质受热直接气化，遇冷后又凝固为固体化合物，称为升华。中草药中有一些成分具有升华的性质，故可利用升华法直接自中草药中将其提取出来。例如樟木中升华的樟脑，在《本草纲目》中已有详细的记载，为世界上最早应用升华法制取药材有效成分的记述。茶叶中的咖啡因在 178℃以上就能升华而不被分解。游离羟基蒽醌类成分，一些香豆素类、有机酸类成分，有些也具有升华的性质，例如七叶内酯及苯甲酸等。

升华法虽然简单易行，但中草药炭化后，往往产生挥发性的焦油状物，黏附在升华物上，不易精制除去；其次，升华不完全，产率低，有时还伴随有分解现象。

2.2.2　分离和纯化

上述提取法所得到的中草药提取液或提取物仍然是混合物，需进一步除去杂质，分离并进行精制。具体的方法随各中草药的性质不同而异，以后将通过实例加以叙述，此处只作一般原则性的讨论。

1. 溶剂分离法

溶剂分离法一般是指将上述总提取物，选用三、四种不同极性的溶剂，由低极性到高极性分步进行提取分离。水浸膏或乙醇浸膏常常为胶状物，难以均匀分散在低极性溶剂中，故不能提取完全，可拌入适量惰性填充剂，如硅藻土或纤维粉等，然后将其低温或自然干燥并粉碎后，再以选用溶剂依次提取，使总提取物中各组成成分依其在不同极性溶剂中溶解度的差异而得到分离。例如粉防己乙醇浸膏，碱化后可利用乙醚溶出脂溶性生物碱，再以冷苯处理溶出粉防己碱，与其结构类似的防己诺林碱比前者少一甲基而有一酚羟基，不溶于冷苯而得以分离。利用中草药的化学成分在不同极性溶剂中的不同溶解度进行分离纯化，是最常用的方法。

广而言之，自中草药提取溶液中加入另一种溶剂，析出其中某种或某些成分，或析出其杂质，也是一种溶剂分离的方法。中草药的水提取液中常含有树胶、黏液质、蛋白质、糊化淀粉等，可以加入一定量的乙醇，使这些不溶于乙醇的成分自溶液中沉淀析出，而达到与其它成分分离的目的。例如自中草药提取液中除去这些杂质，或自白芨水提取液中获得白芨胶，可采用加乙醇沉淀法；自新鲜栝楼根汁中制取天花粉蛋白，可滴入丙酮使其分次沉淀析出。目前，提取多糖及多肽类化合物，多采用水溶解、浓缩、加乙醇或丙酮析出的办法。

此外，也可利用中草药的某些成分能在酸或碱中溶解，又在加碱或加酸变更溶液的 pH 值后，成不溶物而析出来达到分离。例如内酯类化合物不溶于水，但遇碱开环生成羧酸盐溶于水，再加酸酸化，又重新形成内酯环从溶液中析出，从而与其它杂质分离；生物碱一

般不溶于水，遇酸生成生物碱盐而溶于水，再加碱碱化，又重新生成游离生物碱。这些化合物可以利用与水不相混溶的有机溶剂进行萃取分离。一般中草药总提取物用酸水、碱水先后处理，可以分为三部分：溶于酸水的为碱性成分(如生物碱)，溶于碱水的为酸性成分(如有机酸)，酸、碱均不溶的为中性成分(如甾醇)。还可利用不同酸、碱度进一步分离，如酸性化合物可以分为强酸性、弱酸性和酚性三种，它们分别溶于碳酸氢钠、碳酸钠和氢氧化钠，借此可进行分离。有些总生物碱，如长春花生物碱、石蒜生物碱，可利用不同 pH 值进行分离。但有些特殊情况，如酚性生物碱紫堇花碱(corydine)在氢氧化钠溶液中仍能为乙醚抽出，蝙蝠葛碱在乙醚溶液中能为氢氧化钠溶液抽出，而溶于氯仿溶液中则不能被氢氧化钠溶液抽出；有些生物碱的盐类，如四氢掌叶防己碱盐酸盐在水溶液中仍能为氯仿抽出。这些性质均有助于各化合物的分离纯化。

2. 两相溶剂萃取法

1) 萃取法

两相溶剂提取又简称萃取法，是利用混合物中各成分在两种互不相溶的溶剂中分配系数的不同而达到分离的方法。萃取时如果各成分两相溶剂中分配系数相差越大，则分离效率越高。如果在水提取液中的有效成分是亲脂性的物质，一般多用亲脂性有机溶剂，如苯、氯仿或乙醚进行两相萃取；如果有效成分是偏于亲水性的物质，在亲脂性溶剂中难溶解，就需要改用弱亲脂性的溶剂，例如乙酸乙酯、丁醇等。还可以在氯仿、乙醚中加入适量乙醇或甲醇以增大其亲水性。提取黄酮类成分时，多用乙酸乙酯和水的两相萃取。提取亲水性强的皂苷则多选用正丁醇、异戊醇和水作两相萃取。不过，一般有机溶剂的亲水性越大，与水作两相萃取的效果就越不好，因为能使较多的亲水性杂质伴随而出，对有效成分的进一步精制影响很大。

两相溶剂萃取在操作中还要注意以下几点：

(1) 先用小试管猛烈振摇约 1 分钟，观察萃取后二液层分层现象。如果容易产生乳化，大量提取时要避免猛烈振摇，可延长萃取时间。如碰到乳化现象，可将乳化层分出，再用新溶剂萃取；或将乳化层抽滤；或将乳化层稍稍加热；或较长时间放置并不时旋转，令其自然分层。乳化现象较严重时，可以采用二相溶剂逆流连续萃取装置。

(2) 水提取液的浓度最好在比重 1.1～1.2 之间，过稀则溶剂用量太大，影响操作。

(3) 溶剂与水溶液应保持一定量的比例，第一次提取时，溶剂要多一些，一般为水提取液的 1/3，以后的用量可以少一些，一般为水提取液的 1/6～1/4。

(4) 一般萃取 3～4 次即可。但当亲水性较大的成分不易转入有机溶剂层时，须增加萃取次数，或改变萃取溶剂。

萃取法所用设备，如为小量萃取，可在分液漏斗中进行；如系中量萃取，可在较大的适当的下口瓶中进行。在工业生产中大量萃取，多在密闭萃取罐内进行，用搅拌机搅拌一定时间，使二液充分混合，再放置令其分层；有时将两相溶液喷雾混合，以增大萃取接触，提高萃取效率，也可采用二相溶剂逆流连续萃取装置。

2) 逆流连续萃取法

此方法是一种连续的两相溶剂萃取法。其装置可具有一根、数根或更多的萃取管。管内用小瓷圈或小的不锈钢丝圈填充，以增加两相溶剂萃取时的接触面。例如用氯仿从川楝

树皮的水浸液中萃取川楝素。将氯仿盛于萃取管内，而比重小于氯仿的水提取浓缩液贮于高位容器内，开启活塞，则水浸液在高位压力下流入萃取管，遇瓷圈撞击而分散成细粒，使之与氯仿接触面增大，萃取就比较完全。如果一种中草药的水浸液需要用比水轻的苯、乙酸乙酯等进行萃取，则需将水提取浓缩液装在萃取管内，而将苯、乙酸乙酯贮于高位容器内。萃取是否完全，可取样品用薄层层析、纸层析及显色反应或沉淀反应进行检查。

3) 逆流分配法(Counter Current Distribution，CCD)

逆流分配法又称逆流分溶法、逆流分布法或反流分布法。逆流分配法与两相溶剂逆流萃取法的原理一致，但其加样量一定，并不断地在一定容量的两相溶剂中，经多次移位萃取分配而达到混合物的分离。本法所采用的逆流分布仪是由若干乃至数百只管子组成的。若无此仪器，小量萃取时可用分液漏斗代替。应预先选择对混合物的分离效果较好，即分配系数差异大的两种不相混溶的溶剂，并参考分配层析的行为分析、推断和选用溶剂系统，通过试验测知要经多少次的萃取移位才能达到真正的分离。逆流分配法对于分离具有非常相似性质的混合物，往往可以取得良好的效果。但其操作时间长，萃取管易因机械振荡而损坏，消耗溶剂亦多，应用上常受到一定限制。

4) 液滴逆流分配法

液滴逆流分配法又称液滴逆流层析法，为近年来在逆流分配法基础上改进的两相溶剂萃取法。它对溶剂系统的选择基本同逆流分配法，但要求能在短时间内分离成两相，并可生成有效的液滴。由于移动相形成液滴，在细的分配萃取管中与固定相有效地接触、摩擦而不断形成新的表面，促进了溶质在两相溶剂中的分配，故其分离效果往往比逆流分配法好，且不会产生乳化现象，用氮气压驱动移动相，被分离物质不会因遇大气中的氧气而氧化。本法必须选用能生成液滴的溶剂系统，且对高分子化合物的分离效果较差，处理样品量小(1 克以下)，并要有一定的设备。应用液滴逆流分配法可有效地分离多种微量成分，如柴胡皂苷、原小檗碱型季铵碱等。液滴逆流分配法的装置近年来虽不断在改进，但装置和操作都较繁琐。目前，对适用于逆流分配法进行分离的成分，可采用两相溶剂逆流连续萃取装置或分配柱层析法进行。

3. 沉淀法

沉淀法是在中草药提取液中加入某些试剂使其产生沉淀，去杂质的方法。

1) 铅盐沉淀法

铅盐沉淀法为分离某些中草药成分的经典方法之一。由于醋酸铅及碱式醋酸铅在水及醇溶液中，能与多种中草药成分生成难溶的铅盐或络盐沉淀，故可利用这种性质使有效成分与杂质分离。中性醋酸铅可与酸性物质或某些酚性物质结合成不溶性铅盐，因此常用其沉淀有机酸、氨基酸、蛋白质、黏液质、鞣质、树脂、酸性皂苷、部分黄酮等。可与碱式醋酸铅产生不溶性铅盐或络合物的范围更广。

通常将中草药的水或醇提取液先加入醋酸铅浓溶液，静置后滤出沉淀，并将沉淀洗液并入滤液，于滤液中加碱式醋酸铅饱和溶液至不发生沉淀为止，这样就可得到醋酸铅沉淀物、碱式醋酸铅沉淀物及母液三部分。然后将铅盐沉淀悬浮于新溶剂中，通以硫化氢气体，使其分解并转化为不溶性硫化铅而沉淀。含铅盐母液亦须先如法脱铅处理，再浓缩精制。硫化氢脱铅比较彻底，但溶液中可能存有多余的硫化氢，必须先通入空气或二氧化碳让气

泡带出多余的硫化氢气体，以免在处理溶液时使硫化氢参与化学反应。新生态的硫化铅多为胶体沉淀，能吸附药液中的有效成分，要注意用溶剂处理收回。脱铅方法，也可用硫酸、磷酸、硫酸钠、磷酸钠等除铅，但硫酸铅、磷酸铅在水中仍有一定的溶解度，除铅不彻底。用阳离子交换树脂脱铅快而彻底，但要注意药液中某些有效成分也可能被交换上去，同时脱铅树脂再生也较困难。还应注意脱铅后溶液酸度增加，有时需中和后再处理溶液，有时可用新制备的氢氧化铅、氢氧化铝、氢氧化铜或碳酸铅、明矾等代替醋酸铅、碱式醋酸铅。例如在黄芩水煎液中加入明矾溶液，黄芩苷就与铝盐络合生成难溶于水的络化物而与杂质分离，这种络化物经水洗净就可直接供药用。

2) 试剂沉淀法

例如在生物碱盐的溶液中，加入某些生物碱沉淀试剂，则生物碱生成不溶性复盐而析出。水溶性生物碱难以用萃取法提取分出，常加入雷氏铵盐使其生成生物碱雷氏盐沉淀析出。又如橙皮苷、芦丁、黄芩苷、甘草皂苷均易溶于碱性溶液，当加入酸后可使之沉淀析出。某些蛋白质溶液，可以通过变更溶液的 pH 值，利用其在等电点时溶解度最小的性质使之沉淀析出。此外，还可以用明胶、蛋白溶液沉淀鞣质；胆甾醇也常用以沉淀洋地黄皂苷等。可根据中草药的有效成分和杂质的性质，适当选用试剂。

4．盐析法

盐析法是在中草药的水提取液中，加入无机盐至一定浓度或使其达到饱和状态，使某些成分在水中的溶解度降低而沉淀析出，与水溶性大的杂质分离的一种方法。常用作盐析的无机盐有氯化钠、硫酸钠、硫酸镁、硫酸铵等。例如在三七的水提取液中加硫酸镁至饱和状态，三七皂苷乙即可沉淀析出；自黄藤中提取掌叶防己碱，自三颗针中提取小檗碱，在生产上都是用氯化钠或硫酸铵盐析制备。有些成分如原白头翁素、麻黄碱、苦参碱等水溶性较大，在提取时，亦往往先在水提取液中加入一定量的食盐，再用有机溶剂萃取。

5．透析法

透析法是利用小分子物质在溶液中可通过半透膜，而大分子物质不能通过半透膜的性质，达到分离的方法。例如分离和纯化皂苷、蛋白质、多肽、多糖等物质时，可用透析法以除去无机盐、单糖、双糖等杂质。反之也可将大分子的杂质留在半透膜内，而让小分子的物质通过半透膜进入膜外溶液中，加以分离精制。透析是否成功与透析膜的规格关系极大。透析膜的膜孔有大有小，要根据欲分离成分的具体情况来选择。透析膜有动物性膜、火棉胶膜、羊皮纸膜(硫酸纸膜)、蛋白质胶膜、玻璃纸膜等。通常多用市售的玻璃纸或动物性半透膜扎成袋状，外面用尼龙网袋加以保护，小心加入欲透析的样品溶液，悬挂在清水容器中。经常更换清水使透析膜内外溶液的浓度差加大，必要时适当加热，并加以搅拌，以利透析速度加快。为了加快透析速度，还可应用电透析法，即在在半透膜旁边纯溶剂两端放置二个电极，接通电路，则透析膜中的带有正电荷的成分如无机阳离子、生物碱等向阴极移动，而带负电荷的成分如无机阴离子、有机酸等则向阳极移动，中性化合物及高分子化合物则留在透析膜中。透析是否完全，须取透析膜内溶液进行定性反应检查。

一般透析膜可以自制：动物半透膜，如猪、牛的膀胱膜，用水洗净，再以乙醚脱脂，即可使用；羊皮纸膜，可将滤纸浸入 50%的硫酸中约 15～60 分钟，取出铺在板上，以水冲洗制得，其膜孔大小与硫酸浓度、浸泡时间以及用水冲洗的速度有关；火棉胶膜系将火棉

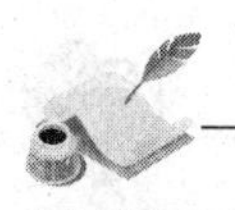

胶溶于乙醚及无水乙醇中，将溶液涂在板上，干后放置水中即可使用，其膜孔大小与溶剂种类、溶剂挥发速度有关，溶剂中加入适量水可使膜孔增大，加入少量醋酸可使膜孔缩小；蛋白质胶(明胶)膜可用 20%明胶涂于细布上，阴干后放水中，再加甲醛使膜凝固，冲洗干净即可使用。近来商品有透析膜管成品出售，国外习称“Visking Dialysis Tubing”，有各种大小与厚度规格，可供不同大小分子量的多糖、多肽透析时选用。

6. 结晶、重结晶和分步结晶法

鉴定中草药的化学成分，研究其化学结构，必须首先将中草药成分制备成单体纯品。在常温下，物质本身性质是液体的化合物，可分别用分馏法或层析法进行分离精制。一般来说，中草药化学成分在常温下多半是固体物质，都具有结晶的通性，可以根据溶解度的不同用结晶法来达到分离精制的目的。研究中草药化学成分时，一旦获得结晶，就能有效地进一步精制成为单体纯品。纯化合物的结晶有一定的熔点和结晶学的特征，有利于鉴定。如果鉴定的物质不是单体纯品，不但不能得出正确的结论，还会造成工作上的浪费。因此，求得结晶并制备成单体纯品，就成为鉴定中草药成分、研究其分子结构重要的一步。

1) 杂质的除去

中草药经过提取分离所得到的成分，大多仍然含有杂质，或者是混合成分。有时即使有少量或微量杂质存在，也会阻碍或延缓结晶的形成。所以在制备结晶时，必须注意杂质的干扰，应力求尽可能除去。有时可选用溶剂溶出杂质，或只溶出所需要的成分。有时可用少量活性炭等进行脱色处理，以除去有色杂质。有时可通过氧化铝、硅胶或硅藻土短柱处理后，再进行制备结晶。但应用吸附剂除去杂质时，要注意所需要的成分也可能被吸附而损失。此外，层析法更是分离制备单体纯品所常用的有效方法。

如果一再处理仍未能使近于纯品的成分结晶化，则可先制备其晶态的衍生物，再回收原物，可望得到结晶。例如游离生物碱可制备各种生物碱盐类，羟基化合物可转变成乙酸化物，碳基化合物可制备成苯腙衍生物结晶。美登碱在原料中含量少，且反复分离精制难以得到结晶，但制备成 3-溴丙基美登碱结晶后，再经水解除去溴丙基，美登碱就能制备成为结晶。

2) 溶剂的选择

制备结晶，要注意选择适宜的溶剂和应用适量的溶剂。适宜的溶剂，最好是在冷时对所需要的成分溶解度较小，而热时溶解度较大。溶剂的沸点亦不宜太高。一般常用甲醇、丙酮、氯仿、乙醇、乙酸乙脂等。但有些化合物在一般溶剂中不易形成结晶，而在某些溶剂中则易于形成结晶。例如葛根素、逆没食子酸在冰醋酸中易形成结晶，大黄素(emodin)在吡啶中易于结晶，萱草毒素在 N，N-二甲基甲酰胺(DMF)中易得到结晶，而穿心莲亚硫酸氢钠加成物在丙酮-水中较易得到结晶。又如蝙蝠葛碱通常为无定形粉末，但能和氯仿或乙醚形成加成物结晶。

3) 结晶溶液的制备

制备结晶的溶液，需要成为过饱和的溶液。一般是应用适量的溶剂在加温的情况下，将化合物溶解再放置冷处。如果在室温中可以析出结晶，就不一定放置于冰箱中，以免伴随结晶析出更多的杂质。

“新生态”的物质即新游离的物质或无定形的粉末状物质，远较晶体物质的溶解度大，

易于形成过饱和溶液。一般经过精制的化合物，在蒸去溶剂抽松为无定形粉末时就是如此，有时只要加入少量溶剂，往往立即可以溶解，稍稍放置即能析出结晶。例如长春花总碱部分抽松后加入 1.5 倍量的甲醇溶解，放置后很快会析出长春碱结晶。又如蝙蝠葛碱在乙醚中很难溶解，但当其盐的水溶液用氨液碱化，并立即用乙醚萃取，所得的乙醚溶液放置后即可析出蝙蝠葛碱的乙醚加成物结晶。

制备结晶溶液，除选用单一溶剂外，也常采用混合溶剂。一般是先将化合物溶于易溶的溶剂中，再在室温下滴加适量的难溶的溶剂，直至溶液微呈浑浊，并将此溶液微微加温，使溶液完全澄清后放置。例如γ-细辛醚重结晶时，可先将其溶于乙醇，再滴加适量水，即可析出很好的结晶。又如自虎杖中提取水溶性的虎杖苷时，在已精制饱和的水溶液上添加一层乙醚放置，既有利于溶出其共存的脂溶性杂质，又可降低水的极性，促使虎杖苷结晶化。自秦皮中提取七叶苷(秦皮甲素)，也可运用这样的办法。

结晶过程中，一般是溶液浓度高，降温快，析出结晶的速度也快，结晶的颗粒较小，杂质也可能多些。有时自溶液中析出的速度太快，超过化合物晶核的形成时分子定向排列的速度，往往只能得到无定形粉末。有时溶液太浓，黏度大反而不易结晶化。如果溶液浓度适当，温度慢慢降低，有可能析出结晶较大而纯度较高的结晶。有的化合物其结晶的形成需要较长的时间，例如铃兰毒苷等，有时需放置数天或更长的时间。

4) 制备结晶操作

制备结晶除应注意以上各点外，在放置过程中，最好先塞紧瓶塞，避免液面先出现结晶，而致结晶纯度较低。如果放置一段时间后没有结晶析出，可以加入极微量的种晶，即同种化合物结晶的微小颗粒。加种晶是诱导晶核形成常用而有效的手段。一般来说，结晶化过程是有高度选择性的，当加入同种分子或离子时，结晶多会立即长大。而且溶液中如果是光学异构体的混合物，还可依种晶性质优先析出其同种光学异构体。没有种晶时，可用玻璃棒蘸过饱和溶液一滴，在空气中任溶剂挥散，再用其摩擦容器内壁溶液边缘处，以诱导结晶的形成。如仍无结晶析出，可打开瓶塞任溶液逐步挥散，慢慢析晶。或另选适当溶剂处理，或再精制一次，尽可能除尽杂质后进行结晶操作。

5) 重结晶及分步结晶

在制备结晶时，最好在形成一批结晶后，立即倾出上层溶液，然后再放置以得到第二批结晶。晶态物质可以用溶剂溶解再次结晶精制。这种方法称为重结晶法。结晶经重结晶后所得各部分母液，再经处理又可分别得到第二批、第三批结晶。这种方法称为分步结晶法或分级结晶法。晶态物质在一再结晶的过程中，结晶的析出总是越来越快，纯度也越来越高。分步结晶法各部分所得结晶，其纯度往往有较大的差异，但常可获得一种以上的结晶成分，在未加检查前不要贸然混在一起。

6) 结晶纯度的判定

化合物的结晶都有一定的结晶形状、色泽、熔距等，可以作为鉴定的初步依据。这是非结晶物质所没有的物理性质。化合物结晶的形状和熔点往往因所用溶剂不同而有差异。原托品碱在氯仿中形成棱柱状结晶，熔点为 207℃；在丙酮中则形成半球状结晶，熔点为 203℃；在氯仿和丙酮混合溶剂中则形成以上两种晶形的结晶。又如 N-氧化苦参碱，在无水丙酮中得到的结晶熔点为 208℃，在稀丙酮(含水)析出的结晶为 77℃～80℃。所以文献中常在化合物的晶形、熔点之后注明所用溶剂。一般单体纯化合物结晶的熔距较窄，有时要求在 0.5℃左右，如果熔距较长则表示化合物不纯。

但有些例外情况，特别是有些化合物的分解点不易看得清楚。也有的化合物熔点一致，熔距较窄，但不是单体。一些立体异构体和结构非常类似的混合物，常有这样的现象。还有些化合物具有双熔点的特性，即在某一温度已经全部融熔，当温度继续上升时又固化，再升温至一定温度又熔化或分解。如防己诺林碱在 176℃时熔化，至 200℃时又固化，再在 242℃时分解。中草药成分经过同一溶剂进行三次重结晶，其晶形及熔点一致，同时用薄层层析或纸层析法经数种不同展开剂系统检定，也为一个斑点者，一般可以认为是一个单体化合物。但应注意，有的化合物在一般层析条件下，虽然只呈现一个斑点，但并不一定是单体成分。例如鹿含草中的主成分高熊果苷、异高熊果苷极难用一般方法分离，经反复结晶后，在纸层及聚酰胺薄层上都只有一个斑点，易误认为是单一成分，但测其熔点为 115℃～125℃，熔距很长。经制备其甲醚后，再经纸层析检定，可以出现两个斑点，因为异高熊果苷的比移值大于高熊果苷。又如水菖蒲根茎挥发油中的α-细辛醚和β-细辛醚，在一般薄层上均为一个斑点，前者为结晶，熔点为 63℃，后者为液体，沸点为 296℃，用硝酸银薄层或气相色谱很容易区分。有时个别化合物(如氨基酸)可能部分地与层析纸或薄层上的微量金属离子(如 Cu)、酸或碱形成络合物、盐或分解而产生复斑。因此，判定结晶纯度时，要依据具体情况加以分析。此外，高效液相、气相色谱、紫外光谱等，均有助于检识结晶样品的纯度。

7. 层析法

层析技术的应用与发展，对于植物各类化学成分的分离鉴定工作起到重大的推动作用。如中药丹参的化学成分在 20 世纪 30 年代仅从中分离到 3 种脂溶性色素，分别称为丹参酮Ⅰ、Ⅱ、Ⅲ。但以后进一步的研究，发现除丹参酮Ⅰ为纯品外，Ⅱ、Ⅲ均为混合结晶。此后通过各种层析方法，迄今已发现 15 种单体(其中有 4 种为我国首次发现)。目前新的层析技术不断发展，随着层析理论和电子学、光学、计算机等技术的应用，层析技术已日趋完善。

层析过程是基于样品组分在互不相溶的两“相”溶剂之间的分配系数之差(分配层析)、组分对吸附剂吸附能力的不同(吸附柱层析)，以及离子交换、分子的大小(排阻层析)而分离的。通常又将一般的以流动相为气体的层析称为气相层析，流动相为液体的层析称为液相层析。

1) 吸附柱层析(Adsorption Chromatography)

液-固吸附柱层析是运用较多的一种方法，特别适用于很多中等分子量的样品(分子量小于 1000 的低挥发性样品)的分离，尤其是脂溶性成分，一般不适用于高分子量样品如蛋白质、多糖或离子型亲水性化合物等的分离。吸附柱层析的分离效果，决定于吸附剂、溶剂和被分离化合物的性质这三个因素。

① 吸附剂。常用的吸附剂有硅胶、氧化铝、活性炭、硅酸镁、聚酰胺、硅藻土等。

a. 硅胶。层析用硅胶为一多孔性物质，分子中具有硅氧烷的交链结构，同时在颗粒表面又有很多硅醇基。硅胶吸附作用的强弱与硅醇基的含量多少有关。硅醇基能够通过氢键的形成而吸附水分，因此硅胶的吸附力随吸着的水分增加而降低。若吸水量超过 17%，则硅胶的吸附力极弱，不能作为吸附剂，但可作为分配层析中的支持剂。当硅胶加热至 100℃～110℃时，硅胶表面因氢键所吸附的水分即能被除去。当温度升高至 500℃时，硅胶表面的

硅醇基也能脱水缩合转变为硅氧烷键，从而丧失了因氢键吸附水分的活性，就不再有吸附剂的性质，虽用水处理亦不能恢复其吸附活性。所以硅胶的活化不宜在较高温度进行(一般在 170℃以上即有少量结合水失去)。

硅胶是一种酸性吸附剂，适用于中性或酸性成分的层析。同时硅胶又是一种弱酸性阳离子交换剂，其表面上的硅醇基能释放弱酸性的氢离子，若遇到较强的碱性化合物，则可因离子交换反应而吸附碱性化合物。

b. 氧化铝。氧化铝可能带有碱性(因其中可能混有碳酸钠等成分)，对于分离一些碱性中草药成分，如生物碱类的分离颇为理想。但是碱性氧化铝不宜用于醛、酮、酸、内酯等类型的化合物分离，因为有时碱性氧化铝可与上述成分发生次级反应，如异构化、氧化、消除反应等。除去氧化铝中的碱性杂质，可用水洗至中性，此时的氧化铝称为中性氧化铝。中性氧化铝仍属于碱性吸附剂的范畴，不适用于酸性成分的分离。用稀硝酸或稀盐酸处理氧化铝，不仅可中和氧化铝中含有的碱性杂质，并可使氧化铝颗粒表面带有 NO_3^- 或 Cl^- 的阴离子，从而具有离于交换剂的性质，适合于酸性成分的层析。这种氧化铝称为酸性氧化铝。供层析用的氧化铝，用于柱层析的，其粒度要求在 100～160 目之间。粒度大于 100 目，分离效果差；小于 160 目，溶液流速太慢，易使谱带扩散。样品与氧化铝的用量比一般在 1∶20～1∶50 之间，层析柱的内径与柱长比例在 1∶10～1∶20 之间。

在用溶剂冲洗柱时，流速不宜过快，洗脱液的流速一般以每 0.5～1 小时内流出液体的毫升数与所用吸附剂的重量(克)相等为合适。

c. 活性炭。活性炭是使用较多的一种非极性吸附剂。一般需要先用稀盐酸洗涤，其次用乙醇洗，再以水洗净，于 80℃干燥后即可供层析用。层析用的活性炭，最好选用颗粒活性炭，若为活性炭细粉，则需加入适量硅藻土作为助滤剂一并装柱，以免流速太慢。活性炭主要用于分离水溶性成分，如氨基酸、糖类及某些苷。活性炭的吸附作用，在水溶液中最强，在有机溶剂中则较弱。故水的洗脱能力最弱，而有机溶剂则较强。例如以醇-水进行洗脱时，则随乙醇浓度的递增而洗脱力增加。活性炭对芳香族化合物的吸附力大于脂肪族化合物，对大分子化合物的吸附力大于小分子化合物。利用这些吸附性的差别，可将水溶性芳香族物质与脂肪族物质、单糖与多糖、氨基酸与多肽分开。

② 溶剂。层析过程中溶剂的选择与组分分离关系极大。在柱层析时所用的溶剂(单一溶剂或混合溶剂)习惯上称为洗脱剂，用于薄层或纸层析时常称为展开剂。洗脱剂的选择，须将被分离物质与所选用的吸附剂性质这两者结合起来加以考虑，在用极性吸附剂进行层析时，若被分离物质为弱极性物质，一般选用弱极性溶剂为洗脱剂；若被分离物质为强极性成分，则须选用强极性溶剂为洗脱剂。如果对某一极性物质用吸附性较弱的吸附剂(如以硅藻土或滑石粉代替硅胶)，则洗脱剂的极性亦须相应降低。

在柱层析操作时，被分离样品在加样时可采用干法，亦可选一适宜的溶剂将样品溶解后加入。溶解样品的溶剂应选择极性较小的，以便被分离的成分可以被吸附。然后逐渐增大溶剂的极性。这种极性的增大是一个十分缓慢的过程，称为“梯度洗脱”，使吸附在层析柱上的各个成分逐个被洗脱。如果极性增大过快(梯度太大)，就不能获得满意的分离。溶剂的洗脱能力，有时可以用溶剂的介电常数(ε)来表示。介电常数高，洗脱能力就大。以上的洗脱顺序仅适用于极性吸附剂，如硅胶、氧化铝。对非极性吸附剂，如活性炭，则正好与上述顺序相反，在水或亲水性溶剂中所形成的吸附作用，较在脂溶性溶剂中为强。

③ 被分离物质的性质。被分离的物质与吸附剂、洗脱剂共同构成吸附层析中的三个要素，它们之间关系紧密。在指定的吸附剂与洗脱剂的条件下，各个成分的分离情况直接与被分离物质的结构与性质有关。对极性吸附剂而言，成分的极性大，吸附性强。

当然，中草药成分的整体分子观是重要的，例如极性基团的数目愈多，被吸附的性能就会愈强，在同系物中碳原子数目愈少，被吸附的也会愈多。总之，只要两个成分在结构上存在差别，就有可能分离，关键在于条件的选择。要根据被分离物质的性质、吸附剂的吸附强度与溶剂的性质这三者的相互关系来考虑。首先要考虑被分离物质的极性。如被分离物质极性很小，为不含氧的萜烯，或虽含氧但为非极性基团，则需选用吸附性较强的吸附剂，并用弱极性溶剂如石油醚或苯进行洗脱。但多数中药成分的极性较大，则需要选择吸附性能较弱的吸附剂(一般III～IV级)。采用的洗脱剂极性应由小到大按某一梯度递增，或可应用薄层层析以判断被分离物在某种溶剂系统中的分离情况。此外，能否获得满意的分离，还与选择的溶剂梯度有很大关系。现以实例说明吸附层析中吸附剂、洗脱剂与样品极性之间的关系。如有多组分的混合物，像植物油脂有烷烃、烯烃、甾醇酯类、甘油三酸酯和脂肪酸等组分，当以硅胶为吸附剂时，使油脂被吸附后选用一系列混合溶剂进行洗脱，油脂中各单一成分即可按其极性大小的不同依次被洗脱。

又如对于 C-27 甾体皂苷元类成分，能因其分子中羟基数目的多少而获得分离。将混合皂苷元溶于含有 5%氯仿的苯中，加于氧化铝的吸附柱上，采用溶剂进行梯度洗脱。如改用吸附性较弱的硅酸镁来替代氧化铝，由于硅酸镁的吸附性较弱，洗脱剂的极性需相应降低，亦即采用苯或含 5%氯仿的苯，即可将一元羟基皂苷元从吸附剂上洗脱下来。这一例子说明，同样的中草药成分在不同的吸附剂中层析时，需用不同的溶剂才能达到相同的分离效果，从而说明吸附剂、溶剂和欲分离成分三者的相互关系。

2) *薄层层析*

薄层层析是一种简便、快速、微量的层析方法。一般将柱层析用的吸附剂撒布到平面，如玻璃片上，形成一薄层进行层析时即称为薄层层析。其原理与柱层析基本相似。

(1) 薄层层析的特点。薄层层析在应用与操作方面的特点与柱层析的相似。

(2) 吸附剂的选择。薄层层析用的吸附剂与其选择原则和柱层析相同。主要区别在于薄层层析要求吸附剂(支持剂)的粒度更细，一般应小于 250 目，并要求粒度均匀。用于薄层层析的吸附剂或预制薄层一般活度不宜过高，以II～III级为宜。而展开距离则随薄层的粒度粗细而定，薄层粒度越细，展开距离相应缩短，一般不超过 10 厘米，否则可引起色谱扩散，影响分离效果。

(3) 展开剂的选择。薄层层析，当吸附剂活度为一定值(如II或III级)时，对多组分的样品能否获得满意的分离，决定于展开剂的选择。中草药化学成分在脂溶性成分中，大致可按其极性不同而分为无极性、弱极性、中极性与强极性。但在实际工作中，经常需要利用溶剂的极性大小，对展开剂的极性予以调整。

(4) 特殊薄层。针对某些性质特殊的化合物的分离与检出，有时需采用一些特殊薄层。

① 荧光薄层。有些化合物若本身无色，在紫外灯下也不显荧光，又无适当的显色剂，则可在吸附剂中加入荧光物质制成荧光薄层进行层析。展层后置于紫外光下照射，薄层板本身显荧光，而样品斑点处不显荧光，即可检出样品的层析位置。常用的荧光物质多为无机物。一种是在 254 nm 紫外光激发下显出荧光的，如锰激化的硅酸锌；另一种为在 365 nm

紫外光激发下发出荧光的，如银激化的硫化锌。

② 络合薄层。常用的有硝酸银薄层，用来分离碳原子数相等而其中 C＝C 双键数目不等的一系列化合物，如不饱和醇、酸等。其主要机理是由于 C＝C 键能与硝酸银形成络合物，而饱和的 C—C 键则不与硝酸银络合，因此在硝酸银薄层上，化合物可由于饱和程度不同而获得分离。层析时饱和化合物由于吸附性最弱而 R_f 最高，含一个双键的较含两个双键的 R_f 值高，含一个三键的较含一个双键的 R_f 值高。此外，在一个双键化合物中，顺式的与硝酸银络合较反式的易于进行。因此，络合薄层还可用来分离顺反异构体。

③ 酸碱薄层和 pH 缓冲薄层。为了改变吸附剂原来的酸碱性，可在铺制薄层时采用稀酸或稀碱来代替水调制薄层。例如硅胶带微酸性，有时对碱性物质如生物碱的分离不好，如不能展开或拖尾，则可在铺薄层时，用稀碱溶液(0.1～0.5N NaOH 溶液)制成碱性硅胶薄层。例如猪屎豆碱在以硅胶为吸附剂时，以氯仿-丙酮-甲醇(8∶2∶1)为展开剂时 $R_f<0.1$，采用碱性硅胶薄层且用上述展开剂，R_f 值增至 0.4 左右，说明猪屎豆碱为一碱性生物碱。

(5) 应用。薄层层析法在中草药化学成分的研究中，主要应用于化学成分的预试和鉴定及探索柱层分离的条件。

用薄层层析法进行中草药化学成分预试，可依据各类成分性质及熟知的条件，有针对性地进行。由于在薄层上展层后，可将一些杂质分离，选择性高，可使预试结果更为可靠。

以薄层层析法进行中草药化学成分鉴定，最好要有标准样品进行共薄层层析。如用数种溶剂展层后，标准品和鉴定品的 R_f 值、斑点形状颜色都完全相同，则可认为是同一化合物。但一般需进行化学反应或用红外光谱等仪器分析方法加以核对。

用薄层层析法探索柱层析分离条件，是实验室的常规方法。在进行柱层析分离时，首先考虑选用何种吸附剂与洗脱剂。在洗脱过程中各个成分将按何种顺序被洗脱，每一洗脱液中是否为单一成分或混合体，均可由薄层的分离得到判断与检验。通过薄层的预分离，还可以了解多组分样品的组成与相对含量。如在薄层上摸索到比较满意的分离条件，即可将此条件用于柱层析。但亦可以将薄层分离条件经适当改变，转至一般柱层所采用洗脱的方式进行制备柱分离。利用薄层的预分离寻找柱层的洗脱条件时,假定在薄层上所测得的 R_f 值和样品在柱层中的比移率(R)相同。这是由于在薄层展开时，薄层固定相中所含的溶剂经过不断的蒸发，薄层上各点位置所含的溶剂量是不等的，靠近起始线的含量高于薄层的前沿部分。但若严格控制层析操作条件，则可得到接近真实的 R_f 值。用薄层进行某一组分的分离，其 R_f 值范围一般情形下为 0.05～0.85。此外，薄层层析法亦应用于中草药品种、药材及其制剂真伪的检查、质量控制和资源调查，对控制化学反应的进程、反应副产品产物的检查、中间体分析、化学药品及制剂杂质的检查、临床和生化检验以及毒物分析等，都是有效的手段。

第三章　植物(中药、天然药物)化学实验

实验一　应用薄层色谱法检识中药制剂

1. 目的与要求

本实验的目的是学习中药制剂的鉴别方法。具体实验要求：

(1) 掌握薄层色谱法的操作技术及分离原理。

(2) 掌握中药制剂鉴别的一般程序及定性检识的原理。

(3) 熟悉检识植物化学成分的方法与实验技术。

2. 实验原理

本实验根据中药制剂牛黄解毒片中的主要成分或特征成分的性质，选用适当的溶剂和方法对试样进行预处理，尽量排除干扰物质，提高待测成分或特征成分的相对浓度，以便在进行薄层色谱鉴别时提高色谱清晰度，达到应用薄层色谱检测技术鉴别和控制中药制剂质量的目的。

3. 实验内容

牛黄解毒片为包衣片。处方为：牛黄 50 g，雄黄 50g，石膏 200 g，大黄 200 g，黄芩 150 g，桔梗 100 g，冰片 25 g，甘草 50 g。以上八味药中，雄黄水飞或粉碎成极细粉，大黄粉碎成细粉，牛黄、冰片研细；其余黄芩等四味药加水煎煮 2 次，每次 2 小时，合并煎煮液，滤过，滤液浓缩成稠膏，加入大黄、雄黄粉末，制成颗粒，干燥，再加入牛黄、冰片粉末，混匀，压制成 1000 片，包衣而得。

1) 牛黄的鉴别

(1) 供试液制备：取本品 10 片，刮去包衣，研碎，加 10 mL 氯仿研磨，滤过，再用 10 mL 氯仿浸洗滤渣，合并滤液，浓缩至 1 mL 为供试液。

(2) 对照液制备：

① 取胆酸 0.001 g 溶于 1 mL 氯仿中，作为对照品溶液。

② 取缺牛黄的模拟牛黄解毒片(相当于 10 片)，按供试液制备法处理，得阴性对照液。

(3) 薄层色谱检识。

薄层板：硅胶G-CMC-Na。

样品：牛黄解毒片供试液。

对照品：胆酸对照液、模拟牛黄解毒片对照液。

展开剂：正己烷-醋酸乙酯-醋酸-甲醇(6∶32∶1∶1)。

显色剂：5%磷钼酸乙酸溶液。

显色：喷雾，110℃加热10分钟。

2) 冰片的鉴别

(1) 供试液制备：取本品2片，刮去包衣，研碎，加4 mL甲醇-氯仿(1∶1)，室温下浸渍30分钟，时加振摇，滤过，滤液使成5 mL，作为供试液。

(2) 对照液制备：

① 取冰片适量，加甲醇-氯仿(1∶1)溶解，制成1 mL含4 mg冰片的溶液。

② 取缺冰片的模拟牛黄解毒片(相当于2片)，按供试液制备法处理，得阴性对照液。

(3) 薄层色谱检识。

薄层板：硅胶G。

试样：牛黄解毒片供试液。

对照品：冰片对照液、模拟牛黄解毒片对照液。

展开剂：石油醚-醋酸乙酯-苯(18∶2∶4)。

显色剂：5%磷钼酸乙酸溶液。

显色：喷雾，110℃加热10分钟。

3) 大黄的鉴别

(1) 供试液制备：取本品6片，刮去包衣，研碎，加10 mL甲醇回流提取15分钟，冷后滤过，滤液浓缩至5 mL，作为供试液。

(2) 对照液制备：

① 取1 g大黄药材，同供试液制备法制成对照液。

② 分别取大黄素、芦荟大黄素、大黄酚和大黄素甲醚对照品适量，加甲醇溶解制成1 mL含1 mg的对照品溶液。

③ 取缺大黄的模拟牛黄解毒片(相当于6片)，同供试液制备法制得阴性对照液。

(3) 薄层色谱检识。

薄层板：硅胶CMC-Na。

试样：牛黄解毒片供试液。

对照品：大黄药材对照液，模拟牛黄解毒片对照液，大黄素、芦荟大黄素、大黄酚和大黄素甲醚对照液。

展开剂：石油醚(60℃～90℃)-甲酸乙酯-甲酸(15∶5∶1)上层溶液。

显色剂：显色前后置日光及紫外光(365 nm)下观察，再喷雾 0.5%醋酸镁乙醇溶液显色。

4) 黄芩的鉴别

(1) 供试液的制备：取本品 6 片，刮去包衣，研碎，加 10 mL 甲醇回流提取 15 分钟，放冷后滤过，滤液浓缩至 5 mL，作为供试液。

(2) 对照液的制备：

① 取 1 g 黄芩，同供试液制备法处理，得对照液。

② 取黄芩苷对照品适量，加甲醇溶液溶解制成 1 mL 含 1 mg 的对照品溶液。

③ 取缺黄芩的模拟牛黄解毒片(相当于 6 片)，同供试液制备法制得阴性对照液。

(3) 薄层色谱检识。

薄层板：硅胶 CMC-Na。

试样：牛黄解毒片供试液。

对照品：黄芩药材对照液、黄芩苷对照液、模拟牛黄解毒片对照液。

展开剂：醋酸乙酯-丁酮-甲酸-水(5∶3∶1∶1)。

显色剂：喷雾 1%三氯化铁乙醇溶液。

5) 甘草的鉴别

(1) 供试液的制备：取本品 6 片，刮去包衣，研细，加乙醚 20 mL，回流提取 1 小时，滤过，残渣挥干乙醚，加入甲醇 20 mL 加热回流 1 小时，放冷后滤过，滤液浓缩至 2 mL，作为供试液。

(2) 对照液制备：

① 取甘草药材 1 g，剪细，同供试液制备法处理，得对照液。

② 取缺甘草的模拟牛黄解毒片(相当于 6 片)，同供试液制备法制得阴性对照液。

(3) 薄层色谱检识。

方法一：薄层板：硅胶 CMC-Na。

试样：牛黄解毒片供试液。

对照品：甘草对照液、模拟牛黄解毒片对照液。

展开剂：先用苯-氯仿-甲醇(10∶10∶1)展开至前沿，取出晾干，再以苯-氯仿-甲醇(5∶5∶1)作第二次展开。

显色剂：在紫外灯(365 nm)下检视。

方法二：薄层板：硅胶 G 加 1%氢氧化钠溶液铺板，晾干。

试样：牛黄解毒片供试液。

对照品：甘草药材对照液、模拟牛黄解毒片对照液。

展开剂：醋酸乙酯-甲酸-冰醋酸-水(30∶2∶2∶4)。

显色剂：喷雾 10%硫酸乙醇溶液，105℃加热，显蓝色斑点。

4．思考题

(1) 通过薄层色谱鉴别中药制剂时，通常要制备一系列的对照液，为什么？

(2) 制备阴性对照液对薄层色谱鉴别中药制剂有什么意义？

(3) 制备冰片供试液，为什么要在低温或室温条件下操作，对色谱鉴别有什么影响？

(4) 大黄中 5 种主要游离蒽醌成分展开后其 R_f 值为什么不同？请阐明理由。

实验二　大黄中游离蒽醌的提取、分离与检识

1．概述

大黄为蓼科植物掌叶大黄、唐古特大黄和药用大黄的干燥根及根茎。大黄中含有大黄酸、大黄酚、芦荟大黄素、大黄素、大黄素甲醚及其苷，总含量约为3%～5%。

(1) 大黄酸：分子式为 $C_{15}H_8O_6$，分子量为 284.21；黄色针状结晶(升华法)；m.p.为321℃～322℃，330℃分解；能溶于碱水、吡啶，略溶于乙醇、苯、氯仿、乙醚和石油醚，几乎不溶于水。

(2) 大黄素：分子式为 $C_{15}H_{10}O_5$，分子量为 270.23；橙色针状结晶(乙醇)；m.p.为 256℃～257℃，能升华；易溶于乙醇、碱水，微溶于乙醚、氯仿，几乎不溶于水。

(3) 芦荟大黄素：分子式为 $C_{15}H_{10}O_5$，分子量为 270.23；橙色针状结晶(甲苯)；m.p.为223℃～224℃；易溶于热乙醇，可溶于乙醚和苯，并呈黄色；溶于碱液呈红色；溶于氨水及硫酸中呈绯红色。

(4) 大黄酚：分子式为 $C_{15}H_{10}O_4$，分子量为 254.23；橙黄色六方形或单斜结晶(乙醇或苯)；m.p.为 196℃～197℃，能升华；易溶于沸乙醇，可溶于丙酮、氯仿、苯、乙醚和冰醋酸，极微溶于石油醚、冷乙醇，几乎不溶于水。

(5) 大黄素甲醚：分子式为 $C_{16}H_{12}O_5$，分子量为 284.26；砖红色单斜针状结晶；m.p.为 203℃～207℃；溶于苯、氯仿、吡啶及甲苯，微溶于醋酸及醋酸乙酯，不溶于甲醇、乙醇、乙醚和丙酮。

2. 目的与要求

本实验的目的是学习羟基蒽醌类化合物的提取、分离和检识。具体实验要求：

(1) 掌握从大黄中提取和分离游离蒽醌的方法。

(2) 掌握用 pH 梯度萃取法分离不同酸性的羟基蒽醌类化合物。

(3) 掌握蒽醌类化合物的主要检识方法。

(4) 熟悉蒽醌类化合物的色谱检识方法。

(5) 了解如何用柱色谱法分离蒽醌类成分。

3．实验原理

本实验根据大黄中的羟基蒽醌苷经酸水解成游离羟基蒽醌，而游离羟基蒽醌不溶于水，可溶于氯仿、乙醚等亲脂性有机溶剂的性质，用氯仿从水解液中将游离羟基蒽醌提取出来，再利用各游离羟基蒽醌的酸性不同，采用 pH 梯度萃取法将其分离。其中大黄酚和大黄素甲醚的酸性十分近似，用 pH 梯度萃取法难以分离，可利用两者的极性不同，采用硅胶柱色谱法进行分离。

大黄的结构式及成分如下：

OH　O　OH　R₂　R₁　O

大黄酚：$R_1=CH_3$，$R_2=H$
大黄素：$R_1=CH_3$，$R_2=OH$
大黄酸：$R_1=COOH$，$R_2=H$
大黄素甲醚：$R_1=CH_3$，$R_2=OCH_3$
芦荟大黄素：$R_1=CH_2OH$，$R_2=H$

4．实验内容

1) 提取与分离

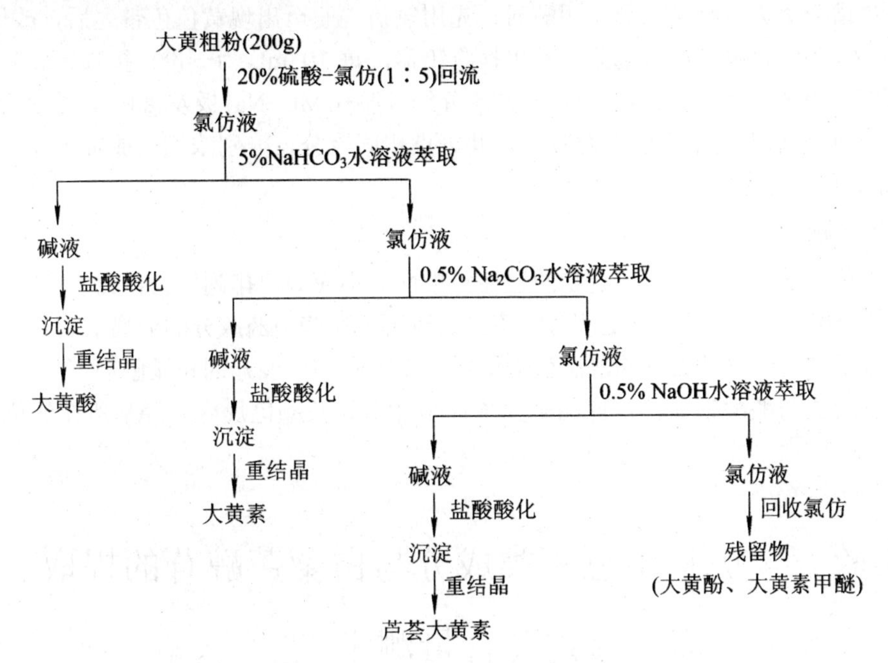

2) 检识

(1) 碱液试验。分别取各蒽醌化合物结晶少许，置于试管中，加 1 mL 乙醇溶解，加数滴 10%氢氧化钠试剂振摇，观察颜色变化，羟基蒽醌应显红色。

(2) 醋酸镁试验。分别取各蒽醌化合物结晶少许，置于试管中，加 1 mL 乙醇溶解，加数滴 0.5%醋酸镁乙醇试剂，观察颜色变化，羟基蒽醌应显橙、红、紫等颜色。

(3) 薄层色谱检识。

薄层板：硅胶 G-CMC-Na。

试样：自制大黄酸、大黄素、芦荟大黄素的氯仿溶液。

对照品：上述各成分对照品乙醇溶液。

展开剂：石油醚(30℃～60℃)-醋酸乙酯-甲酸(15∶5∶1)上层溶液。

显色：在可见光下观察，记录黄色斑点的位置；然后再用浓氨水熏蒸或喷雾 5%醋酸镁甲醇溶液，斑点应显红色。

5．实验说明及注意事项

(1) 大黄中蒽醌类化合物的种类、含量与大黄的品种、采集季节、炮制方法及贮存时间均有关系，实验用药材应注意。

(2) 萃取用液要测 pH 值。一般萃取大黄酸用 pH 值为 7～8 的萃取液，萃取大黄素用 pH 值 9.5～11 的萃取液。

(3) 用各缓冲液进行萃取时，采用一次性加入的方法。实验证明，如将缓冲液分次萃取，分离效果不理想。

(4) 本实验也适应于以虎杖为原料的提取，但虎杖中不含大黄酸，故直接由大黄素开始分离。

(5) 色谱分离大黄酚及大黄素甲醚时，先用氯仿洗脱至出现黄色色带之后，改用氯仿-醋酸乙酯(8∶2)混合溶剂继续洗脱，并更换收集器，每 10 mL 为一份，按顺序编号，直至色谱柱的第一色带全部洗脱下来为止。各流分经硅胶-CMC-Na 板及氯仿-醋酸乙酯(8∶2)展开，用大黄酚和大黄素甲醚作对照，合并斑点相同流分，分别浓缩、放置析晶，即可获得大黄酚及大黄素甲醚。

6．思考题

(1) 大黄中 5 种羟基蒽醌化合物的酸性和极性大小应如何排列？为什么？

(2) pH 梯度萃取法的原理是什么？该方法适用于哪些中药成分的分离？

(3) 蒽醌类化合物及其苷的薄层色谱用什么作吸附剂、展开剂和显色剂？

(4) 蒽醌类与醋酸镁显色反应的必要条件是什么？其颜色反应与羟基所在的位置有何关系？

实验三　虎杖中蒽醌类成分与白藜芦醇苷的提取、分离、鉴定及含量测定

1．概述

虎杖为蓼科植物虎杖的根及根茎。虎杖别名阴阳莲、花斑竹，味苦，性微寒，能清热解毒、祛风利湿、利尿通淋、祛痰、止咳、通经等，主要用于治疗湿热黄疸、风湿痹痛、淋浊带下、经闭、烫伤。

虎杖中含有较多的羟基蒽醌类成分及二苯乙烯类成分。其中主要有大黄素、大黄酚、大黄素-6-甲醚、大黄素 8-D-葡萄糖苷、白藜芦醇苷及β-谷甾醇、鞣质等。虎杖的主要药理作用是抗菌、抗病毒及镇咳平喘，常用来治疗急性炎症、烧烫伤、肝炎、气管炎等。

虎杖中主要成分的结构与性质如下：

(1) 大黄素。结构式为

HO　O　OH

HO　　　CH_3

O

性质：橙黄色长结晶；m.p.为 256℃～257℃，几乎不溶于水；对于下列溶剂的溶解度分别为：四氯化碳 0.01%，氯仿 0.0718%，二氯化碳 0.00996%，乙醚 0.14%，苯 0.041%；易溶于乙醇，可溶于氨水、碳酸钠和氢氧化钠水溶液。

(2) 大黄酚。结构式为

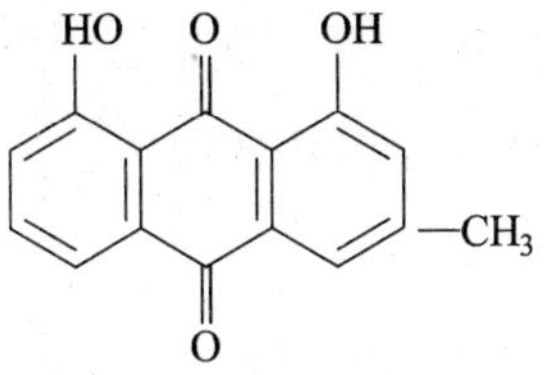

HO　O　OH

—CH_3

O

性质：金黄色六角型片状结晶(丙酮中结出)或针状结晶(乙醇中结出)；m.p.为 196℃～197℃，能升华；易溶于乙醚、氯仿、苯、冰乙酸、乙醇，稍溶于甲醇，难溶于石油醚，不溶于水、碳酸氢钠和碳酸钠水溶液，可溶于氢氧化钠水溶液及热碳酸钠水溶液。

(3) 大黄素 6-甲醚。结构式为

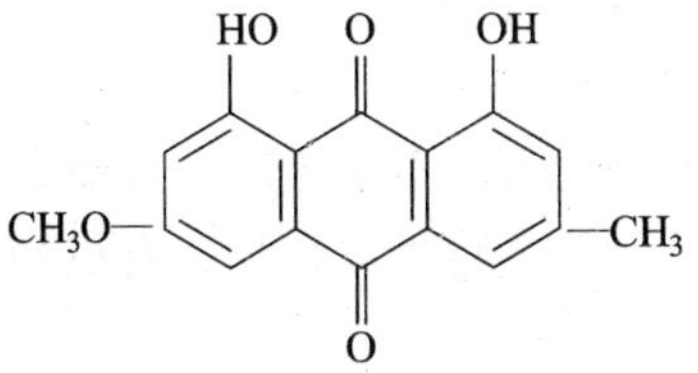

HO　O　OH

CH_3O—　—CH_3

O

性质：金黄色结晶，m.p.为 207℃～208℃，能升华；可溶于氢氧化钠水溶液，溶解性质与大黄酚相似。

(4) 大黄素 6-甲醚 8-D-葡萄糖苷。结构式为

glu—O　O　OH

CH_3O—　—CH_3

O

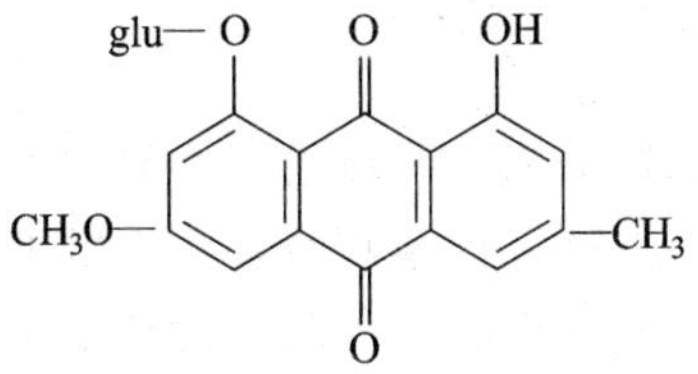

性质：黄色结晶(稀甲醇中结晶)；m.p.为 230℃～232℃。

(5) 大黄素 8-D-葡萄糖苷。结构式为

glu—O　O　OH

HO—　—CH_3

O

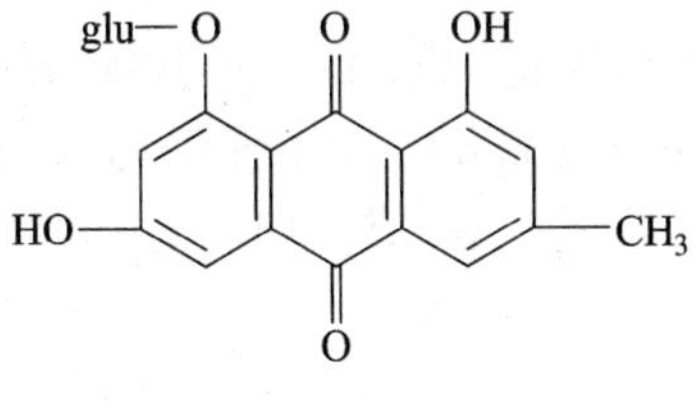

性质：浅黄色结晶(稀乙醇中结晶含 1 分子水)；m.p.为 190℃～191℃。

(6) 白藜芦醇。结构式为

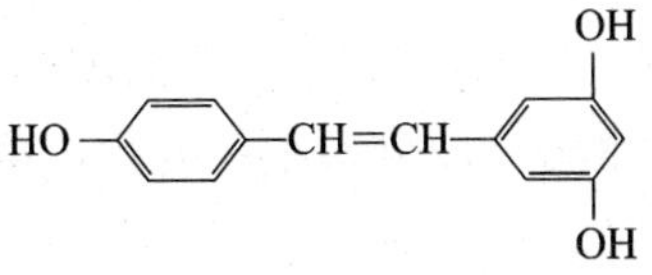

OH

HO—　—CH=CH—

OH

性质：无色针状结晶；m.p.为 256℃～257℃，261℃升华；易溶于乙醚、氯仿、甲醇、乙醇、丙酮等。

(7) 白藜芦醇葡萄糖苷。结构式为

OH
HO—⟨苯环⟩—CH=CH—⟨苯环⟩
O—glu

性质：无色颗粒状结晶；双熔点分别为130℃～140℃，225℃～226℃；易溶于甲醇、乙醇、丙酮、热水；可溶于乙酸乙酯，可溶于碳酸钠和氢氧化钠水溶液中，稍溶于冷水，难溶于乙醚。

(8) β-谷甾醇

性质：片状结晶，熔点为139℃～142℃；旋光度$[\alpha]_D^{25}$为 −28°～27°(C = 2，氯仿)；难溶于水、甲醇和乙醚，易熔于苯和氯仿。

(9) 鞣质。

性质：属缩合鞣质，可溶于醇及水，不溶于苯、乙醚、氯仿等。

另外，虎杖叶、茎中含少量羟基蒽醌类化合物、有机酸、槲皮苷、异槲皮苷等。

2．目的与要求及实验原理

1) 目的与要求

(1) 学习用pH梯度萃取法分离酸性成分的一种方法。

(2) 学习将脂溶性成分和水溶性成分分离的一种方法。

(3) 了解蒽醌类成分的一般性质和鉴别反应。

2) 实验原理

羟基蒽醌类化合物及二苯乙烯类成分均可溶于乙醇中，故可用乙醇将它们提取出来。羟基蒽醌类易溶于乙醚等弱极性溶剂，白藜芦醇苷在乙醚中溶解度很小，利用它们对乙醚的溶解性差异可使羟基蒽醌类与白藜芦醇苷分离。再利用各羟基蒽醌类因结构上的不同所表现的酸性不同，用pH梯度萃取法分离。

3．实验方法

1) 虎杖中总成分的提取

乙醇总提取物的制备：取虎杖粗粉 200 g，于 1000 mL 圆底烧瓶中回流，第一次加500 mL乙醇回流1小时，第二次加300 mL乙醇回流30分钟，第三次加250 mL乙醇回流30分钟，合并三次乙醇提取液，放置，如有沉淀可再过滤一次，滤液减压回收乙醇至干，得膏状物。

2) 各类成分的分离

(1) 亲脂性成分与亲水性成分的分离。将上述膏状物加水10 mL，乙醚100 mL充分振摇后放置，将上层乙醚倾入500 mL三角烧瓶中(切勿将水倒出)，或用吸管吸出也可，再于烧瓶中加50 mL乙醚振摇，放置，倾出乙醚液，同法操作六次左右，合并乙醚液为总游离蒽醌。乙醚提取过的剩余物中含水溶性成分白藜芦醇苷，留作继续分离。

(2) 游离蒽醌的分离。

① 强酸性成分的分离：将上述含总游离蒽醌的乙醚液置于 1000 mL 分液漏斗中，加5%碳酸氢钠水溶液40 mL萃取(测5%碳酸氢钠pH值)，放置至充分分层，若提取过程中乙

醚挥发可补充，分出碱水层后再以 30 mL 碳酸氢钠水溶液同法萃取两次，合并碱水提取液，在搅拌下缓缓加入 6N 盐酸调至 pH 值为 2，并注意观察颜色的变化，稍放置，即可析出沉淀，抽滤，用水洗涤沉淀至中性，将沉淀置表面皿上干燥，得强酸性成分。

② 中等酸性成分——大黄素的分离：以上用碳酸氢钠萃取过的乙酸液用 5%碳酸钠溶液(测 5%碳酸钠水溶液的 pH 值)萃取 5～9 次，每次 40 mL，直至萃取液较浅为止，合并碳酸钠溶液，小心滴加浓盐酸调 pH 值为 2，稍放置，抽滤，沉淀，以水洗至中性后抽干，干燥，称重，依次用丙酮结晶一次，再用甲醇结晶一次，得橙色长针状大黄素结晶。

③ 弱酸性成分——大黄酚和大黄素 6-甲醚的制备：碳酸钠萃取过的乙醚液用 2%氢氧化钠溶液(测 2%氢氧化钠 pH 值)萃取 4～5 次，每次 20 mL，合并氢氧化钠提取液，小心加浓盐酸调 pH 值为 3，放置，抽滤，水洗沉淀至中性，抽干，干燥称重。以甲醇-氯仿或苯-氯仿(1∶1)重结晶，得大黄酚和大黄素 6-甲醚混合物。

注：大黄酚和大黄素 6-甲醚二者相互分离比较困难，在本实验薄层条件下为同一斑点，可用磷酸氢钙进行柱层析分离，以石油醚洗脱。下层黄色带洗脱后，以甲醇重结晶可得大黄酚；上层黄色带洗脱后以甲醇重结晶可得大黄素 6-甲醚。

(3) 中性成分——甾醇类化合物的分离。氢氧化钠萃取过的乙醚液，用水洗至中性，以无水硫酸钠脱水，回收乙醚得残留物，以甲醇热溶两次(分别为 10 mL 和 5 mL)，过滤，合并甲醇液，浓缩，放置，析出沉淀，滤取沉淀并用少量石油醚洗涤，再用甲醇重结晶，得 β-谷甾醇，m.p.为 139℃～142℃。取少许结晶，做醋酐-浓硫酸反应，观察现象，并做薄层鉴定。取氧化铝(Ⅱ或Ⅲ级)中性，以苯-乙醇(9∶1)展开剂展开，喷以 20%磷钼酸乙醇溶液，干后 120℃烘烤数分钟呈蓝-蓝紫色斑点，并与标准品对照观察。

(4) 白藜芦醇葡萄糖苷的分离。取乙醚提取过的糖浆物，挥去乙醚，加 500 mL 水直火加热 20～30 分钟，倾出上清液，放冷，过滤，加活性炭适量煮沸 10 分钟，趁热抽滤，滤液置蒸发皿中，水浴浓缩至 40 mL，移于三角烧瓶中，冷却后加 10 mL 乙醚，放置冰箱中析出结晶，过滤，沉淀用适量 3%甲醇热溶，加少量活性炭脱色，浓缩，放置析晶。如结晶体色深，可再结晶 1～2 次，得白色结晶，测其熔点，并进行层析鉴定。

4．鉴定方法

1) 游离蒽醌的 TLC(薄层层析)

吸附剂：硅胶 H-CMC。

样品：① 强酸性成分；② 中等酸性成分；③ 弱酸性成分；④ 总游离蒽醌。

展开剂：苯-醋酸乙酯(8∶2)。

显色：

① 在可见光下观察斑点位置。

② 在紫外光下观察荧光。

③ 先用浓氨水熏，观察斑点颜色，再在紫外灯下观察荧光。

④ 喷 5%KOH 溶液。

注意：游离蒽醌在可见光下显黄色，紫外光下显橙色；蒽醌苷在可见光下显黄色，紫外光下显红色。喷氨水后二者均显红色。白藜芦醇及其苷在可见光下显蓝色荧光，喷氨水后显亮蓝色荧光。

2) 白藜芦醇苷的PC(纸层析)

展开剂：正丁醇-醋酸-水(4∶1∶5上层)。

样品：① 白藜芦醇苷；② 水提取液。

显色：

① 观察荧光。

② 氨水熏后再观察荧光。

3) 显色反应

(1) 游离蒽醌：

① 碱液试验：取乙醇1 mL，加2%NaOH数滴，观察颜色。

② 醋酸镁反应：取试液(乙醇液)1 mL，滴加0.5%醋酸镁乙醇溶液，观察颜色。

(2) 甾醇的显色反应：

Liebermann-Burchard试验：取样品结晶少许加1 mL醋酐溶解，加浓硫酸1滴，观察颜色变化。

(3) 白藜芦醇苷的显色反应(进行下列反应时，样品均溶于乙醇)：

① $FeCl_3$反应：取样品的乙醇溶液，滴加1%$FeCl_3$溶液1滴，观察颜色变化。

② 耦合反应：取样品溶液1 mL，加0.5%碳酸钠溶液，滴加新配制的重氮化试剂1～2滴，观察现象。

③ Molisch反应：取样品溶液1 mL，加等体积10% α-萘酚液，摇匀，沿管壁加浓硫酸，观察两溶液界面颜色。

5. 含量测定

1) 虎杖中游离蒽醌的测定

(1) 标准曲线的绘制：称取1.8-二羟基蒽醌25 mg置于200 mL容量瓶中，用乙醚溶解并稀释至刻度，取此溶液0.50～5.00 mL，分别置于25 mL容量瓶中，在水浴上挥去乙醚，加5%氢氧化铝-2%氢氧化铵混合碱液至刻度，在490 nm测吸光度，绘制标准曲线。

(2) 样品的测定：称取生药粉末(40目)0.2 g，置于索氏提取器中，以氯仿回流提取至无色，将氯仿液置于分液漏斗中，以5%氢氧化钠-2%氢氧化铵混合碱液分次提取至无色，合并碱液，用少量氯仿洗涤，将碱液调整至一定体积，碱液若不澄清，可用垂熔漏斗过滤，滤液在沸水浴中加热4分钟，用冷水冷却至室温，30分钟后在490 nm波长处比色，由标准曲线计算含量。

2) 虎杖中结合蒽醌的测定

称取生药粉末(40目)1 g，置于100 mL三角烧瓶中，加5N硫酸溶液30 mL回流水解2小时，稍冷后加入30 mL氯仿再回流1小时，用吸管吸出氯仿液药渣，再加20 mL氯仿回流1小时，吸出后再加10 mL氯仿回流，如此多次直至回流液无色为止，合并氯仿液并用少量水洗涤，氯仿液用混合碱液同上法提取比色，测得含量为游离蒽醌和结合蒽醌的总量，从中减去游离蒽醌的含量，即得结合蒽醌的含量。

6. 思考题

Molisch反应机理如何？

实验四　七叶苷与七叶内酯的提取、分离和鉴定

1. 概述

秦皮为木犀科植物苦枥白蜡树或白蜡树的树皮，有清热燥湿、凉肝明目等功效。现代药理研究表明：秦皮对福氏、宋氏及史氏痢疾杆菌有抑制作用，并有止咳、祛痰和平喘作用。其树皮含有多种香豆素。

秦皮中已知主要成分的理化性质：

(1) 七叶苷。结构式为

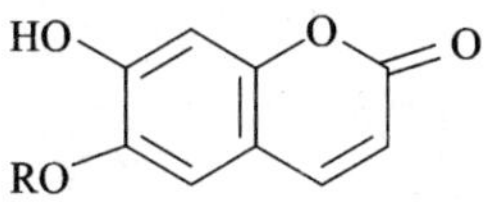

HO、RO、O、O

七叶苷：R＝葡萄糖基

七叶内脂：R＝H

性质：白色结晶，m.p.为 205℃～206℃，$[\alpha]_D^{20}$ −30°(吡啶)；易溶于热水(1∶13)，可溶于乙醇(1∶24)，微溶于冷水(1∶610)，难溶于乙酸乙酯，不溶于乙醚、氯仿。UV λ_{max}^{MeoH} nm(ε)：334(12300)，297(6140)，249(4370)，224(14000)。IR ν cm^{-1}：3300，1700，1670，1600，1560，1500，1440，1390，1300，1250，1140，1060，920，880，820。

(2) 七叶内酯(马栗树皮素)。

性质：淡黄色结晶；m.p.为 268℃～270℃；易溶于热乙醇及氢氧化钠溶液，微溶于冷乙醇、乙酸乙酯、冷水，几乎不溶于乙醚、氯仿。^{1}HNMR($D_20-K_2C0_3$) δ：5.92(1H，d，J=9 Hz，3−H)，7.54(1H，d，J=9 Hz，4−H)，6.74(1H，S，5−H)，6.52(1H，S，8−H)。

2. 目的与要求

掌握用溶剂法提取分离七叶苷和七叶内酯的技能。

3. 实验操作

1) 提取

称取秦皮粗粉 300 g，加 95%乙醇 600 mL，水浴上回流 2 小时，过滤，药渣再加 95%乙醇 400 mL，回流 1 小时，重复一次，将三次滤液合并，减压回收乙醇至浸膏状，加蒸馏水 80 mL，加热溶解，过滤，待水溶液冷却后，用氯仿洗涤两次。

2) 分离

经氯仿洗涤过的水溶液，于水浴上加热除去残留的氯仿，待水溶液冷却后，用乙酸乙酯萃取，每次 50 mL，共萃取三次，合并乙酸乙酯萃取液，加无水硫酸钠适量，放置，过滤，减压回收乙酸乙酯至干，将残留物溶于温热甲醇中，再经适当浓缩后放置过夜，析出黄色结晶，滤出结晶，用甲醇反复重结晶，即得七叶内酯，测定其熔点。

将经乙酸乙酯萃取过的水溶液置于水浴上浓缩至适当体积，放置，析出微黄色结晶，过滤，用甲醇重结晶，即得七叶苷白色结晶，测定其熔点。

注意：

(1) 商品秦皮混杂品种较多，有些伪品中不含香豆素，选原料时需注意原植物品种。

(2) 秦皮由于品种和产地差异，含七叶苷、七叶内酯量差别很大，提取分离时要注意。

(3) 同属植物小叶白蜡树的树皮也作秦皮入药，它除含有七叶苷、七叶内酯外，还含有秦皮素。

3) 显色反应

(1) 观察荧光。取七叶苷与七叶内酯的甲醇溶液分别滴一滴于滤纸上，于 254 nm 的紫外灯下观察荧光的颜色，然后在原斑点上滴加一滴氢氧化钠溶液，观察其荧光有何变化。

(2) 异羟肟酸铁反应。取七叶苷和七叶内酯，分别置于试管内，加入盐酸羟胺甲醇溶液 2～3 滴，再加 1%氢氧化钠甲醇溶液 2～3 滴，于水浴上加热数分钟，至反应完全，冷却，再用盐酸调至 pH 值为 3～4，加 1%三氯化铁试液 1～2 滴，溶液显示红到紫红色。

4) 薄层层析鉴定

样品：七叶苷、七叶内酯及其对照品。

薄层板：硅胶-G。

展开剂：甲苯-甲酸乙酯-甲酸(5∶4∶1)。

显色剂：重氮化对硝基苯胺或于 254 nm 紫外灯下观察荧光。

4．思考题

(1) 异羟肟酸铁反应机理如何？

(2) 选择干燥剂的原则是什么？市售无水硫酸钠使用前是否要处理？

实验五　补骨脂中补骨脂素和异补骨脂素的提取、分离与检识

1．概述

补骨脂为豆科植物补骨脂的干燥成熟果实，全国各地多有栽培，它含有多种呋喃香豆素类成分，主要含补骨脂内酯(补骨脂素)、异补骨脂内酯(异补骨脂素)和补骨脂次素等。其中补骨脂素和异补骨脂素为抗白癜风的主要有效成分，具有光敏性质。

(1) 补骨脂素：又称补骨脂内酯，分子式为 $C_{11}H_6O_3$，分子量为 186.16；无色针状结晶(乙醇)；m.p.为 189℃～190℃；有挥发性；溶于甲醇、乙醇、苯、氯仿、丙酮，微溶于水、乙醚和石油醚。其结构式为

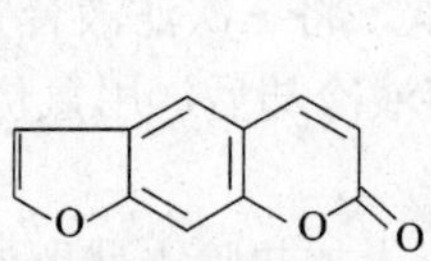

(2) 异补骨脂素：分子式为 $C_{11}H_6O_3$，分子量为 186.16；无色针状结晶；m.p.为 137℃～138℃；溶于甲醇、乙醇、丙酮、苯、氯仿，微溶于水、乙醚，难溶于冷石油醚。其结构式为

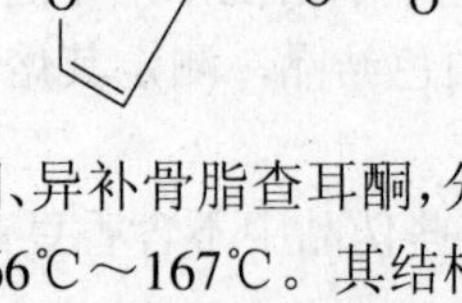

(3) 补骨脂乙素：又称补骨脂酮、异补骨脂查耳酮，分子式为 $C_{20}H_{20}O_4$，分子量为 324.36；黄色片状结晶(甲醇-水)，m.p.为 166℃～167℃。其结构式为

(4) 补骨脂甲素：又称补骨脂黄酮，分子式为 $C_{20}H_{20}O_4$，分子量为 324.36；无色针状结晶；m.p.为 191℃～192℃。其结构式为

2. 目的与要求

本实验的目的是学习香豆素类化合物的提取分离及检识。具体实验要求：

(1) 掌握用溶剂法提取香豆素类化合物的操作技术。

(2) 通过补骨脂素和异补骨脂素的分离，熟悉干柱色谱的操作技术。

(3) 掌握香豆素类化合物的检识方法。

3. 实验原理

本实验根据补骨脂素和异补骨脂素等在乙醇中的溶解度大，利用乙醇从中药补骨脂中提取补骨脂素及异补骨脂素等，并用活性炭吸附脱色，再依据补骨脂素和异补骨脂素的极性差异，利用氧化铝干柱色谱予以分离。

4. 实验内容

1) 提取

方法Ⅰ：

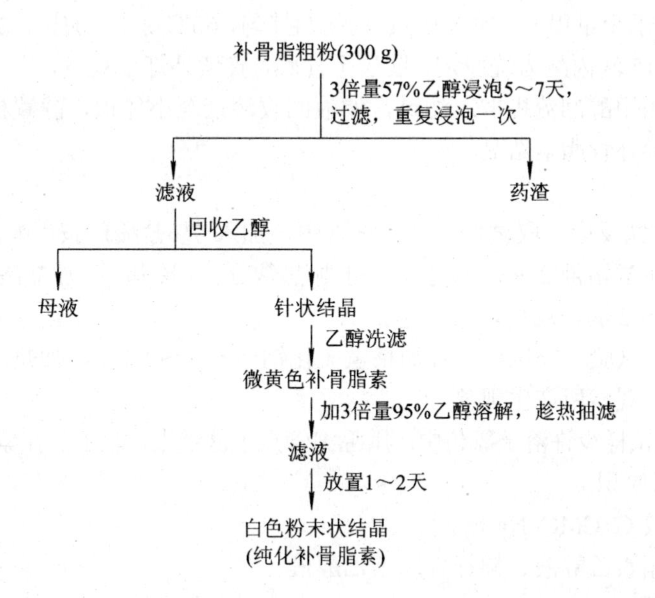

方法Ⅱ：

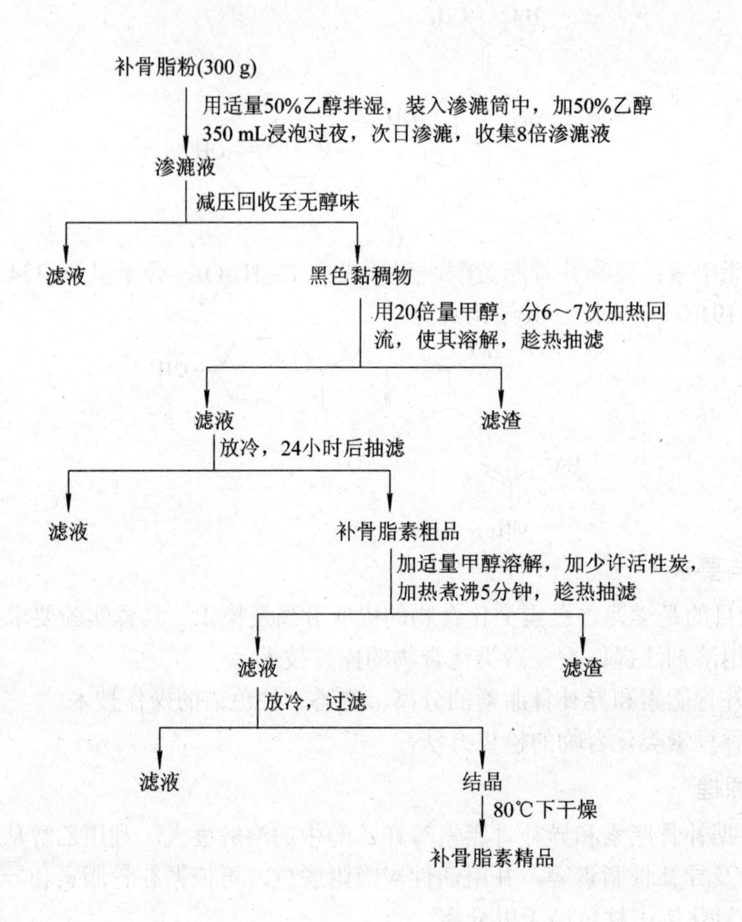
补骨脂粉(300 g)
用适量50%乙醇拌湿，装入渗漉筒中，加50%乙醇
350 mL浸泡过夜，次日渗漉，收集8倍渗漉液
渗漉液
减压回收至无醇味
滤液
黑色黏稠物
用20倍量甲醇，分6～7次加热回
流，使其溶解，趁热抽滤
滤液
滤渣
放冷，24小时后抽滤
滤液
补骨脂素粗品
加适量甲醇溶解，加少许活性炭，
加热煮沸5分钟，趁热抽滤
滤液
滤渣
放冷，过滤
滤液
结晶
80℃下干燥
补骨脂素精品

2) 精制

见上。

3) 分离

取色谱用中性氧化铝 12 g，装于直径 1.0 cm，高 28 cm 的干柱用色谱柱中。将补骨脂素精制品 0.2 g 溶于少量甲醇，加入 0.5 g 氧化铝拌匀，60℃烘干，加样，以苯-石油醚(4∶1)并每 50 mL 加入 15 滴丙酮为洗脱剂，展层至柱底，置紫外灯下观察，用刀片切取两段蓝色荧光色带，分别用甲醇回流提取，滤过，滤液回收溶剂至小体积，静置析晶，抽滤，分别得到补骨脂素和异补骨脂素结晶。

4) 检识

(1) 异羟肟酸铁反应。取试样少许于试管中，加入 7%盐酸羟胺甲醇溶液 2～3 滴，再加 10%氢氧化钠甲醇溶液 2～3 滴，于水浴上加热数分钟，冷却后，加盐酸调 pH 值为 3～4，加 1%三氯化铁 1～2 滴，观察溶液颜色。

(2) 开环/闭环试验。取试样少许加稀氢氧化钠溶液 1～2 mL，加热，观察现象，再加稀盐酸试剂数滴，观察所产生现象。

(3) 荧光。取试样少许溶于氯仿中，用毛细管点于滤纸上，晾干后在紫外灯下观察荧光。

(4) 薄层色谱检识。

薄层板：硅胶 G-CMC-Na 板。

试样：补骨脂素乙醇液、异补骨脂素乙醇液。

对照品：补骨脂素对照品乙醇液、异补骨脂素对照品乙醇液。

展开剂：① 苯-醋酸乙酯(9∶1)；② 苯-石油醚(4∶1)每 50 mL 含丙酮 15 滴。

显色：紫外灯下观察荧光。

5. 实验说明及注意事项

(1) 提取药材应是未炮制过的补骨脂种子，其补骨脂素和异补骨脂素等成分含量较高。

(2) 补骨脂素和异补骨脂素含内酯结构，具有内酯类成分的通性，可用碱溶酸沉法提取，但因补骨脂种子中含有大量油脂和糖类成分，易与碱水发生皂化反应和形成胶状物，造成难以滤过，降低得率，故选用 50%乙醇提取而不用碱溶酸沉法提取。

(3) 由补骨脂种子中提取所得的精制品，为补骨脂素和异补骨脂素的混合物结晶，两者含量近于 1∶1，但此比例随药材品种、质量等不同而有差异。在进行干柱色谱分离之前，应先进行薄层色谱检查，了解两者含量情况。因两者皆具有光敏作用，均为有效成分，故临床应用时，不必将两者分开。

6. 思考题

(1) 从中药中提取香豆素类成分还有哪些方法？

(2) 异羟肟酸铁反应的机理是什么？

实验六 葛根中黄酮类化合物的提取、分离及含量测定

1. 概述

葛根为豆科类植物葛的块根。葛根味甘辛、性平，能解饥退热、生津止渴、发表透疹、止痢等，主治温病发热、头痛项强、口渴泻利、麻疹初起等症。

葛根中主要含有黄酮类化合物，如葛根素、葛根苷、大豆黄酮苷等。葛根煎剂、醇提物、总黄酮等都具有扩张冠状动脉血管和脑血管的作用，同时也有降低血压的作用，常用于治疗冠心病、心绞痛(葛根片)及高血压项背强痛以及突发性耳聋等。

葛根中主要成分的结构和性质：

(1) 葛根素(葛根黄素)：棱晶，m.p.为 187℃(d)，易溶于乙醇，不与醋酸铅反应成沉淀。其结构式为

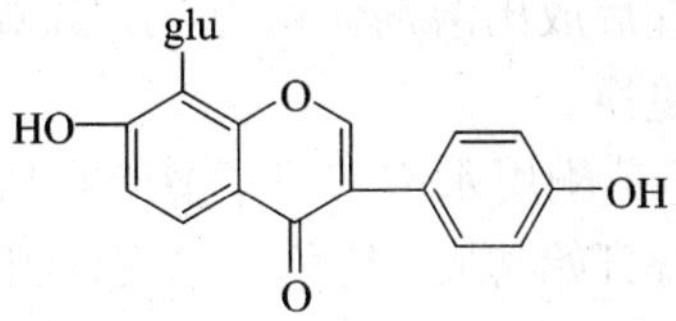

(2) 葛根苷(葛根素、木糖苷)：木糖位置未定，棱晶，易溶于乙醇，不与醋酸铅反应生成沉淀。其结构式为

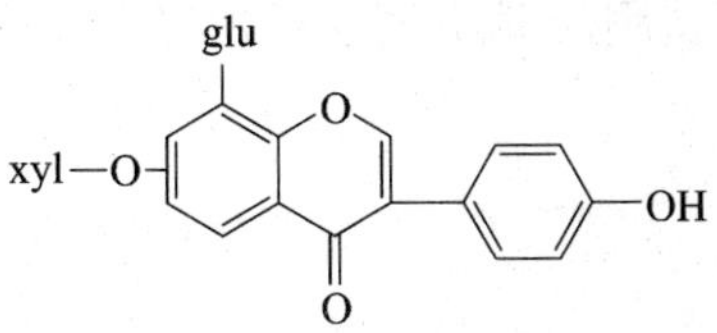

(3) 大豆黄酮：棱晶，m.p.为 320℃(d)，易溶于乙醇，不与醋酸铅反应成沉淀。其结构式为

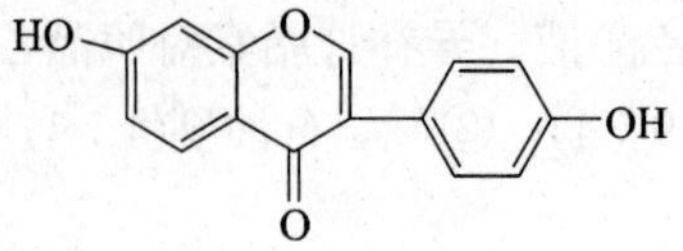

(4) 大豆黄酮苷：结晶，m.p.为 236℃～237℃(d)，无荧光，易溶于乙醇。其结构式为

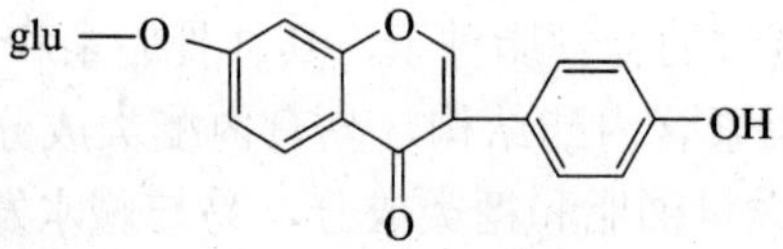

2．目的与要求及实验原理

1) 目的与要求

(1) 掌握葛根中黄酮类化合物的提取、分离方法。

(2) 熟悉葛根中异黄酮类化合物的性质及鉴定方法。

2) 实验原理

葛根黄酮苷及其苷元均能溶于乙醇中，故用乙醇为溶剂，可提取葛根中的总黄酮，经铅盐法沉淀除去杂质，再利用各化合物因结构的不同而对同一吸附剂吸附能力的差异，使用氧化铝柱层析法将其分离。

3．实验方法

1) 葛根总黄酮的提取

取葛根粗粉 100 g 置于 1000 mL 圆底烧瓶中，加 300 mL70%乙醇回流提取 2 小时，过滤，残渣再用 200 mL 乙醇回流提取一次，过滤，合并两次醇提取液，于水浴上回收乙醇至 150 mL，转移到烧杯中，加饱和中性醋酸铅溶液至不再有沉淀析出为止，过滤，滤液加饱和碱式醋酸铅至不再有沉淀析出为止，抽滤，沉淀用水洗两次后悬浮于 150 mL 甲醇中，通入硫化氢气体分解黄酮铅盐沉淀，而使之转化为硫化铅沉淀，抽滤除去硫化铅沉淀，并用甲醇洗 2～3 次，洗液和滤液合并，中和至 pH 值为 6.5～7，于水浴上减压回收甲醇至 30 mL 左右，转移到蒸发皿中蒸干，即得总黄酮。

2) 葛根总黄酮的分离

(1) 装柱。将适量中性氧化铝(100～200 目)用水饱和的正丁醇混悬后，使用常规湿法装柱。混悬用溶剂体积为 V_1，装柱后放出溶剂体积为 V_2，计算柱中溶剂体积为 $V_1 - V_2$，这样便于掌握馏分的接收、溶剂的更换。

(2) 加样和洗脱。将葛根总黄酮用水饱和正丁醇溶解后装入氧化铝柱上，待样品完全通过氧化铝柱时加入饱和正丁醇开始洗脱，待色带到底柱(由 UV 光观察控制)时，于紫外灯下可看到 10 种色带，由底至顶分别命名为 a～j，其中 c 没有荧光，其它 9 个色带均显紫蓝色荧光。分段接收洗脱液，可使葛根总黄酮中的化合物得以分离。b 流分减压回收溶剂，残渣用 50%甲醇重结晶得大豆黄酮，c 流分同法处理得大豆黄苷，e 流分同法处理得葛根素，f 流分为葛根素木质糖苷。

4．鉴定方法

1) 纸层析

取少量总黄酮用乙醇溶解，以 20%KOH 为移动相进行纸层析，展开后用铅笔画下前沿，将滤纸在烘箱中烤干后，于紫外灯下观察，划出荧光位置，求出 R_f 值。(据文献记录，大豆

黄酮的 $R_f = 0.04$，大豆黄苷的 $R_f = 0.23$，葛根素的 $R_f = 0.50$。)

2) 薄层层析

吸附剂：硅胶 G。

展开剂：氯仿-甲醇(8.3∶1.7)。

显色剂：三氯化铁∶铁氰化钾试剂。

结果：大豆黄酮 $R_f = 0.60$，大豆黄苷 $R_f = 0.20$。

5. 含量测定

1) 葛根中总黄酮的含量测定

(1) 标准曲线绘制。精密称取葛根素纯品 10 mg，置于 50 mL 容量瓶中，加 95%乙醇溶解并稀释至刻度，摇匀，吸取 0.2、0.4、0.6、0.8、1.0 mL 分别置于 10 mL 容量瓶中，各加乙醇至 1.0 mL，再加蒸馏水稀释至满刻度，摇匀，以 1.0 乙醇加水至 10 mL 做空白对照，在 250 nm 测吸收度，以吸收度对浓度作线性回归方程，并绘制标准曲线。

(2) 样品的测定。称取生药 200 mg(60 目)，置于 50 mL 容量瓶中，加 95%乙醇 30 mL 在沸水浴加热 10 分钟，冷后加 95%乙醇至满刻度，摇匀，放置过夜，准确吸取澄清液体 1.0 mL，置于 250 mL 容量瓶中，加水至满刻度，同时吸取 1.0 mL 乙醇，同法处理做空白对照，在 250 nm 处测吸光度，根据标准曲线计算出生药中总黄酮的含量。

2) 葛根中葛根素的含量测定

(1) 标准曲线绘制。精密称取 25 mL 葛根素纯品，置于 5 mL 容量瓶中，加甲醇溶解并稀释至满刻度(5 mg/mL)，吸取此溶液 5、10、20、25 μL 分别置于 5 mL 具塞试管中，加甲醇 0.1 mL、蒸馏水 0.9 mL、pH 缓冲液 2.0 mL、Folin Ciocaileu 试剂 0.5 mL 摇匀，放置 3 分钟后加 5%无水碳酸钠溶液 1 mL，于 70℃水浴上加热 5 分钟，冷却后在 700 nm 测试吸光度，以吸收度对浓度作线性回归方程，并绘制标准曲线。Folin Ciocaileu 试剂的制备：钨酸钠 100 g、钼酸钠 25 g，加蒸馏水 800 mL，再加磷酸 50 mL、盐酸 100 mL，回流 10 小时，冷却，加硫酸锂 150 g、蒸馏水 5 mL、溴 4～6 滴，放置 2 小时，煮沸 15 分钟，除去多余的溴，冷却，过滤，加蒸馏水至 1000 mL，于 4℃下可贮存 4 个月。若试剂由金黄色变绿色则不可再用。

(2) 样品的测定。精密称取生药 0.5 g，置于 5 mL 容量瓶中，加甲醇加热提取，冷却后用甲醇稀释至刻度，放置澄清，用微量注射器吸取 50 μL 上清液点在硅胶 G 薄层板上，用氯仿-甲醇(8∶2)展开，在紫外灯下划出与葛根素纯品相应的斑点并收集于 5 mL 具塞试管中，按标准曲线法操作，计算含量。

6. 思考题

(1) 为什么可以用 Al_2O_3 柱层析法分离葛根中的异黄酮类化合物？

(2) 中性 $Pb(AC)_2$ 可以沉淀哪些类型的化合物？

实验七　槐花米中芦丁的提取及槲皮素的制备与检识

1. 目的要求

本实验的目的是学习黄酮类化合物的提取、分离和检识。具体实验要求：

(1) 通过芸香苷(芦丁)的提取与精制，掌握碱溶酸沉法提取黄酮类化合物的原理和操作。

(2) 掌握黄酮类化合物的主要性质及黄酮苷、苷元和糖部分的检识方法。

(3) 掌握由芸香苷水解制取槲皮素的方法。

2. 主要化学成分的结构及性质

槐花米为豆科植物槐的干燥花蕾，主要含芸香苷，含量高达 12%～20%，水解生成槲皮素、葡萄糖及鼠李糖；槐花亦含芸香苷，但含量较槐米为少。

芸香苷：分子式为 $C_{27}H_{30}O_{16}$，分子量为 610.51；淡黄色针状结晶为 m.p.为 177℃～178℃；难溶于冷水(1∶8000)，略溶于热水(1∶200)，溶于热甲醇(1∶7)、冷甲醇(1∶100)、热乙醇(1∶30)、冷乙醇(1∶650)，难溶于醋酸乙酯、丙酮，不溶于苯、氯仿、乙醚、石油醚等，易溶于吡啶及稀碱液中。

槲皮素：又称槲皮黄素，分子式为 $C_{15}H_{10}O_7$，分子量为 302.23；黄色结晶；m.p.为 314℃(分解)；溶于热乙醇(1∶23)、冷乙醇(1∶300)，可溶于甲醇、丙酮、醋酸乙酯、冰醋酸、吡啶等溶剂，不溶于石油醚、苯、乙醚、氯仿中，几乎不溶于水。

芸香苷和槲皮素的结构式为

芸香苷：R=—葡萄糖—鼠李糖

槲皮素：R=H

3. 实验原理

由槐花米中提取芸香苷的方法很多，本实验根据芸香苷在冷水和热水中的溶解度差异的特性进行提取和精制，或根据芸香苷分子中具有酚羟基，显弱酸性，能与碱成盐而增大溶解度，以碱水为溶剂煮沸提取，其提取液加酸酸化后可使芸香苷游离析出。

4. 实验内容

1) 芸香苷的提取

方法Ⅰ：水提取法。

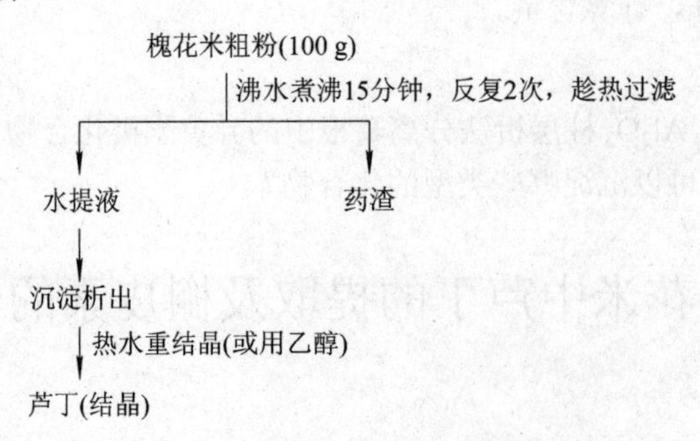

方法Ⅱ：碱溶酸沉法。

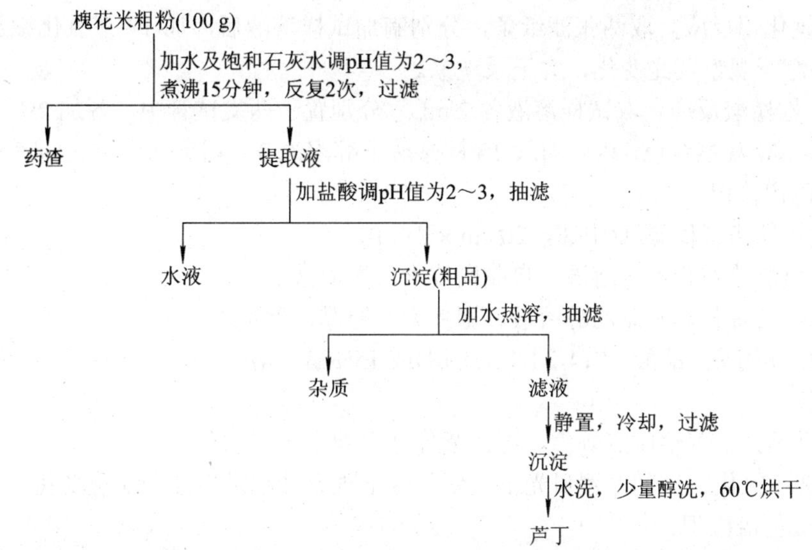

称取槐米 100 g，粉碎成粗粉，置于 1000 mL 烧杯中，加 0.4%硼砂溶液 400 mL 置电热套上加热，在搅拌下加饱和石灰乳，使 pH 值为 8～9，加热至微沸 15 分钟，并不时补充失去的水，保持 pH 值为 8～9，然后用双层纱布过滤。药渣再加 300 mL 水煮沸 10 分钟，趁热过滤，合并二次滤液，用盐酸调 pH 值为 3～4(太低会形成烊盐而增加水溶性，降低得率)，静置 2 小时，抽虑，沉淀用水洗至中性(2～3 次)，于 60℃～70℃干燥即得芦丁粗品。

2) 芦丁的精制

将制得的粗芦丁置于 500 mL 的烧杯中，加水 150 mL，用电热套加热至沸，不断搅拌并慢慢加入 50 mL 饱和石灰水溶液，使 pH 值为 8～9，待沉淀溶解后，趁热过滤，滤液置于 250 mL 的烧杯中，用 15%的盐酸调节 pH 值为 4～5，静置 0.5 小时，待芦丁以浅黄色结晶析出后，抽滤，产品以水洗涤，烘干，即得芦丁精品。

3) 芦丁水解制备槲皮素

取精制的芦丁 1 g，放入 250 mL 锥形瓶中，加 2%硫酸 100 mL，置电热套中加热 1 小时，并补充失去的水，此时先见芦丁溶解，随后又见溶液变浑，放置，过滤，所得沉淀用少量水洗二次，于 30℃下干燥得粗槲皮素，用 95%乙醇重结晶一次，可得精制槲皮素，纸层析鉴定。

滤去槲皮素后的水解母液，取出 20 mL，加碳酸钡细粉或饱和氢氧化钡水溶液中和，中和时不断搅拌，至溶液呈中性，滤去沉淀，滤液浓缩至 2 mL，作为纸层析糖的供试液。

4) 芸香苷、槲皮素及糖的检识

取芸香苷、槲皮素少许，分别用 8 mL 乙醇溶解，制成试样溶液，按下列方法进行实验，比较苷元和苷的反应情况。

(1) Molisch 反应。取试样溶液各 2 mL，分置于两支试管中，加 10%α-萘酚乙醇溶液 1 mL，振摇后倾斜试管 45°，沿管壁滴加 1 mL 浓硫酸，静置，观察并记录两液面交界处颜色的变化。

(2) 盐酸-镁粉反应。取试样溶液各 2 mL，分别置于两支试管中，各加入镁粉少许，再加入盐酸数滴，观察并记录颜色的变化。

(3) 醋酸镁反应。取两张滤纸条，分别滴加试样溶液后，加 1%醋酸镁甲醇溶液 2 滴，于紫外灯下观察荧光变化，并记录现象。

(4) 三氯化铝反应。取两张滤纸条，分别滴加试样溶液后，加 1%三氯化铝乙醇溶液 2 滴，于紫外灯下观察荧光变化，并记录现象。

(5) 锆-柠檬酸反应。取试样溶液各 2 mL，分别置于两支试管中，各加 2%二氯氧锆甲醇溶液 3～4 滴，观察颜色，然后加入 2%柠檬酸甲醇溶液 3～4 滴，观察并记录颜色的变化。

(6) 纸色谱检识。

支持剂：新华层析滤纸(中速，20 cm × 7 cm)。

试样：自制芸香苷乙醇溶液、自制槲皮素乙醇溶液。

对照品：芸香苷对照品乙醇溶液、槲皮素对照品乙醇溶液。

展开剂：正丁醇-醋酸-水(4∶1∶5 上层)或 15%醋酸溶液。

显色剂：

① 在可见光下观察斑点颜色，再在紫外灯下观察斑点颜色；

② 喷雾三氯化铝试剂，置日光下及紫外灯下观察并记录斑点的颜色变化。

(7) 薄层色谱检识。

薄层板：硅胶 G-CMC-Na。

试样：自制 1%芸香苷乙醇溶液、自制 1%槲皮素乙醇溶液。

对照品：1%芸香苷对照品乙醇溶液、1%槲皮素对照品乙醇溶液。

展开剂：氯仿-甲醇-甲酸(15∶5∶1)。

显色剂：喷雾 1%三氯化铁和 1%铁氰化钾水溶液，临用时等体积混合。

(8) 糖的纸色谱检识。

取糖的供试液做径向纸色谱，和已知糖液作对照，可得到与葡萄糖、鼠李糖相同 R_f 值的斑点。

支持剂：新华层析滤纸(圆形)。

试样：糖的供试液。

对照品：1%葡萄糖对照品水溶液、1%鼠李糖对照品水溶液。

展开剂：正丁醇-醋酸-水(4∶1∶5 上层)。

显色剂：喷雾苯胺-邻苯二甲酸试剂，于 105℃加热 10 分钟或红外灯下加热 10～15 分钟，显棕色或棕红色斑点。

5．实验说明及注意事项

(1) 在提取前应将槐花米略捣碎，使芸香苷易于被热水溶出。

(2) 本实验直接用沸水由槐花米中提取芸香苷，收得率稳定，且操作简便。如用碱溶酸沉法提取，加入石灰乳可以达到碱性溶解的目的，又可除去槐花米中所含的大量黏液质，但应严格控制其碱性(pH 值为 8～9，不可超过 10)。如 pH 值过高，加热提取过程中芸香苷可能被水解破坏，降低收得率。加酸沉淀时，控制 pH 值为 3～4，不宜过低，否则芸香苷会生成烊盐而溶于水，也会降低收得率。

(3) 在提取过程中，加入硼砂的目的是使其与芸香苷分子中的邻二酚羟基发生络合，既保护了邻二酚羟基不被氧化破坏，又避免了邻二酚羟基与钙离子络合(芸香苷的钙络合物不溶于水)，使芸香苷不受损失，提高收得率。

6．思考题

(1) 黄酮类化合物还有哪些提取方法？芸香苷的提取还可用什么方法？

(2) 酸水解常用什么酸？为什么用硫酸水解比用盐酸水解后的处理更方便？

(3) 本试验中各种色谱的原理是什么？解释化合物结构与 R_f 值的关系。

(4) 试讨论苷类成分的检识程序。

实验八　陈皮中橙皮苷的提取、分离与检识

1．目的与要求

本实验的目的是学习橙皮苷的提取、精制和检识。具体实验要求：

(1) 掌握橙皮苷的结构特点和理化性质及一般提取方法。

(2) 了解橙皮苷的检识方法。

2．主要化学成分的结构及性质

陈皮为芸香科植物福橘、朱橘的果皮，含挥发油和黄酮类成分橙皮苷、川陈皮素等。

橙皮苷：又称陈皮苷、橘皮苷；分子式为 $C_{28}H_{34}O_{15}$；为细树枝状针形结晶；m.p.为258℃～262℃，$[\alpha]_D^{20}$ −76°(C=2，吡啶)；易溶于稀碱及吡啶，微溶于甲醇及热冰醋酸，几乎不溶于丙酮、苯及氯仿，在60℃溶于二甲基甲酰胺及甲酰胺。其结构式为

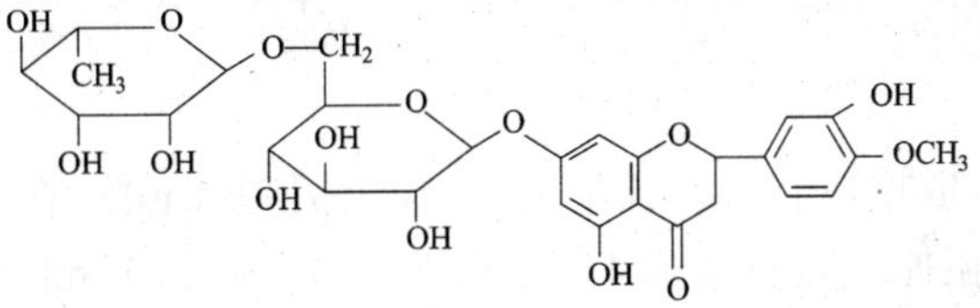

3．实验原理

本实验根据陈皮中的主要成分是挥发油和橙皮苷，先用石油醚溶除挥发油，再用甲醇提取及用活性炭精制得到橙皮苷。也可利用橙皮苷易溶于稀碱水的性质，使用碱溶酸沉法提取，再用甲酰胺精制得橙皮苷。

4．实验内容

1) 提取、精制

方法Ⅰ：

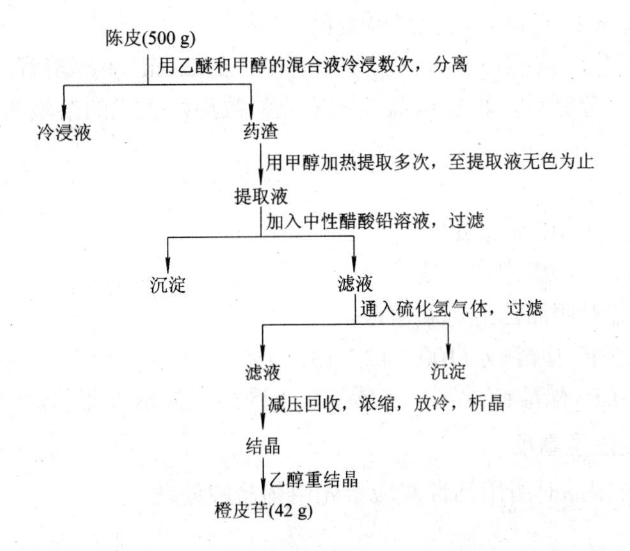
陈皮(500 g)
用乙醚和甲醇的混合液冷浸数次，分离
冷浸液
药渣
用甲醇加热提取多次，至提取液无色为止
提取液
加入中性醋酸铅溶液，过滤
沉淀
滤液
通入硫化氢气体，过滤
滤液
沉淀
减压回收，浓缩，放冷，析晶
结晶
乙醇重结晶
橙皮苷(42 g)

方法Ⅱ：

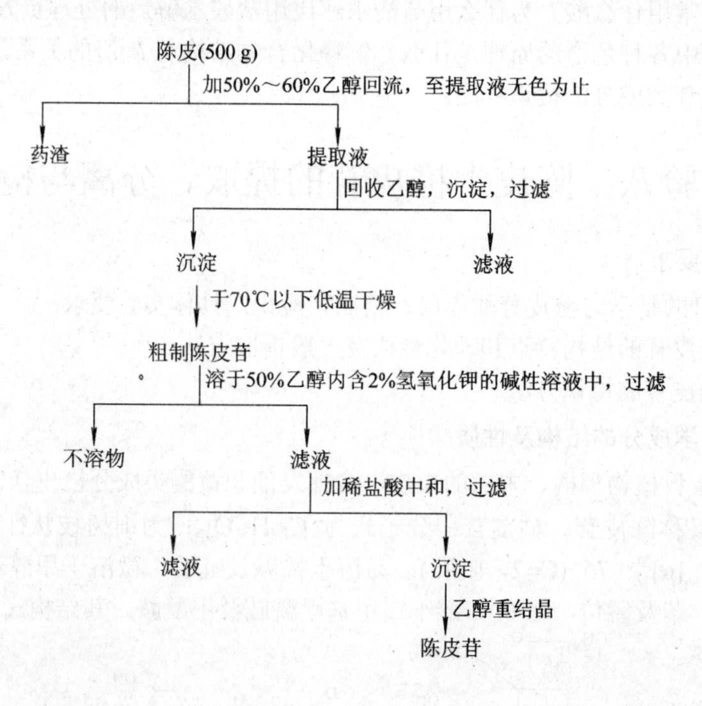

2) 检识

(1) Molisch 反应。取橙皮苷少许置于试管中，加乙醇 1 mL，在水浴中加热溶解，加 α-萘酚乙醇溶液 2～3 滴振摇，倾斜试管 45°，沿管壁徐徐滴加 1 mL 浓硫酸，静置，观察两层溶液界面的变化，应呈现紫红色环。

(2) 盐酸-镁粉反应。取橙皮苷少许置于试管中，加乙醇 2 mL，在水浴中加热溶解，加入镁粉约 50 mg 振摇后，滴加浓盐酸 3～4 滴，产生剧烈反应，溶液逐渐由黄色变为红色。

(3) 锆-枸橼酸反应。取橙皮苷少许置于试管中，加甲醇 2 mL，在水浴中加热溶解，加 2%二氯氧锆甲醇试剂 3～4 滴，溶液呈鲜黄色，再加 2%枸橼酸甲醇试剂 3～4 滴，溶液的黄色变浅。

(4) 三氯化铝反应。取橙皮苷少许置于试管中，加甲醇 2 mL，在水浴中加热溶解，加 1%三氯化铝甲醇试剂 2～3 滴，溶液呈鲜黄色。

(5) 四氢硼钠反应。取橙皮苷少许置于试管中，加 2 mL 甲醇溶解，加入等量的 2%四氢硼钠的甲醇液，一分钟后，再加浓盐酸或浓硫酸数滴，生成的溶液为紫色到紫红色。此反应也可在滤纸上进行。

(6) 薄层色谱检识。

薄层板：硅胶 G-CMC-Na 板。

试样：自制橙皮苷乙醇饱和溶液。

对照品：橙皮苷对照品乙醇饱和溶液。

展开剂：醋酸乙酯-甲醇-水(100∶17∶13)。

显色剂：喷雾 0.5%醋酸镁试剂，在紫外灯下观察，显示天蓝色荧光。

5. 实验说明及注意事项

(1) 精制橙皮苷粗品时所用活性炭应事先用稀盐酸处理。

(2) 橙皮苷微溶于甲醇，故工业生产中，以甲醇为溶剂提取橙皮苷时，应加热提取多次。

6．思考题

精制橙皮苷粗品时所用活性炭为何事先要用稀盐酸处理？

实验九　黄芩中黄芩苷的提取、鉴定及含量测定

1．概述

黄芩为唇形科植物黄芩及同属其他黄芩的根，为临床常用中药之一，味苦性寒，具有清热燥湿、泻火解毒、安胎等作用，主要用于治疗温病发热、肺热咳嗽、咳血、痢疾疮肿及胎动不安等症。

黄芩中含有多种黄酮类化合物，其主要成分为黄芩苷、黄芩素、汉黄芩素、汉黄芩苷、黄芩新素等，现在临床所用中成药“银黄注射液”、“三黄片”等中的黄芩素为主要成分之一，但这种黄芩素并不是单一成分，而是以黄芩苷为主的黄芩总黄酮。因此，我们测定的黄芩的含量，实际上为黄芩中总黄酮的含量。

黄芩中主要成分的结构与性质：

(1) 黄芩苷：浅黄色针状结晶；m.p.为 223℃；易溶于 N，N-二甲基苯胺、吡啶中，可溶于碳酸氢钠、碳酸钠、氢氧化钠等碱性溶液中(但在碱液中不稳定，颜色渐变暗棕色)，微溶于热冰醋酸，难溶于甲醇、乙醇、丙酮，几乎不溶于水、乙醚、苯、氯仿等。其结构式为

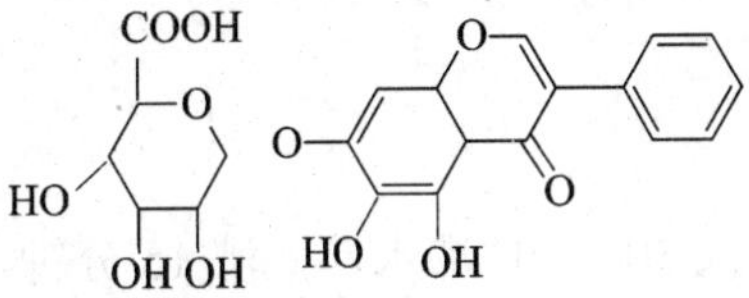

(2) 黄芩素：黄色结晶，m.p.为 264℃～265℃；易溶于甲醇、乙醇、丙酮、乙酸乙酯，微溶于乙醚、氯仿，较难溶于苯，在碱液中可溶解但不稳定，易氧化呈绿色。其结构式为

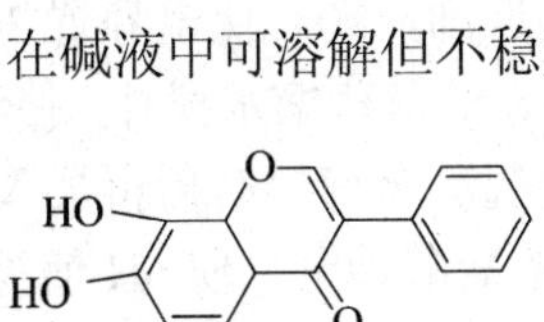

(3) 汉黄芩苷：黄色结晶；无明显熔点，230℃变红棕色，302℃变黑分解；微溶于 50%甲醇和乙醇，几乎不溶于水和常见的有机溶剂。其结构式为

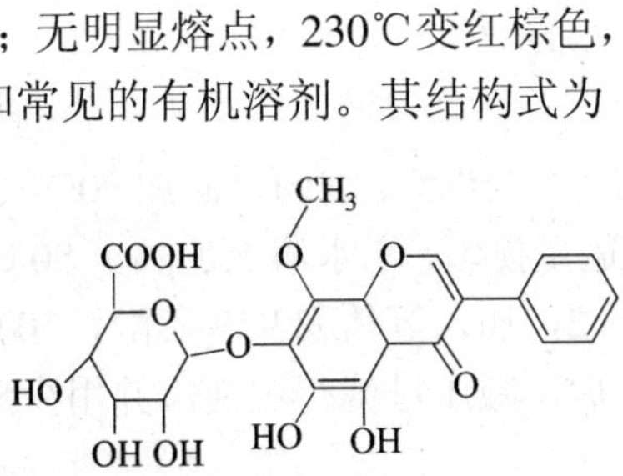

(4) 汉黄芩素：黄色结晶；m.p.为203℃，易溶于甲醇、乙醇、乙酸乙酯，微溶于乙醚、氯仿、苯，难溶于水。其结构式为

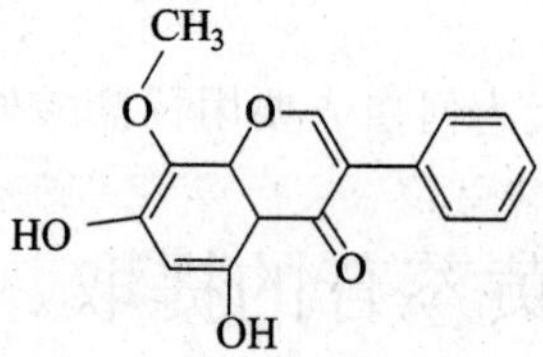

(5) 黄芩新素：黄色结晶；m.p.为180℃～181℃或170℃～172℃。其结构式为

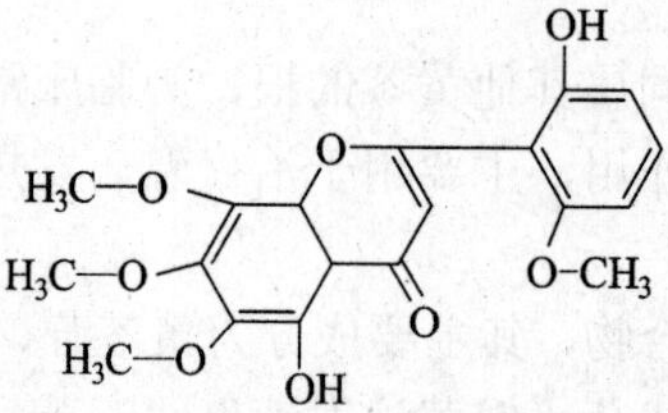

2．目的与要求及实验原理

1) 目的与要求

(1) 掌握从黄芩中提取、精制黄芩苷的原理和操作方法。

(2) 熟悉黄芩苷的主要性质和检识方法。

2) 实验原理

根据黄芩苷类成分在热水中溶解度大，在强酸性条件下易析出沉淀的性质，从黄芩中提取黄芩苷类化合物，并利用其溶于碱、不溶于酸的性质使之与酸性杂质分离，同时还利用黄芩苷在95%乙醇中溶解度小的性质加以精制。

3．实验方法

1) 黄芩苷的提取

称取黄芩粗粉100 g，加入500 mL沸水，煮沸15分钟，煮沸的过程随时补充蒸发损失的水分，用棉花过滤，药渣再加500 mL水同法煮2次，合并3次滤液，加浓盐酸调pH值为2，加酸化水液置水浴上加热近沸，80℃保温静置30分钟，待析出黄色沉淀后，倾去上清液，再滤去沉淀中的水分，加8倍量蒸馏水搅拌，使沉淀成为均匀的混悬液，滴加20%氢氧化钠溶液调pH值为6～7，待沉淀全部溶解后再加入等体积95%乙醇，搅匀后50℃(水浴上保温)下迅速过滤，滤液再用浓盐酸调节，使pH值为2～3，继续保温80℃半小时，直到黄芩苷全部析出，放冷过夜，过滤收集黄芩苷沉淀物，并将其用蒸馏水洗成中性，抽干，60℃下干燥，得粗制黄芩苷，称重。也有将滤液的pH值调为8，使其充分凝集成胶冻，再按酸沉法操作，可明显提高产品收率。

2) 黄芩苷的精制

将粗制黄芩苷研细，加10倍量蒸馏水混匀，滴加20%氢氧化钠溶液调pH值为6～7，使粗黄芩全部溶解，加活性炭适量搅匀，于水浴上加热至80℃半小时，减压过滤除去炭渣，滤液用浓盐酸调至pH值为1～2，加入等体积95%乙醇，50℃保温半小时，至有沉淀产生时取出，放置过夜，沉淀完全后，减压过滤得沉淀，并用少量乙醇洗沉淀，抽干，60℃干燥，得黄芩苷精制品，称重。

4．鉴定方法

1) 显色反应

(1) Molisch 反应。取黄芩苷少许，置于试管内，加乙醇 0.5 mL 和 10%α-萘酚少许，振摇使黄芩苷溶解，斜置试管，沿管壁滴加浓硫酸 0.5 mL，静置，观察二层溶液的界面。

(2) 盐酸-镁粉反应。取样品少许，加水 2 mL，加乙醇 1 mL，微温使样品溶解，加镁粉数毫克，浓盐酸 2～3 滴，即产生剧烈反应，溶液逐渐出现微红色。

(3) 锆-枸橼酸反应。取样品少许，加水 2 mL，水浴上温热至样品溶解，加数滴 5%二氯氧锆溶液，混匀后显黄色或有黄绿色荧光，再加入 2%枸橼酸溶液 2 mL，则黄色和荧光显著减弱甚至消失。

(4) 醋酸铅反应。取样品少许，溶于 2 mL 水中，加 10%醋酸铅溶液数滴，立即产生弱黄色沉淀。

2) 纸层析鉴定

滤纸：新华一号滤纸。

展开剂：正丁醇-醋酸-水(4∶1∶5 上层)。

点样：① 样品；② 标准品。

显色：

① 紫外灯光下观察；

② 2%三氯化铁-乙醇液；

③ 1%三氯化铝-乙醇液喷雾后看荧光。

3) 薄层鉴定

吸附剂：硅胶 CMC 板。

点样：① 样品；② 标准品。

展开剂：苯-甲酸乙酯-甲酸(75∶24∶1)。

显色剂：2%三氯化铁-乙醇液。

5．含量测定

黄芩中总黄酮的测定(比色法)：

(1) 标准曲线的绘制：用芦丁标准曲线。

(2) 样品测定：精密称取样品粉末 1 g 置于 100 mL 三角瓶中，加 50%乙醇 40 mL，称重，置水浴上回流 8 小时，再称重，补充溶剂至原重，过滤，取滤液 2 mL，置 50 mL 容量瓶中，用 30%乙醇稀释至刻度，摇匀，取 5 mL 置 10 mL 比色皿中，然后按标准曲线法操作，空白对照取 5 mL 提取液至 10 mL 比色皿中，不加试剂，用水稀释至满刻度，在波长 510 nm 处测吸收度，由标准曲线计算黄芩中总黄酮的含量。

6．思考题

黄酮的主要结构类型有哪些？

实验十　八角茴香油的提取、分离与检识

1．目的与要求

本实验的目的是学习挥发油的提取和各类组成成分的检识。具体实验要求：

(1) 掌握挥发油的水蒸气蒸馏提取法。

(2) 学习挥发油的一般检识及挥发油中固体成分的分离。

(3) 掌握挥发油中化学成分的薄层点滴定性检识。

(4) 了解挥发油单向二次薄层色谱检识。

2．主要化学成分的结构及性质

八角茴香为木兰科植物八角茴香的干燥成熟果实，分布于福建、广东、广西、贵州、云南等省区；含挥发油4%～9%，一般约含5%(果皮中较多)，脂肪油约含22%(主要存在于种子中)，还含有蛋白质、树胶、树脂等。挥发油中的主要成分是茴香醚，约为总挥发油的80%～90%，冷时常自油中析出，故称茴香脑。此外，八角茴香尚含莽草酸及少量甲基胡椒酚、茴香醛、茴香酸等。它们的结构式为

OCH_3 / $CH{=}CH{-}CH_3$ 茴香醚(脑)　　$COOH$ / HO, OH, OH 莽草酸　　OCH_3 / $CH_2{-}CH{-}CH_2$ 甲基胡椒酚　　CHO / OCH_3 茴香醛　　$COOH$ / OCH_3 茴香酸

(1) 茴香脑：又称大茴香醚、茴香烯、茴香醚。分子式为$C_{10}H_{12}O$，分子量为148.21；白色结晶，m.p.为21.4℃，b.p.为235℃；与乙醚、氯仿混溶，溶于苯、醋酸乙酯、丙酮、二硫化碳及石油醚，几乎不溶于水。

(2) 莽草酸：又称毒八角酸，分子式为$C_7H_{10}O_5$，分子量为174.15；无色针状结晶(甲醇-醋酸乙酯)；m.p.为190℃～191℃；在100 mL水中可溶解18 g，100 mL无水乙醇中可溶解2.5 g，几乎不溶于氯仿、苯、石油醚。

(3) 甲基胡椒酚：分子式为$C_{10}H_{12}O$；无色液体；b.p.为215℃～216℃。

(4) 茴香醛：分子式为$C_8H_8O_2$；有两种状态：棱晶，m.p.为36.3℃，b.p.为236℃；液体，m.p.为0℃，b.p.为248℃。

(5) 茴香酸：分子式为$C_8H_8O_3$；针状结晶；m.p.为184℃，b.p.为275℃～280℃。

3．实验原理

本实验是水蒸气蒸馏法提取挥发油的通法。挥发油的组成成分较复杂，常含有烷烃、烯烃、醇、酚、醛、酮、酸、醚等官能团。因此可以用一些检出试剂在薄层板上进行点滴试验，从而了解组成挥发油的成分类型。挥发油中各类成分的极性互不相同，一般不含氧的烃类和萜类化合物极性较小，在薄层色谱板上可被石油醚较好地展开；而含氧的烃类和萜类化合物极性较大，不易被石油醚展开，但可被石油醚与醋酸乙酯的混合溶剂较好地展开。为了使挥发油中各成分能在一块薄层色谱板上进行分离，常采用单向二次色谱法展开。

4．实验内容

1) 茴香脑的提取分离

取八角茴香50 g，捣碎，置圆底烧瓶中，加适量水浸泡湿润，按一般水蒸气蒸馏法进行蒸馏提取。也可将捣碎的八角茴香置于挥发油测定器的烧瓶中，加蒸馏水500 mL与数粒玻璃珠，连接挥发油测定器与回流冷凝管，自冷凝管上端加水使之充满挥发油测定器的刻

度部分，并使其溢流入烧瓶时为止。缓缓加热至沸，至测定器中油量不再增加，停止加热，放冷，分取油层。

将所得的八角茴香油置冰箱中冷却 1 小时，即有白色结晶析出，趁冷滤过，用滤纸压干。结晶为茴香脑，滤液为析出茴香脑后的八角茴香油。

2) 检识

(1) 油斑试验。取八角茴香油适量，滴于滤纸片上，常温下(或加热烘烤)观察油斑是否消失。

(2) 薄层色谱板点滴反应。取硅胶 G 薄层色谱板 1 块，用铅笔按表画线。将挥发油试样用 5～10 倍量乙醇稀释后，用毛细管分别滴加于每排小方格中，再将各种检识试剂用滴管分别滴于各挥发油试样斑点上，观察颜色变化。初步推测每种挥发油中可能含有的化学成分的类型。将反应记录在表 3-1 中。

表 3-1　挥发油薄层板点滴反应

试剂 试样	1	2	3	4	5
八角茴香油					
柠檬油					
丁香油					
薄荷油					
樟脑油					
桉叶油					
松节油					
空白对照					

试　剂

1. 三氯化铁试剂
2. 2,4-二硝基苯肼试剂
3. 碱性高锰酸钾试剂
4. 香草醛-浓硫酸试剂
5. 0.05%溴酚蓝试剂

(3) 挥发油薄层色谱单向二次展开检识。取硅胶 G-CMC-Na 薄层板(6 cm × 15 cm)一块，在距底边 1.5 cm 及 8 cm 处分别用铅笔画起始线和中线。将八角茴香油溶于丙酮，用毛细管点于起始线上呈一长条形，先用石油醚(30℃～60℃) -醋酸乙酯(85∶15)为展开剂将八角茴香油展开至薄层板中线处取出，挥去展开剂，再放入石油醚(30℃～60℃)中展开至接近薄层板顶端时取出，挥去展开剂后，分别用下列几种显色剂喷雾显色。

① 1%香草醛-硫酸试剂：可与挥发油反应产生紫色、红色等。

② 荧光素-溴试剂：如产生黄色斑点，表明含有不饱和化合物。

③ 2,4-二硝基苯肼试剂：如产生黄色斑点，表明含有醛或酮类化合物。

④ 0.05%溴甲酚绿乙醇试剂：如产生黄色斑点，表明含有酸性化合物。

观察斑点的数量、位置及颜色，推测每种挥发油中可能含有的化学成分的种类及数量。

5．实验说明及注意事项

(1) 通过观察馏出液的混浊程度来判断挥发油是否提取完全。最初的馏出液中含油量较多，明显混浊，随着馏出液中油量的减少，混浊度也随着降低，至馏出液变为澄清甚至无挥发油气味时，停止蒸馏。

(2) 提取完毕，须放冷，待油水完全分层后，再将油层放出，尽量不带出水分。

(3) 进行单向二次展开时，先用极性较大的展开剂展开至中线，然后再用极性较小的

展开剂展开。在第一次展开后，应将展开剂完全挥干，再进行第二次展开，否则将影响第二次展开剂的极性，从而影响分离效果。

(4) 挥发油易挥发逸失，因此进行层析检识时，操作应迅速及时，不宜久放。

(5) 喷洒香草醛-浓硫酸显色剂时，应于通风橱内进行；用溴甲酚绿乙醇试剂显色时，应避免在酸性条件下进行。

6. 思考题

(1) 从八角茴香中提取分离茴香脑的原理是什么？

(2) 利用点滴反应检识挥发油的组成优点是什么？

(3) 单向二次展开薄层色谱法检识挥发油中各成分时，为什么第一次展开所用的展开剂的极性最好大于第二次展开所用的展开剂的极性？单向二次展开薄层色谱法有什么优点？

实验十一　丁香中挥发油的提取、分离与检识

1. 目的与要求

(1) 掌握挥发油的一般化学检识及薄层色谱检识方法。

(2) 熟悉挥发油中酸性成分的分离方法。

(3) 学会应用挥发油含量测定器提取药材中挥发油及含量测定的操作方法。

2. 主要化学成分的结构及性质

丁香：别名为公丁香(花蕾)、母丁香(果实)；桃金娘科植物丁香的干燥花蕾及果实，原产于非洲摩洛哥，现我国广东亦有种植。丁香花蕾含14%～20%挥发油(即丁香油)，油中主要成分为丁香酚，约含78%～95%，乙酰丁香酚约含3%，还含有少量的丁香烯、甲基正戊酮、甲基正庚酮、香荚兰醛、齐墩果酸、鞣质、脂肪油及蜡。果实含2%～9%丁香油。

丁香酚：分子式为$C_{10}H_{12}O_2$，分子量为164.20；无色或苍黄色液体；b.p.为225℃；几乎不溶于水，与乙醇、乙醚、氯仿可混溶。其结构式为

OH
OCH$_3$
CH$_2$—CH=CH$_2$

3. 实验原理

本实验用水蒸气蒸馏法提取丁香挥发油。利用丁香酚为苯丙素类衍生物，具有酚羟基，遇到氢氧化钠水溶液即转为钠盐而溶解，酸化时又可游离的性质将丁香酚从挥发油中分离出来，并利用丁香酚可与三氯化铁试剂发生反应的性质进行检识，也可进行薄层色谱检识。

4. 实验内容

1) 丁香油的提取

取丁香50 g，捣碎，置于烧瓶中，加适量水浸泡湿润，按一般水蒸气蒸馏法进行蒸馏提取。也可将捣碎的丁香置于挥发油测定器的烧瓶中，加蒸馏水300 mL与数粒玻璃珠，连

接挥发油测定器。自测定器上端加水使其充满刻度部分，并溢流入烧瓶时为止，精确加入 1 mL 二甲苯，然后连接回流冷凝管。加热蒸馏 30 分钟后，停止加热，放置 15 分钟以上，读取测定器中二甲苯油层容积，减去开始蒸馏前加入二甲苯的量，即为挥发油的量，再计算出丁香中挥发油的含量。

2) 丁香酚的分离

将所得的丁香油置于分液漏斗中，加 10%氢氧化钠溶液 80 mL 提取，并加 150 mL 蒸馏水稀释，分取下层水溶液，用 10%盐酸酸化，使丁香酚呈油状液体，分取油层，用无水硫酸钠脱水干燥，得纯品丁香酚。

3) 检识

取少许丁香酚置于试管中，加 1 mL 乙醇溶解，加 2～3 滴三氯化铁试剂，显蓝色。

4) 薄层色谱检识

将提取得到的丁香油用乙醚配制成每 1 mL 含 0.02 mL 丁香油的供试液。另取丁香酚对照品，加乙醚制成每 1 mL 含 20 μL 的对照品溶液。吸取上述两种溶液各 5 微升，分别点于同一硅胶 G 薄层色谱板上，以石油醚(60℃～90℃)-醋酸乙酯(9∶1)为展开剂将其展开，取出，晾干，喷洒 5%香草醛硫酸溶液，于 105℃加热烘干。在供试品色谱与对照品色谱相应的位置上，显示相同颜色的斑点。

5．实验说明及注意事项

(1) 采用挥发油含量测定器提取挥发油，可以初步了解该药材中挥发油的含量，但所用的药材量应使蒸出的挥发油量不少于 0.5 mL 为宜。

(2) 挥发油含量测定装置一般分为两种，一种适用于相对密度小于 1.0 的挥发油测定，另一种适用于测定相对密度大于 1.0 的挥发油。《药典》规定，测定相对密度大于 1.0 的挥发油，也在相对密度小于 1.0 的测定器中进行，其作法是在加热前预先加入 1 mL 二甲苯于测定器内，然后进行水蒸气蒸馏，使蒸出的相对密度大于 1.0 的挥发油溶于二甲苯中。由于二甲苯的相对密度为 0.8969，一般能使挥发油与二甲苯的混合溶液浮于水面。由测定器刻度部分读取油层的量时，扣除加入二甲苯的体积即为挥发油的量。

(3) 用挥发油测定器提取挥发油，以测定器刻度管中的油量不再增加作为判断是否提取完全的标准。

6．思考题

(1) 从丁香中提取、分离丁香酚的原理是什么？

(2) 除可利用水蒸气蒸馏法提取挥发油外，还可采用什么方法提取挥发油？其原理是什么？

实验十二　花椒油素的提取

1．概述

川花椒为芸香科植物花椒的果皮(花椒)或种子(椒目)，果实约含 0.6%挥发油，主要含花椒油素(分子式为 $C_{10}H_{12}O_4$)，油中含异茴香脑(分子式为 $C_{10}H_{12}O$)，果皮尚含香柠檬内酯、苯甲酸及布枯叶苷等。

花椒油素的结构式为

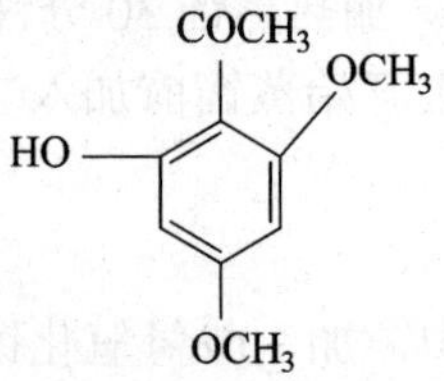

$COCH_3$
OCH_3
HO
OCH_3

性质：无色羽状结晶；m.p.为 80℃～81℃；可溶于乙醇等有机溶剂，可随水蒸气蒸馏，具有驱蛔、止痛等作用。

2．目的与要求

(1) 掌握挥发油的一般提取方法。

(2) 了解花椒油素的提取、精制及鉴别方法。

3．实验方法

1) 花椒油素的提取

取川花椒 50 g 置圆底烧瓶中，加入约 400 mL 水直火蒸馏，其间补充失去的水分，蒸馏至蒸馏液不再混浊时为止，冷却蒸馏液，抽滤，用水洗涤，抽干，计算得率。

2) 花椒油素的精制

将粗品置于圆底烧瓶中，加石油醚(沸程为 60℃～90℃)，水浴回流使其完全溶解，过滤，放置析晶，于 60℃干燥，称重。

4．鉴定方法

(1) 测定花椒油素的 m.p.。

(2) 薄层层析。

吸附剂：硅胶 H-CMC 板。

样品：

① 花椒油素自制精品；

② 花椒油素乙醇标准品；

③ 重结晶后母液。

展开剂：石油醚-乙酸乙酯(85∶15)。

显色剂：香草醛浓 H_2SO_4 溶液。

(3) 定性反应。

① 2,4-二硝基苯肼反应：取样品乙醇液 1 mL 加试液几滴在沸水浴上加热，即出现橙黄色沉淀。

② $FeCl_3$ 反应：取样品乙醇液 1 mL，加 1%$FeCl_3$ 试液几滴，呈红色。

5．思考题

挥发油的定义是什么？其主要成分有哪些？

实验十三　陈皮挥发油的提取与鉴定

1．概述

陈皮为芸香科植物橘等多种橘类的干燥成熟外果皮，始载于《神农本草经》，为理气健脾、燥湿化痰的中药。现代药理研究认为：陈皮挥发油有刺激性祛痰作用；对胃肠道有温和的刺激作用，能促进消化液分泌和排除肠内积气；对肺炎双球菌、甲型链球菌、卡他双球菌、金黄色葡萄球菌有很强的抑制作用。陈皮含挥发油 1.5%～2%，油中主要成分为右旋柠檬烯(约 80%以上)。此外，陈皮尚含有 β-榄香烯、δ-榄香烯、α-金合欢烯、α-罗勒烯、芳樟醇乙酯、α-松油烯、芳樟醇、水芹烯、倍半水芹烯、蛇麻烯、乙酸-α-蛇麻烯醇酯、α-榄香油醇、香叶烯、α-荜澄茄烯、α-侧柏烯、牝牛儿醇等 70 余种成分，且成分随栽培品种的不同而略有变化。陈皮中的黄酮类化合物有橙皮苷、新橙皮苷等。

陈皮挥发油中主要成分的理化性质：

(1) 右旋柠檬烯：液体，b.p.为 175.5℃～176.5℃/763 mm Hg，d_4^{21} 0.8402，n_D^{21} 1.4743，$[\alpha]_D^{19.5}$ + 123.8°；可溶于乙醚、丙酮，不溶于水；Uv $\lambda_{max}^{异辛烷}$ nm(ε)：250(23)，220(257)。IR ν cm^{-1}：3080，2920，1650，1440，1370，920，890，800。^{1}HNMR(CCl_4) δ：1.2～1.6，1.7，1.9，4.6，5.3。

(2) β-榄香烯：液体，b.p.为 114℃～118℃/9mmHg，n_D^{20} 1.4930，$[\alpha]_D^{16}$ –15°；可溶于乙醚，不溶于水。

(3) α-金合欢烯：油状液体，b.p.为 124℃/12 mmHg，d_4^{20} 0.8410，n_D^{18} 1.4870；可溶于乙醚、丙酮、石油醚，不溶于水。

(4) α-胡椒烯：液体，b.p.为 246℃～251℃，d_4^{20} 0.8996，n_D^{20} 1.4897，$[\alpha]_D^{22}$ –6.3°；可溶于乙醚、丙酮、乙酸、石油醚，不溶于水。

(5) 芳樟醇乙酸酯：金黄色油状液体，b.p.为 220℃，d_4^{20} 0.8950，n_D 1.4450；可溶于乙醚，不溶于水。

(6) 牝牛儿醇：油状液体，具玫瑰香气，b.p.为 229℃～230℃/557 mmHg，d_4^{20} 0.8894，n_D^{20} 1.4766，可溶于乙醇、乙醚等，难溶于水。

(7) 水芹烯：

1-α-水芹烯：油状液体，b.p.为 171℃～172℃，d_4^{20} 0.8410，n_D^{20} 1.4732，$[\alpha]_D^{20}$ –112°；可溶于乙醚，不溶于水。

d-α-水芹烯：油状液体，b.p.为 66℃～68℃/16 mmHg，d_4^{25} 0.8463，n_D^{25} 1.4777，$[\alpha]_D^{16}$ + 86.4°；可溶于乙醚，不溶于水。

1-β-水芹烯：油状液体，b.p.为 178℃～179℃/758 mmHg，d_{15}^{15} 0.8497，n_D^{20} 1.4800，$[\alpha]_D^{20}$ –51.9°；可溶于乙醚，不溶于水、乙醇。

d-β-水芹烯：液体，b.p.为 171℃～172℃，d_4^{20} 0.8520，n_D^{20} 1.4758，$[\alpha]_D^{20}$ +65.2°；可溶于乙醚，不溶于水。

2．目的与要求

(1) 掌握挥发油的一般提取和鉴定方法。

(2) 学习用 GC-MS 联用分离和鉴定挥发油中的主要成分。

3．实验操作

1) 提取

取陈皮 50 g 剪碎，置 1000 mL 蒸馏瓶中，加蒸馏水 500 mL，振摇混合后，连接挥发油测定器与回流冷凝管，自冷凝管上端加水使其充满测定器的刻度部分，并溢流入蒸馏瓶

时为止。直火回流至测定器中油量不再增加，冷置，分层。开启测定器下端活塞，使油层下降至其上端与刻度“0”线平齐，读取挥发油量，计算百分含量，缓缓放出水分，接收挥发油[1]，加入无水硫酸钠干燥，密闭保存。

2) 鉴定

(1) 记录陈皮挥发油的色泽、气味和嗅觉。

(2) 测定折光率。

(3) 将挥发油滴于滤纸上，加温烘烤，观察油斑是否消失。

(4) 薄层层析。

样品：陈皮挥发油。

标准品：柠檬烯。

吸附剂：硅胶 G-CMC-Na。

展开剂：

① 石油醚；

② 石油醚-乙酸乙酯(9∶1)；

③ 石油醚-乙酸乙酯(9∶1)(展开至全板 2/3 处，取出晾干，再放入石油醚中展开至前沿)。

显色剂：

① 1%香草醛浓硫酸溶液；

② 2%高锰酸钾水溶液；

③ 0.2% 2,4-二硝基苯肼 2N 盐酸溶液；

④ 0.05%溴甲酚绿乙醇溶液。

(5) 气相色谱-质谱联用分析。

① 实验条件。

气相色谱-质谱仪：Finnigan 4021。

色谱柱：SE 54。

载气：He。

进样量：0.01 μL。

程序升温：110℃(0.1 分钟)～180℃(3℃/分钟)。

质谱离子源：EI 源。

电子轰击能量：70eV。

离子源温度：250℃。

② 实验结果。质谱鉴定结果如表 3-2 所示。

表 3-2　质谱鉴定结果

色谱峰号	化合物名称	分子离子峰	基峰	主要碎片离子峰
205	左旋柠檬烯	136	68	136、121、107、95、68、53、41
178	芳樟醇乙酸酯	196	93	196、136、121、93、69、68、39
515	δ-榄香烯	204	121	204、189、161、136、121、93、91
606	β-榄香烯	204	81	204、147、107、93、81、68、41
776	α-胡椒烯	204	161	204、189、161、119、105、81、55
815	α-金合欢烯	204	93	204、189、123、107、93、69、55

注：① 提取完毕后，须待油水完全分层后接受挥发油，应注意尽量避免带出水分；② 溴甲酚绿显色时应避免在酸性条件下进行，否则会出现假阳性。

4．思考题

(1) 若以石油醚-乙酸乙酯(9∶1)将陈皮挥发油展开至前沿，取出晾干，再以石油醚展开至 2/3 处，此法是否可行？为什么？

(2) 根据质谱鉴定数据，写出表 3-1 中六种化合物的质谱裂解途径。

实验十四　青蒿素的提取、分离、鉴定和氢化

1．概述

中药青蒿系菊科植物黄花蒿的干燥地上部分，具有清暑辟秽、除阴分伏热的功效，历代医书多有使用单味或复方截疟的记载，民间有的地区亦用于预防及治疗疟疾。从黄花蒿中分离出的抗疟有效成分青蒿素为一新型的倍半萜内酯，具有杀虫速度快、副作用小、毒性低、控制症状快等特点，性能优于其它抗疟药物。为了改进其复发率较高的缺点，一般是将青蒿素结构上的羰基，用四氢硼钠(钾)还原成羟基化合物——还原青蒿素，然后在羟基上引入不同的侧链。此项研究已经获得初步效果。此外，青蒿中还含有莨菪苷、莨菪亭、异秦皮苷、腊梅苷等。

青蒿素性质：无色针状结晶；m.p.为 156℃～157℃，$[\alpha]_D^{17}$ +66.3°，c= 164，$CHCl_3$；易溶于氯仿、丙酮、乙酸乙酯，可溶于乙醇、乙醚，微溶于冷石油醚、苯，几乎不溶于水。IR(KBr) ν cm^{-1}：1745(六元环内酯)，831，881，1115(过氧基团)。^{1}HNMR(CCl_4)δ：0.93(3H，d，J = 6 Hz，14-CH_3)，1.06(3H，d，J = 6 Hz，13-CH_3)，1.36(3H，S，15-CH_3)，3.08～3.44(11H，m)，5.68(1H，S，7-H)。^{13}CNMR($CHCl_3$)δ：12，19，23(q，13、14、15-CH_3)；25、25.1、37、35.5(t，4、3、10、9-CH_2)；32.5，33，45，93.5(d，2、5、1、11、7-CH)，79.5、105、172(S，6、8-C，12-C = O)。其结构式为

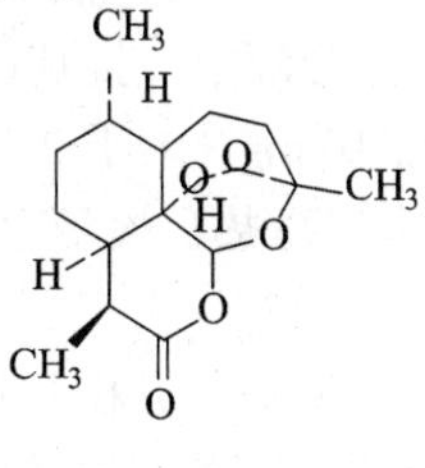

2．目的与要求

(1) 熟悉青蒿素的提取、分离和鉴定方法。

(2) 掌握利用四氢硼钠(钾)将羰基还原成羟基的方法。

3．实验操作

1) 提取与分离

将黄花蒿[①]搓碎，筛去枝梗，称取 250 g，装于渗漉桶中，压紧，加入 70%乙醇浸泡 24

① 黄花蒿中青蒿素的含量由于产地和存放时间的不同，差别很大。广东、广西、四川、云南、福建等产地的黄花蒿含量可达 0.6%，而北京、山东、武汉、高邮等地产的黄花蒿只有 0.1%左右，用本实验的提取、分离方法不易得到结晶，需采用硅胶柱层析法分离。

小时后，开始渗漉，流速为每分钟3～5 mL，收集渗漉液为原料量的6～8倍(W/V)，加入为原料重量的4%左右的活性炭脱色，搅拌半小时，澄清，过滤，滤液减压回收乙醇(减压温度为60℃以下)①，浓缩至原体积的1/5左右为止，静置24小时以上，倾去上清液，取下层浸膏称量，将浸膏重加入等量(W/V)70%乙醇热溶，静置48小时以上，过滤，即得青蒿素粗品。

母液加两倍量95%乙醇稀释，再加入约为原料重量的2%的石灰粉，调成石灰乳，搅拌约30分钟，调pH值为8左右，立即用布氏漏斗抽滤，滤液加乙酸调pH值至6～7，减压回收乙醇(减压温度60℃以下)，至残留液出现混浊时为止，静置、冷却，待结晶析出后，过滤，又可得一部分青蒿素粗品。

合并两次所得青蒿素粗品，称重，加入1.5倍量氯仿，或加10倍量的乙酸乙酯溶解，过滤，回收溶剂至近干，趁热加入为粗品2倍量的乙醇，倾出乙醇液，放置，析晶，过滤，结晶再用少量70%乙醇洗涤，即得青蒿素精品。

2) 青蒿素的鉴定

(1) 薄层层析。

样品：青蒿素。

吸附剂：硅胶G或硅胶-CMC-Na。

展开剂：石油醚-乙酸乙酯(8∶2)或苯-乙醚(4∶1)。

显色剂：1%香草醛浓硫酸溶液(青蒿素呈鲜黄色斑点，继变潮蓝色)。

(2) 呈色反应。

① 异羟肟酸铁反应。取本品10 mg溶于1 mL甲醇中，加入7%盐酸羟胺甲醇溶液4～5滴，在水浴上加热至沸，冷却后加稀盐酸调至酸性，然后加入1%$FeCl_3$乙醇溶液1～2滴，溶液即显紫色。

② 2，4-二硝基苯肼反应。取本品10 mg，溶于1 mL氯仿中，将氯仿液滴于滤纸片上，以2，4-二硝基苯肼试液喷洒，在80℃烘箱烘10分钟，则斑点呈黄色。

(注：2, 4-二硝基苯肼试液：取3g 2, 4-二硝基苯肼，溶于15 mL浓硫酸中，将此液慢慢滴入70 mL 95%乙醇和20 mL水的混合液中，搅拌即得。)

③ 碱性间二硝基苯反应。取本品10 mg，溶于2 mL乙醇中，加入2%间二硝基苯的乙醇液和饱和的KOH乙醇液各数滴，水浴微热，溶液呈紫红色。

3) 青蒿素的光谱分析

(1) 用溴化钾压片法测定青蒿素的IR谱，分析其特征吸收。

(2) 测定青蒿素的^{1}HNMR(CCl_4 TMS)，指出各吸收峰的归属。

4) 还原青蒿素的制备

取精制青蒿素0.5 g，置于100 mL小烧杯中，加入20 mL甲醇溶解，置冰浴中，在不断搅拌下，将0.5 g四氢硼钠(钾)分多次加入②，反应约1小时，冰浴冷却下加入浓盐酸调pH值至6～7。反应结束后，将溶液倾入2倍量(40 mL)饱和的NaCl溶液中，则慢慢析出结

由于随存放时间的延长青蒿素的含量逐渐下降，因此最好用当年采收的黄花蒿，以花蕾期采收为最佳。

① 提取操作的关键在于回收乙醇的温度，水浴温度不得超过60℃，温度过高，青蒿素在乙醇和水中遭破坏，不易得到结晶。

② 用四氢硼钠(钾)氢化还原时，四氢硼钠(钾)必须少量多次加入，并不断搅拌。

晶，待结晶析出完全后，滤出晶体，用石油醚-乙酸乙酯(8∶2)重结晶，可得无色长针状结晶，m.p.为 152℃～154℃，IR 谱显示羰基峰消失，而出现羟基(3350 cm^{-1})峰。

5) 还原青蒿素的薄层层析鉴定

样品液：还原青蒿素及对照品的氯仿溶液。

吸附剂：同青蒿素。

展开剂：石油醚-乙酸乙酯(7∶3)。

显色剂：同青蒿素。

4. 思考题

试比较萜类内酯和香豆素在基本结构、理化性质以及提取、分离方法等方面有何异同点。

实验十五　齐墩果酸的提取、分离和鉴定

1. 概述

齐墩果酸是中药石见穿的主要有效成分。药理实验已证明，齐墩果酸有防治实验性肝损伤的作用。

石见穿中主要化学成分的理化性质：

(1) 齐墩果酸：白色针状结晶(95%乙醇)；m.p.为 306℃～308℃，$[\alpha]_D^{12}$ +79.5°(氯仿);可溶于甲醇、乙醇、乙醚、丙酮和氯仿。UV λ_{max}^{MeOH} nm(ε)：207(4667)。IR v：(KBr)cm^{-1}：3400，1695，1460，1390，1380。^{1}HMR(DMSO-d_6)δ：5.09(1H，br. 12-H)，2.98(1H，t，3α-H)，1.04(3H，S)，0.89(6H，S)，0.87(6H，S)，0.75(3H，S)，0.67(3H，S)。EI-MS m/z(%)：456(0.11)，392(73.9)，248(100)，207(20.7)，203(62.9)，189(82.0)，133(68.5)。

(2) 乌苏酸：白色细针状结晶(乙醇)；m.p.为 277℃～278℃，$[\alpha]_D^{31}$ +65.3°(甲醇)；易溶于二氧六环、吡啶，可溶于甲醇、乙醇、丁醇、丁酮，微溶于苯、氯仿、乙醚，不溶于水和石油醚。

(3) 石见穿酸：无色针状结晶；m.p.为 255℃～257℃。

石见穿中还含有β-谷甾醇(白色片状结晶，m.p.为 136℃～138℃)、正三十五烷(白色片状结晶，m.p.为 64℃～67℃)及高级脂肪酸酯等。

2. 目的与要求

(1) 要求用溶剂法或柱层析法分离得到齐墩果酸纯品，其熔点和波谱数据应符合文献数据。

(2) 了解本萜类化合物的化学特征和波谱特征在推断结构中的应用。

3. 实验操作

1) 提取

在滤纸筒内放入约 200 g 石见穿药材粉，然后置索氏提取器内，以 150 mL 氯仿连续提取 3～4 小时，提取液浓缩至小体积，有固体析出。

2) 分离

方法Ⅰ：

滤取上述固体析出物，以少量苯洗涤，除去脂溶性较大的成分，抽干，得到淡黄色析

出物(母液含少量三萜化合物等)，用95%乙醇溶解(1∶100)，过滤，滤液浓缩至小体积，放置，有晶体析出，反复重结晶，可得较纯的齐墩果酸。

方法Ⅱ：

(1) 拌样。取上面提取的固体析出物100 mg，溶于热甲醇中，加少量硅胶拌匀，加热除去溶剂备用。

(2) 装柱。取一玻璃层析柱(Φ20 mm× 40 mm)，下端铺一薄层脱脂棉，加几滴环己烷于棉花上(有效地阻止吸附剂漏出)，然后装100～140目层析硅胶至30 cm高左右，将层析柱敲打均匀并使硅胶上端平整。最后将(1)中吸附了样品的硅胶置于柱床顶部。

(3) 洗脱。用环己烷-乙酸乙酯(9∶1)50 mL左右洗脱层析柱，除去脂溶性较大的成分。再改用环己烷-乙酸乙酯(8∶2)洗脱。用TLC检查，收集相应于齐墩果酸的部分，回收溶剂，得析出物，用95%乙醇重结晶，测溶点。

4．鉴定方法

(1) 薄层层析。

样品：齐墩果酸。

吸附剂：硅胶G-GMC-Na。

展开剂：氯仿-丙酮(95∶5)，$R_f = 0.28$；苯-乙醚-甲醇(5∶2∶1)，$R_f = 0.52$；环乙烷-乙酸乙酯(8∶2)，$R_f = 0.20$。

显色剂：10%硫酸乙醇溶液(喷雾后，于105℃显色)。

(2) 乙酰化物的制备。取齐墩果酸30 mg，加5 mL吡啶溶解，再加5 mL乙酸酐摇匀，室温放置24小时后，倾入冰水中，滤取沉淀，水洗至中性，用乙醇重结晶，得白色晶体粉末，测定熔点，和文献报导的熔点相比较。

(3) 甲酰化物的制备。将上述齐墩果酸乙酰化物溶于乙醚中，徐徐加入过量重氮甲烷乙醚溶液至黄色不褪，放置过夜，除去溶剂，在乙醚中重结晶，测定熔点、UV、IR、^{1}HNMR和EI-MS。

5．思考题

通常用什么方法(包括化学的、物理的)鉴定五环三萜类化合物的羟基数目和种类?

实验十六　女贞子中齐墩果酸的提取、鉴定及含量测定

1．概述

女贞子是木犀科植物女贞的干燥果实。女贞子中的主要化学成分为齐墩果酸和熊果酸，对治疗肝炎有较好效果，对金黄色葡萄球菌、结核杆菌等多种微生物有抑制作用，并能升高因化疗或放射疗法减少的白细胞数量。

女贞子中齐墩果酸含量为0.6%～0.7%：果皮含量达14%。

(1) 齐墩果酸：细针状结晶(乙醇)，m.p.为306℃～308℃，$[\alpha]_D^{20}$ +83.3°，分子式为$CHCl_3$，味苦，在酸碱中不稳定，不溶于水，溶于65份乙醚、106份乙醇、35份沸乙醇、118份氯仿、180份丙酮、235份甲醇。齐墩果酸的结构式为

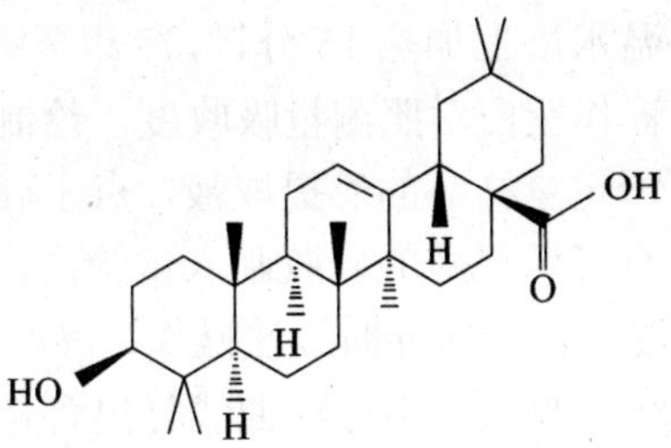

(2) 熊果酸：m.p.为 285℃～291℃，$[\alpha]_D^{20}$ +66°(吡啶)。其结构式为

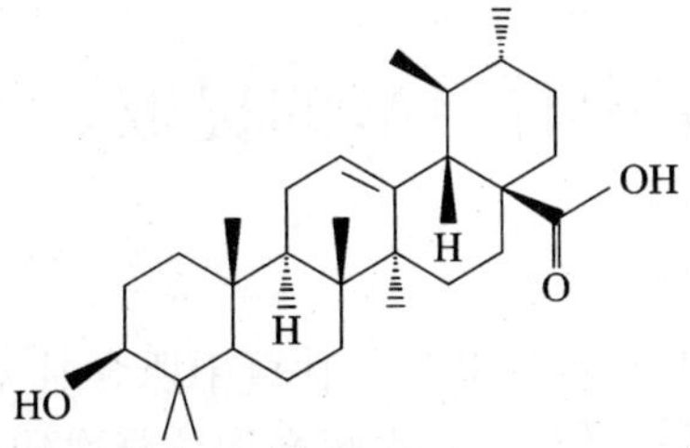

此外，女贞子中还含有乙酰齐墩果酸、甘露醇、葡萄糖、女贞苷、洋橄榄苦苷等。

2．目的与要求

(1) 掌握从女贞子中提取精制齐墩果酸的原理和操作方法。

(2) 熟悉齐墩果酸的主要性质及检识方法，了解齐墩果酸的定量方法。

3．实验方法

取女贞子 100 g 置于 1000 mL 圆底烧瓶中，加 95%乙醇 500 mL，回流提取 1 小时，趁热过滤，药渣加入 300 mL 乙醇回流提取 1 小时，过滤；药渣再加入 200 mL 乙醇回流提取半小时，过滤。合并三次滤液，回收乙醇至无醇味，浸膏加 5 mL 热水溶解 2 次过滤，水不溶物加 150 mL 乙醇、0.5 g 活性炭脱色 20 分钟，加 NaOH 醇溶液调 pH 值至 11，放冷，过滤，滤液加浓 HCl 调 pH 值至 4，放置过滤，母液浓缩，过滤，合并两次析出物，加入 5%NaOH 水液 100 mL 煮沸 1 小时，放冷，过滤沉淀物，水洗后，加乙醇 50 mL、0.5 g 活性炭回流 20 分钟，过滤，滤液用浓 HCl 调 pH 值至 1，结晶用水洗至中性，得齐墩果酸。

4．鉴定方法

(1) TLC。

吸附剂：硅胶 G 板。

展开剂：氯仿-丙酮(10∶1)。

显色剂：5%磷铝酸醇溶液。

(2) 化学检识。

醋酐-浓 H_2SO_4 反应：取少许结晶置比色板上，加醋酐 10 滴，使结晶溶解，再滴加浓硫酸，观察其颜色变化。

5．含量测定(比色法)

(1) 标准曲线的绘制。精确吸取齐墩果酸对照品醇溶液(100 μg/mL)0.0、0.2、0.4、0.6、0.8、1.0 mL 分置于具塞试管中，挥去溶剂，各精密加入 5%香草醛冰醋酸溶液 0.2 mL、高

氯酸 0.8 mL，混匀，置 70℃恒温水浴上加热 15 分钟，冷却至室温，精密加入乙酸乙酯 4 mL，摇匀，在 560 nm 波长以第一管作空白对照测量吸收度，绘制标准曲线。

(2) 样品测定。准确吸取一定量样品的醇提取液，点于硅液 G 薄层上，以石油醚-氯仿-醋酸(10∶10∶2)展开，将含有齐墩果酸的硅胶刮入试管内，精密加入 5%香草醛冰醋酸溶液 0.2 mL 和高氯酸 0.8 mL，混匀，同标准曲线法操作，离心后，吸取上清液，以随行试剂为空白对照，在 560 nm 波长测吸收度，由标准曲线算出含量。

6．思考题

常见三萜类化合物的结构类型有哪些？齐墩果酸属于哪一类？

实验十七　甘草中甘草酸的提取、鉴定及含量测定

1．概述

甘草为豆科植物甘草的干燥根及根茎。甘草中所含甘草皂苷或称甘草酸(glycyrrhizic acid)是有效成分，具抗炎、抗过敏作用；水解产物甘草次酸具抗白血病作用及肾上腺皮质激素样作用；甘草中甘草苷的含量约为 7%～10%。甘草中还含有异甘草苷。甘草中主要成分的结构与性质如下。

(1) 甘草酸：无色柱状结晶；m.p.约为 220℃(冰醋酸)(分解)；$[\alpha]_D^{20}$ +46.2°(C_2H_5OH)；易溶于热水，可溶于热稀乙醇，几乎不溶于无水乙醇或乙醚，其水溶液有微弱的起泡性及溶血作用。甘草酸以盐的形式存在于甘草中，其盐易溶于水。其结构式为

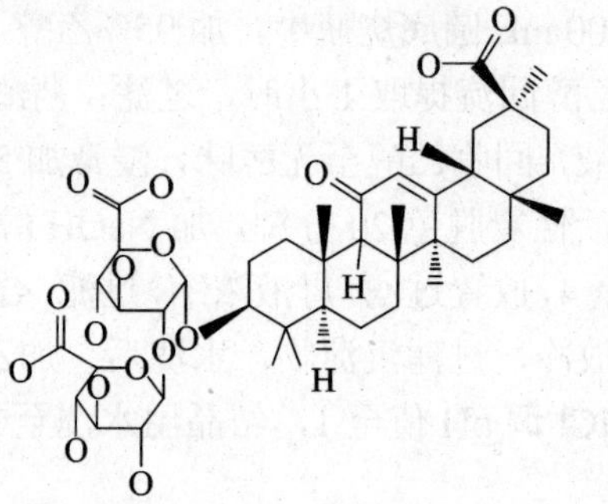

(2) 甘草次酸：由甘草酸经酸水解掉 2 分子葡萄糖醛酸而得。甘草次酸有两种构型：一为 $C_{18}\alpha$-H 型，呈小片状结晶，m.p.为 28℃，$[\alpha]_D^{20}$ +140°(乙醇)；另一种为 $C_{18}\beta$-H 型，针状结晶，m.p.为 296℃，$[\alpha]_D^{20}$ +86°(乙醇)。两种结晶均易溶于乙醇或氯仿。其结构式为

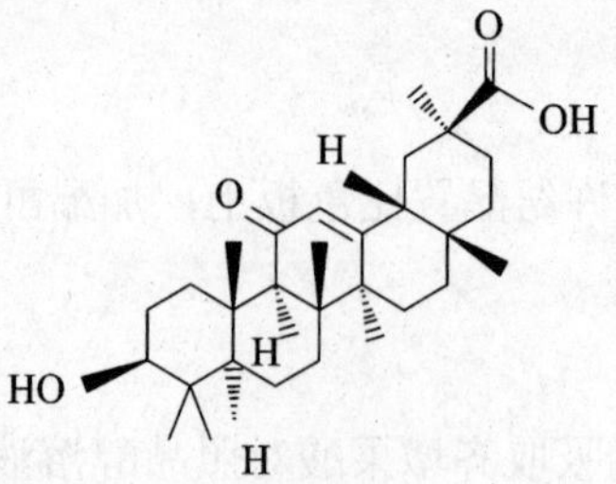

(3) 甘草苷(Liquirtin)：m.p.为 212℃。其结构式为

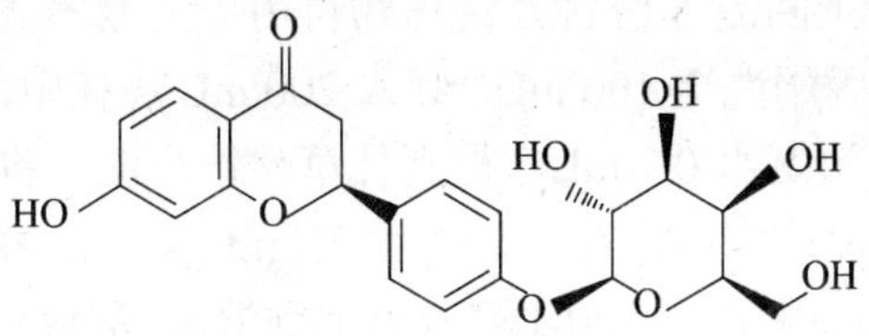

(4) 异甘草苷。其结构式为

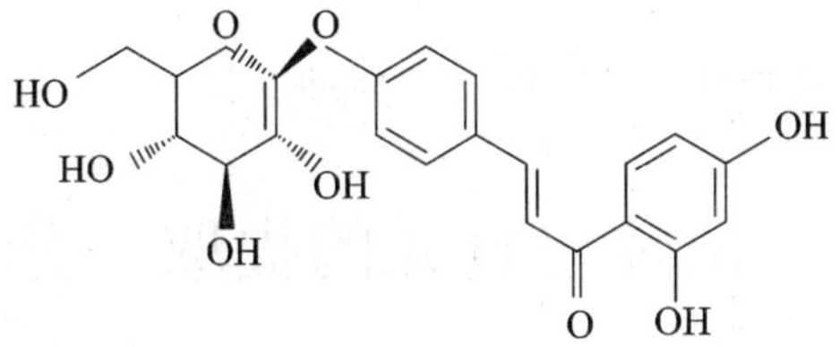

此外甘草中还有新甘草苷、苦味质、树脂等。

2. 目的与要求

(1) 掌握从甘草中提取、精制甘草酸单钾盐的方法及原理。

(2) 了解甘草酸的主要性质及检识方法。

3. 实验方法

1) 甘草酸的提取及单钾盐的制备

取甘草 100 g 置于 1000 mL 烧坏中，分别加 700、600、450 mL 水煎煮三次，每次半小时。合并三次提取液，电炉上直火浓缩至 1/5 体积，浓缩液在搅拌下滴加浓 H_2SO_4 酸化至不产生沉淀，放置，过滤，沉淀水洗后，60℃以下干燥、研碎，分别用 200、150、100 mL 丙酮回流三次，每次半小时。合并三次溶液，放冷，搅拌下加 20%KOH 乙醇溶液至弱碱性(pH 值为 8～9)，放置，析晶，过滤，得甘草酸三钾盐。干燥研碎后加 30 mL 冰醋酸热溶，放置，析出甘草酸单钾盐，过滤，结晶以 75%乙醇重结晶，得甘草酸单钾盐精品。

2) 甘草次酸的制备

甘草酸单钾盐加 10 倍量的 5%H_2SO_4，加热 10 小时，过滤，即得白色甘草次酸。

4. 甘草酸的鉴定

(1) 颜色反应。甘草酸样品 0.5～1 mg，溶于 0.5 mL 乙醇中，加 0.5%香草醛，2 mL 浓硫酸溶液，溶液变黄色，然后加 5 滴水变红色，再加 10 滴水变紫色，即为正反应。

(2) 薄层层析。

样品：甘草酸乙醇液。

吸附剂：硅胶 G 板，用前 100℃活化 30 分钟。

展开剂：正丁醇-醋酸-水(6∶1∶3)，展距 10 cm。

显色剂：板干燥后喷 1%碘的 CCl_4 溶液，显黄色斑点，4 分钟后再喷甲紫乙醇液，变为紫色。

5. 含量测定

取甘草根粉 2 g(精确到 0.01 g)，置 100 mL 烧瓶中用 3%硝酸丙酮溶液 20 mL 浸渍 1 小时，经常振摇，浸出物滤入 100 mL 量筒中，残渣用 10 mL 丙酮洗涤，再用 20 mL 丙酮将

残渣洗入烧瓶中，在水浴上回流 5 分钟，浸出物再用原过滤器滤入原量筒中，残渣再用热丙酮浸出 2 次，并用适量丙酮洗至 100 mL，倾入 200 mL 烧杯中，量筒以 40 mL 乙醇冲洗，并入烧杯中，边摇边滴入浓氨水 0.7 mL，得到甘草酸铵沉淀，将上述溶液减压抽滤并用丙酮 50 mL 洗 2～3 次，沉淀放到原烧杯中，加水 25 mL 溶解，溶液中加入已中和过的甲醇溶液 20 mL，放置 1 分钟后，用 0.1N Na0H 溶液滴定到溶液，溶液由黄色变为红色。1 mL 0.1N NaOH 溶液=0.0273g 甘草酸。

6．思考题

试述从甘草中提取、精制甘草酸单钾盐的原理。

实验十八 甾体皂苷元的提取、分离与检识

1．目的与要求

本实验的目的是学习从药材中提取、精制和检识甾体皂苷元。具体实验要求：

(1) 掌握用酸水解有机溶剂提取和精制皂苷元的方法。

(2) 熟悉皂苷及皂苷元的性质和检识方法。

2．主要化学成分的结构及性质

甾体皂苷主要存在于百合科、薯蓣科、龙舌兰科等植物中。某些甾体皂苷元如薯蓣皂苷元、替告皂苷元及海可皂苷元等是制药工业中合成甾体激素类药物及甾体避孕药的重要原料。穿山龙为薯蓣科植物穿龙薯蓣的干燥根茎，具有舒筋活血、消食利水、祛痰截疟的功效，主治风寒湿痹、慢性气管炎、消化不良、劳损扭伤、疟疾、痈肿，常被作为提取薯蓣皂苷元的原料。穿山龙总皂苷水解可得 1.5%～2.6%薯蓣皂苷元。

(1) 薯蓣皂苷。分子式为 $C_{45}H_{72}O_{16}$，分子量为 869.08；针状结晶；m.p.为 275℃～277℃(分解)；可溶于甲醇、乙醇、醋酸，微溶于丙酮、戊醇，难溶于石油醚、苯，不溶于水。其结构式为

rha 1—4 glc
2
1
rha

(2) 薯蓣皂苷元：又称薯蓣皂素，分子式为 $C_{27}H_{42}O_3$，分子量为 414.61；白色结晶性粉末(乙醇)；m.p.为 206℃～208℃；可溶于常用的有机溶剂及醋酸中，不溶于水。

3．实验原理

本实验的依据是药材中的薯蓣皂苷，经酸加热水解可产生薯蓣皂苷元和糖。因甾体皂苷元不溶于水，可溶于有机溶剂，所以用石油醚连续回流提取总皂苷元，再用活性炭吸附

脱色精制，可得到精制薯蓣皂苷元。

4．实验内容

1) 薯蓣皂苷元的提取、精制

(1) 发酵与水解。将切成碎片(直径约为 5 mm 的饮片)的穿山龙 50 g，置于 500 mL 锥形瓶中，加水约 100 mL(与药材之比为 2∶1 V/W)，浸泡 12 小时后，置于 40℃的恒温水浴中自然发酵 48 小时，然后加入 150 mL 水，再加入 20 mL 浓硫酸摇匀，加热微沸回流水解 6 小时，倾出酸液，加入 10% NaOH 溶液将药渣洗至中性，再用水充分洗涤药渣，抽干，研碎，干燥药渣至含水量小于 10%。

(2) 提取。将干燥后的药渣装在滤纸筒中，置于 500 mL 的索氏提取器内，加石油醚(沸程为 60℃～90℃)300 mL，连续回流提取 6～8 小时。回收石油醚至约 20 mL 时，将浓缩液倾入 50 mL 锥形瓶中，加塞放置。待结晶析出完全后，滤出结晶，用少量新鲜石油醚快速洗涤抽滤两次，干燥，称重，计算得率。

(3) 精制。取上述粗品置于 100 mL 锥形瓶中，加无水乙醇约 20 mL，水浴上加热回流至全溶，取下锥形瓶，稍冷后加入 0.05～0.1 g 活性炭，继续回流 5 分钟后，趁热抽滤，用少量乙醇洗涤滤渣。滤液放冷后即析出白色针状薯蓣皂苷元结晶，滤出结晶，干燥，称重，计算得率。

2) 薯蓣皂苷与皂苷元的检识

(1) 泡沫试验。取穿山龙的水浸液 2 mL，置于小试管中，用力振摇 1 分钟，应产生多量泡沫，放置 10 分钟，泡沫量应无显著变化。

(2) 溶血试验。取清洁试管二支，一支加入穿山龙的水浸液 0.5 mL，另一支加入蒸馏水 0.5 mL 作对照，然后各加入 0.8%氯化钠水溶液 0.5 mL，摇匀，再向每支试管中加入红细胞悬浮液 1 mL，充分摇匀，静置，观察溶血现象。如试管中溶液为透明的鲜红色，管底无红色沉淀物，则为全部溶血；如试管中溶液透明但无色，管底沉着大量红细胞，振摇立即发生混浊，则为不溶血。

(3) 醋酐-浓硫酸反应。取薯蓣皂苷元结晶少许，置白瓷板上，加醋酐数滴溶解后，加浓硫酸 1 滴，观察颜色变化。

(4) 三氯醋酸反应。取薯蓣皂苷元结晶少许，置于干燥试管中，加等量固体三氯醋酸，于 60℃～70℃恒温水浴中加热数分钟后，观察颜色变化。

(5) 磷钼酸试验。取薯蓣皂苷元结晶少许，溶于乙醇中，用毛细管点于滤纸片或硅胶薄层板上，滴加磷钼酸试剂于斑点上，110℃加热，观察颜色变化，并与空白试剂作对照。

(6) 薄层色谱检识。

薄层板：硅胶 G-CMC-Na 板。

试样：薯蓣皂苷元精制品乙醇溶液。

对照品：薯蓣皂苷元对照品乙醇溶液。

展开剂：氯仿-丙酮(93∶7)。

显色：喷 5%磷钼酸乙醇溶液，110℃加热 10 分钟显色。

5．实验说明及注意事项

(1) 没有穿山龙时，可采用黄山药代替。

(2) 穿山龙也可在28℃发酵两天。

(3) 水解时应小火加热，保持微沸，以防局部过热和泡沫溢出。

(4) 本实验采用石油醚、乙醇等易燃有机溶剂，特别是石油醚极易挥发燃烧，闪点仅为-75℃，使用时严禁附近有明火。

(5) 穿山龙经酸水解后应充分洗涤呈中性，以免烘干时被碳化。

(6) 在干燥水解后的原料时，应注意经常翻动，以缩短干燥时间。

(7) 石油醚极易挥发和燃烧，必须用水浴加热且水浴温度不宜过高，使石油醚微沸即可，并应加大冷凝水流速，以便冷凝完全。

(8) 本实验也可用石蒜科龙舌兰属植物剑麻为原料提取甾体皂苷元。此植物南方各省有种植。将剑麻叶片刮去纤维，残渣压榨取汁，将汁液自然发酵2周(酶水解得其次生苷)，布袋滤过收集沉淀，晒干，以干渣为原料，用硫酸水解，再用石油醚提取得甾体皂苷元。

6．思考题

(1) 从植物中提取甾体皂苷元可用什么方法？要注意什么问题？

(2) 请设计从其他含甾体皂苷的药材中提取分离皂苷元的方法，并说明原理。

(3) 本实验应用了哪些主要玻璃仪器？怎样使用这些仪器？

(4) 在发酵、水解、提取、重结晶时各采用什么加热方式?为什么?

(5) 请设计一方法，证明水解液中有葡萄糖和鼠李糖。

(6) 预先发酵能提高薯蓣皂苷元得率，其原因可能是什么?

(7) 大规模生产时，可以用什么溶剂代替石油醚?

实验十九　知母皂苷A_3的提取、分离和鉴定

1．概述

知母是百合科知母属植物的干燥根茎，古代《神农本草经》记载为常用中药之一，有清热泻火、滋肾润燥等功效。现代药理研究认为：知母有解热抑菌作用，对结核杆菌、百日咳杆菌和白色念珠菌的抑制作用较强。其根茎含多种皂苷，曾分离出知母皂苷A_1、A_2、A_3、A_4和B_1、B_2，其中知母皂苷A_3的含量最多。

知母中已知主要成分的理化性质：

(1) 知母皂苷A_3：无色柱状晶体；m.p.为317℃～322℃(分解)；$[\alpha]_D^{27}$ −41.6°；易溶于甲醇、乙醇(80%)、丁醇、含水戊醇，难溶于水，不溶于石油醚、苯等。

(2) 知母皂苷A_1：无色结晶；m.p.为240℃～245℃(分解)；可溶于甲醇、乙醇、含水戊醇等极性溶剂。

(3) 知母皂苷B_1：无定形粉末；m.p.为170℃～180℃；易溶于水、甲醇、丁醇等极性溶剂。

(4) 菝葜皂苷元：大的斜方形针状结晶(丙酮)；m.p.为199℃～200℃，$[\alpha]_D^{25}$ −85°；可溶于苯、氯仿、丙酮、甲醇。

知母中主要成分的结构式为

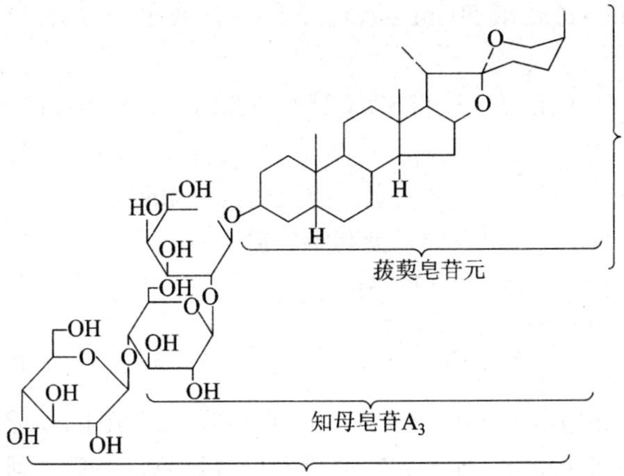

知母皂苷A_1

菝葜皂苷元

知母皂苷A_3

知母皂苷B_1

2．目的与要求

要求提取、分离知母中皂苷 A_3，进一步熟悉常用的溶剂提取方法，掌握柱层析分离单体的方法。

3．实验操作

1) 提取

取知母粉 150 g，加 80%乙醇 600 mL 置于 1000 mL 圆底烧瓶中，冷浸 24 小时后，回流 1 小时，趁热用棉花过滤，残渣再用 80%乙醇 500 mL 加热回流 1 小时，滤出残渣，合并提取液，回收至无醇味，将残留物加水 3～4 倍量(W/W)，搅拌后静置 1 小时，用离心机离心①，即得乳白色沉淀。

将上述沉淀用最少量的 90%乙醇溶解，再加水使其析出，重复数次，即可得知母总皂苷的粗结晶。

2) 柱层析分离

采用硅胶分配层析方法分离知母皂苷 A_3：

流动相：乙酸乙酯-乙醇-水(10∶3∶3，上层)；

固定相：乙酸乙酯-乙醇-水(10∶3∶3，下层)。

取 10 g 柱层析用硅胶，加入 3 mL 固定相，拌匀后装柱(装柱前必须先将层析柱下面的活塞打开)，不断轻敲管壁，使硅胶紧密均匀，并盖上圆形滤纸片，然后取粗皂苷 0.1 g，溶于少量流动相中，加在柱床顶端②，再由分液漏斗加入流动相进行洗脱，并收集各流分(流速为 0.1 mL/min)。第 1～2 流分各收集 1 mL，第 3～4 流分各收集 2 mL，第 5 流分后收集 4 mL。每一流分应以硅胶-G 薄层层析加以鉴定，斑点 R_f 值相同的可以合并。薄层层析所用展开剂、显色剂为：

展开剂：氯仿-甲醇-水(65∶35∶10，下层)。

---

① 因沉淀较黏，不易过滤，必须使用离心机离心。

② 分配柱层析时，样品上柱可采用三种方式：如样品能溶于流动相，可用少量流动相溶解，加于柱床顶端进行展开；如样品难溶于流动相而易溶于固定相，则可用少量固定相溶解，再加硅胶拌匀，装于柱项进行展开；如样品在两相中均难溶解，则可先溶于适当溶剂，再加入硅胶拌匀，挥去溶剂后，加少量固定相拌匀后上柱。

显色剂：茴香醛 0.5 mL+冰乙酸 50 mL+浓硫酸 1 mL，或 1%硫酸铈试剂(现配现用)。

3) 知母皂苷的水解

取皂苷结晶 0.2 g，加 5%硫酸 5 mL 和 50%乙醇 10 mL，加热回流 1 小时，将析出的皂苷元吸滤，滤液保留作糖类鉴定，结晶用丙酮重结晶，可得针状结晶(m.p.为 199℃～200℃)，用薄层层析法加以鉴定，展开剂及显色剂同上。滤液用固体 $BaCO_3$ 中和，滤去沉淀，并浓缩滤液①至原体积 1/3，用纸层析法检查葡萄糖和半乳糖。

展开剂：正丁醇-苯-吡啶-水(5∶1∶3∶3)。

显色剂：苯胺-邻苯二甲酸的正丁醇溶液。

4) 呈色反应②

(1) Liebermann-Burchard 反应。取皂苷元少许于白色反应瓷板上，加入乙酸酐 0.3 mL，沿壁滴入浓硫酸 1 微滴(用毛细管)，如果先在交界面出现红色，然后渐渐变为紫-蓝-绿色者为阳性反应。

(2) Salkowski 反应(氯仿-浓硫酸反应)。取皂苷元少许用氯仿溶解，加入浓硫酸后，如在氯仿层中呈红色或蓝色，硫酸层有绿色荧光出现为阳性反应。

(3) Tschugaeff 反应(冰乙酸-乙酰氯反应)。取皂苷元少许用冰乙酸溶解，加入乙酰氯数滴及氯化锌数粒，稍加热，如呈淡红色或紫红色为阳性反应。

(4) Molisch 反应。取水解浓缩液 1 mL，加入 10%α-萘酚乙醇溶液 1～2 滴，振摇后，倾斜试管，沿管壁加入浓硫酸 1 mL，在两液交界面出现紫色环，再将试管浸入冷水中冷却，振摇后，混合液呈红色-蓝紫色。

4. 思考题

(1) 分配层析与吸附层析的操作方法有何不同?

(2) 如用硫酸为显色剂，铺板时能否加入 CMC-Na 作为黏合剂?为什么?

(3) 还有哪些试剂可作为还原糖的显色剂?

(4) 甾体化合物和三萜类化合物可用哪些呈色反应加以鉴别?

实验二十　夹竹桃苷的提取、分离和鉴定

1. 概述

我国庭园观赏植物红花和白花夹竹桃系夹竹桃科植物夹竹桃，含强心甾内酯型强心苷和孕甾烯酮型苷等十几种化学成分，其中的主要强心成分为夹竹桃苷，是夹竹桃苷元的 L-夹竹桃糖苷。

夹竹桃中已知主要成分的理化性质：

(1) 夹竹桃苷：m.p.为 250℃～251℃；能溶于乙醇、氯仿等，几乎不溶于水。其结构式为

① 浓缩时不可直火加热，应使用水浴，以防止炭化。

② 呈色反应(1)～(3)均为甾体、甾体皂苷、三萜皂苷类和强心类母核呈色反应。反应快慢取决于本身结构中的双键及所在位置，一般甾体反应较快，三萜类较慢，也有无反应的，如母核上无双键，又缺少羟基者可能不反应。

(2) 夹竹桃苷元：m.p.为120/215℃～220℃。

(3) 欧夹竹桃苷B：无色板状结晶；m.p.为234℃～235℃，$[\alpha]_D$+7.5°(吡啶)。

(4) 欧夹竹桃苷元B：无色结晶；m.p.为238℃～242℃，$[\alpha]_D$+18°(甲醇)。

2．目的要求

(1) 掌握强心苷类的一般提取法。

(2) 掌握2，6-二去氧糖苷的缓和酸水解法。

(3) 掌握强心甾内酯和2，6-二去氧糖苷的特殊呈色反应。

(4) 掌握强心苷元的乙酰化衍生物的制备。

3．实验操作

1) 提取

(1) 渗漉法。将夹竹桃鲜叶300 g用绞肉机绞碎，以60%乙醇渗漉，流速约为4～5 mL每分钟。初渗液为深棕色(K.K.氏试验下层为紫红色)；待渗漉液由橙黄色转为淡绿色时，换另一容器收集，直至渗漉转为深绿色(K.K.氏试验下层紫红色很弱时为止)。将渗漉液转入圆底烧瓶中[①]，加入活性炭适量[②]，水浴上回流约20分钟，过滤，滤液(橙黄色)减压回收乙醇[③]，冷却后移入冰箱中静置数天析晶，抽滤，沉淀(或粗晶)以少量水洗涤，干燥，称重，即得混合粗苷。

(2) 冷浸法。取绞碎的夹竹桃鲜叶300 g，以60%乙醇冷浸两次(每次乙醇浸过药面，浸泡至少24小时)，抽滤，滤液与上法渗漉液同样处理即可。

2) 分离

将混合粗苷用少量95%乙醇于水浴上加温溶解，趁热过滤，滤液蒸去部分乙醇，放冷，移入冰箱中静置析晶，滤集针状结晶，反复重结晶至薄层层析出现一个斑点及熔点恒定为止，即得夹竹桃苷，m.p.为250℃～251℃。

4．鉴定方法

1) 夹竹桃苷的水解和苷元的纯化

取夹竹桃苷结晶50 mg，加0.05 N硫酸稀甲醇溶液(甲醇-水(3∶2))10 mL，水浴上加热回流约1小时，减压下浓缩，蒸去甲醇和部分水，有沉淀析出。放冷后过滤，收集沉淀(滤液保存供糖的纸层析用)，沉淀用水洗涤至洗出液对K.K.试剂上层不显蓝色。然后以95%

① 两部分渗漉液可分别处理，也可合并处理。

② 提取液必须加入适量活性炭脱净叶绿素，以免影响析晶。

③ 减压回收乙醇至液面出现大量泡沫，大部分乙醇已蒸即可停止蒸馏。本实验冬季进行较好，烧瓶壁有时会出现结晶。

乙醇重结晶，得夹竹桃苷元，m.p.为120℃/215℃～220℃。进行薄层层析鉴定。

滤去苷元后的母液，加固体$BaCO_3$，除去硫酸，过滤，滤液浓缩至糖浆状，加乙醇溶解，除去不溶的无机盐，乙醇液浓缩后进行糖的纸层析鉴定。

2) 层析鉴定

(1) 夹竹桃糖的纸层析鉴定。

样品：① L-夹竹桃糖；② 夹竹桃苷水解液。

展开剂：乙醇-吡啶-水(3∶1∶3或3∶2∶1.5)。

显色剂：20%三氯乙酸氯仿液①(喷后110℃加热五分钟呈蓝色)。

(2) 夹竹桃苷和苷元的硅胶薄层层析鉴定。

样品：① 混合粗苷；② 夹竹桃苷；③ 夹竹桃苷元。

展开剂：无水乙醚。

显色剂：20%三氯乙酸氯仿液(喷后110℃加热五分钟呈蓝色)。

3) 夹竹桃苷元的乙酰化物制备

取夹竹桃苷元50 mg，加乙酸酐、吡啶(无水)各2 mL，置于沸水浴加热1小时，放冷，倾入30 mL冰水中，滤集析出的白色结晶，以95%乙醇反复重结晶，得乙酰化夹竹桃苷元，m.p.为250℃～253℃。

4) 夹竹桃苷和苷元的性质试验

(1) Liebermann-Burchard试验。取样品0.1～0.2 mg，置于白瓷反应板上，加入乙酸酐0.3 mL，然后在其旁加入浓硫酸1微滴(用毛细管)，先在两交界面出现红色，渐渐变为紫—蓝—绿等色，最后褪色。

(2) Legal试验。取样品1～2 mg，溶于2～3滴吡啶中，加入0.3%亚硝酰铁氰化钠溶液1～2滴，混匀，再滴加1%氢氧化钠溶液，反应液呈深红色，放置后褪色。

(3) Kedde试验。取样品1～2 mg，加乙醇数滴溶解，加入Kedde试剂呈紫色。

(4) Raymond试验。取样品1～2mg溶于甲醇中，加入0.1 mL 1%间二硝基苯的乙醇溶液，再滴加0.2 mL 20%NaOH溶液，呈蓝紫色。

(5) Keller-Killiani试验。取样品结晶数粒，溶于0.5 mL keller-Killiani试剂甲液中，沿管壁加入等量的Keller-Killiani试剂乙液，分层静置，观察交界面上下两层的颜色变化，如有2-去氧糖或其苷存在，则上层渐渐出现天蓝色，下层颜色随苷元的性质而定。

(6) Gregg Gisvold试验。取样品的醇溶液一滴，滴在滤纸上，干燥后，喷Gregg Gisvold试剂，110℃加热5分钟，呈蓝色，则表示有2，6-去氧糖。

5) 紫外及红外吸收光谱

UV：具有$\triangle^{\alpha,\beta}$五元内酯环的强心苷元的紫外吸收光谱于217～220 nm(log ε约为4.34)呈现最大吸收，其它位的非共轭双键在紫外区无吸收。

IR：具有$\triangle^{\alpha,\beta}$五元内酯环的强心苷元，在1800～1700 cm^{-1}处出现两个强峰。

5. 思考题

(1) 本实验提取的强心苷是否为原生苷？为什么？

(2) 性质试验的颜色反应是强心苷分子中哪些活性基团起作用所产生的？此外还有哪

① 此显色剂可使2，6-去氧糖和2，6-去氧糖苷呈蓝色，不含2，6-去氧糖的苷和苷元在紫外光下观察荧光斑点。

些反应可供鉴别用?

(3) 在什么条件下能使夹竹桃苷脱去乙酰基得到去乙酰基夹竹桃苷?

实验二十一 黄夹苷的提取、鉴定及含量测定

1．概述

黄夹苷是从夹竹桃科植物的果仁先经发酵后提取的亲脂性次生苷的混合物，主要成分为黄夹次苷甲、次苷乙和单乙酰黄夹次苷乙，商品为强心灵，结构式为

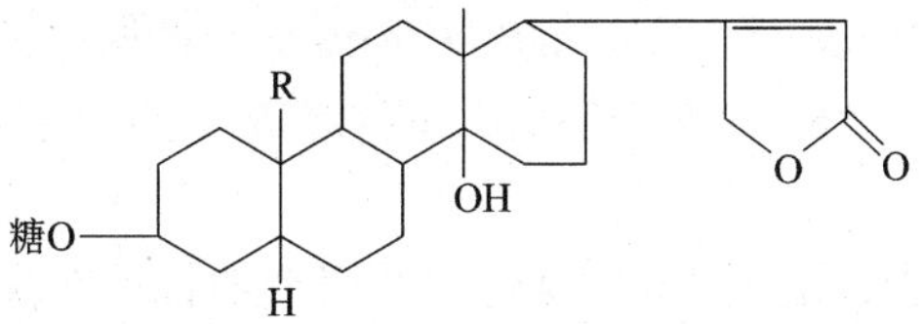

R	糖
黄夹次苷甲 R=—CHO	黄夹糖，m.p.为 145℃～147℃，163℃～167℃
黄夹次苷乙 R=— CH_3	黄夹糖，m.p.为 203℃～207℃
单乙酰黄夹次苷乙 R=— CH_3	乙酰黄夹糖，m.p.为 215℃～218℃

2．目的与要求

(1) 学习黄夹苷的提取方法。

(2) 了解强心苷的性质：PC 和 TLC。通过 TLC 检查酶解前后成分的变化。

3．实验方法

(1) 原料处理：称取黄花夹竹桃坚果 250～300 g，除去硬壳，将所得的果仁称重后置乳钵中[①]，研细称重。

(2) 脱脂：将研细的果仁粉末包在滤纸袋中置于索氏提取器中[②]，用石油醚或苯脱脂(脱脂是否完全，可用滴管吸取索氏提取器中部的石油醚，滴在滤纸上不留油迹[③]来判别)，将脱脂果仁粉末干燥称重。

(3) 酶解：脱脂粉末置于三角烧瓶中，加 40℃的自来水适量至脱脂粉末湿润为止，再加脱脂果仁粉重量的 2.5%的甲苯，盖上塞，并要稍有空隙，在 35℃～40℃的恒温箱中酶解 24 小时，观察发酶物的颜色及发酵液 pH 值的变化，并用 TLC 检查酶解前后的成分情况。方法：取脱脂粉末少许，加适量甲醇，取少量发酵后的样品，加适量 $CHCl_3$ 制成样品液。TLC 条件：中性 Al_2O_3，200～300 目，Ⅲ级，展开剂为 $CHCl_3$-MeOH(97∶3)。

(4) 提取：将发酵后的粉末中加 15 倍量(相当于脱脂粉末重)的 95%EtOH 振摇 10 分钟，用布氏漏斗过滤，残渣再用 5 倍量乙醇振摇提取，用布氏漏斗过滤抽干，残渣于布氏漏斗上用适当乙醇洗涤一次，合并乙醇液，减压回收乙醇至脱脂粉末的 5 倍量体积，加 100 mL 水，放置，析出沉淀，过滤得粗品，干燥称重。

(5) 精制：取上述粗品，加相当粗品 40 倍量的 95%乙醇回流 10 分钟，稍放冷，加粗

① 如果果仁变为灰黑色，不影响成分提取。
② 也可用苯回流或渗滤。
③ 脱脂时间大约需 6～8 小时。

品量15%活性炭脱色回流10分钟，过滤，滤液减压浓缩至粗品等倍量体积再缓缓加入浓缩液体积3倍量的蒸馏水，放置析出结晶，抽滤，结晶以少量乙醚洗涤，70℃干燥，得精品称重。

4．鉴定方法

1) 纸层析鉴定

溶剂：甲酸胺饱和的二甲苯-甲乙酮(1∶1)的上层液为展开剂，滤纸预先以甲醇胺-丙酮(3∶7)处理。

操作：

(1) 滤纸的处理。取28 cm×1.5 cm的层析用滤纸两条均匀通过盛有甲酸胺-丙酮(3∶7)的平皿，在空气中吊置风干15分钟，后待用(可将浸透甲酸胺的滤纸条于干净的普通滤纸中压干)。

(2) 点样。取黄夹苷少许溶于1 mL氯仿中，用毛细管点在预先处理过的滤纸上。

(3) 层析。将点样的滤纸条置于层析筒内，以展开剂饱和半小时，在室温中以上行法展开，至溶剂前沿20 cm左右时取出纸条，在空气中干燥后，置恒温箱120℃烤1小时(一定除尽纸上的甲酸胺)，然后显色。

(4) 显色剂。用Kedde试剂显色，试剂组成为：

① 2% 3，5-二硝基苯甲酸乙醇溶液；

② 5% NaOH乙醇溶液。

显色时分别喷以上两种试剂，强心苷应呈紫红色斑点，立即用铅笔划下色点的位置，计算R_f值。

2) 薄层层析鉴定

取本品及黄夹苷标准品各5 mg，分别溶于1 mL甲醇中，点于已制备好的TLC板上(10%石膏的硅胶板)，以$CHCl_3$-MeOH(10∶1)为展开剂，展开后喷H_2SO_4-H_2O(1∶1)溶液，于105℃干燥10分钟，显色(或于电炉上烘干显色)。样品呈现与标准品R_f值相同的一些斑点，其中主要有三个斑点，R_f值由小到大，顺次为次苷甲、次苷乙和单乙酸次苷乙，在次苷甲和单乙酸次苷乙之间、次苷乙和单乙酸次苷乙之间允许各有一个小而弱的强心苷斑点。靠近原点处，有时可以出现另一颜色极浅的斑点。除此之外，应不出现其它斑点。

3) 颜色反应

(1) Kedde反应。取少许样品，于试管中加1 mL乙醇溶解后，加入4%NaOH乙醇液2滴，继续加2%3，5-二硝基苯甲酸甲醇液，观察颜色。

(2) Baljet反应。取少量样品置于试管中，加入1 mL EtOH溶解，再加入1～2滴碱性苦味酸试剂，放置15分钟左右，观察现象。

(3) Liebernianin-Burahave反应。取少许样品于小蒸发皿中，加1 mL冰醋酸溶解，再加入醋酐-浓H_2SO_4(19∶1)试剂2～3滴，观察现象。

5．含量测定

1) 标准曲线的绘制

精密称取黄夹苷标准品25 mg置100 mL容量瓶中，加乙醇溶解并稀释至刻度，精密吸取此溶液0.0、0.2、0.4、0.6、0.8、1.0 mL分别置于10 mL具塞试管中，各加乙醇使成2

mL，然后各管加新配的1%苦味酸与1N Na0H溶液(95∶1)的混合溶液8 mL，摇匀，以第一管作空白对照，在波长500 nm测吸收度，以吸收度对浓度绘制标准曲线。

2) 样品的测定

精密称取自制黄夹苷25 mg置于100 mL容量瓶中，加乙醇溶解并稀释至刻度，摇匀，精密吸取此溶液0.8 mL于具塞试管中，自“加乙醇使成2 mL起”照标准曲线方法操作，测定吸收度。以准曲线上查得相应黄夹苷量，计算样品中黄夹苷的百分含量。

6．思考题

黄夹次苷甲、次苷乙和单乙酰黄夹次苷乙的极性大小顺序如何？

实验二十二　黄连中盐酸小檗碱的提取、分离与检识

1．概述

黄连为毛茛科植物黄连、三角叶黄连、峨嵋野连或云连的根茎。黄连的根茎含多种生物碱，主要为小檗碱(黄连素)，约占5%～8%，其次为黄连碱、甲基黄连碱、掌叶防己碱、药根碱、木兰碱等。叶含小檗碱1.49%。

小檗碱：分子式为 $C_{20}H_{18}NO_4$，分子量为336.37，系季铵生物碱。游离小檗碱为黄色针状结晶(乙醚)，m.p.为145℃，能缓缓溶于冷水(1∶20)，可溶于冷乙醇(1∶100)，易溶于热水或热乙醇，难溶于丙酮、氯仿、苯，几乎不溶于石油醚。盐酸小檗碱(分子式为 $C_{20}H_{17}NO_4 \cdot HCl \cdot 2H_2O$)，为黄色结晶，微溶于冷水(1∶500)，易溶于沸水，几乎不溶于冷乙醇、氯仿和乙醚。硫酸小檗碱(分子式为 $(C_{20}H_{18}NO_4)_2 \cdot SO_4 \cdot 3H_2O$)，溶于水(1∶30)，溶于乙醇。重硫酸小檗碱(分子式为 $C_{20}H_{18}NO_4 \cdot HSO_4$)为黄色结晶或粉末，溶于水(1∶150)，微溶于乙醚。

小檗碱和木兰碱的结构式分别为

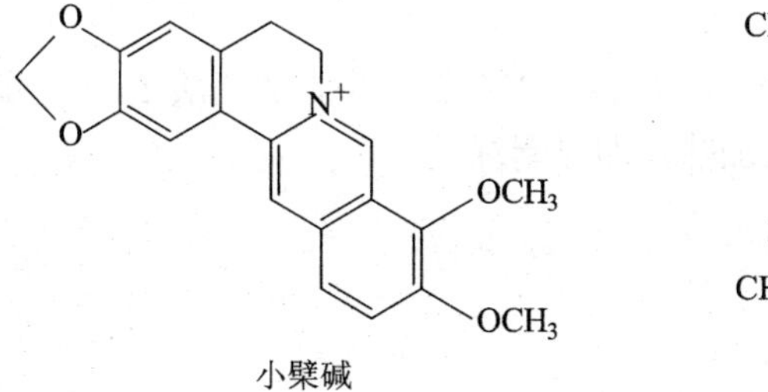

小檗碱

CH3O　HO　N+　CH3　CH3　HO　CH3O

木兰碱

2．目的与要求

本实验的目的是学习提取、精制和检识黄连中的小檗碱。具体实验要求：

(1) 掌握小檗碱的结构特点和理化性质。

(2) 熟悉浸渍法、盐析法、结晶法和薄层色谱法的基本操作过程及注意事项。

(3) 了解盐酸小檗碱的检识方法。

3．实验原理

小檗碱的盐酸盐在水中溶解度小，而小檗碱的硫酸盐水中溶解度较大。因此，从植物原料中提取小檗碱时常用稀硫酸水溶液浸泡或渗漉，然后向提取液中加入10%的食盐，在盐析的同时，也提供了氯离子，使其硫酸盐转变为氯化小檗碱(即盐酸小檗碱)而析出。

4．实验内容

1) 盐酸小檗碱的提取、精制

黄连粗粉(50g)

加入1%(V/V)硫酸600mL冷浸24小时，过滤

药渣(可再提一次)　　滤液

滤液：加$Ca(OH)_2$细粉，调pH值为9，静置30分钟，抽滤

滤液　　残渣

滤液：浓HCl调pH值为2，滤液加NaCl至10%盐析，放置，抽滤

滤液　　沉淀

沉淀：30倍量热蒸馏水溶解，趁热保温过滤

残渣　　滤液

滤液：维持pH值为2，冷却，静置，抽滤

沉淀　　滤液

沉淀：80℃干燥

盐酸小檗碱

2) 盐酸小檗碱的检识

(1) 浓硝酸或漂白粉试验。取盐酸小檗碱少许，加4 mL稀硫酸溶解，分置于两支试管中。一支试管滴加浓硝酸数滴，即显樱红色。另一支试管加少许漂白粉，也立即显樱红色。

(2) 丙酮试验。取盐酸小檗碱约50 mg，加蒸馏水3 mL，缓缓加热溶解后，加氢氧化钠试剂2滴，显橙色。溶液放冷后，加丙酮4滴振摇，即发生混浊。放置后析出黄色丙酮小檗碱沉淀。

(3) 没食子酸试验。取盐酸小檗碱约20 mg，置白瓷皿中，加硫酸1 mL溶解后，加5%没食子酸的乙醇溶液5滴，置水浴上加热，即显翠绿色。

(4) 薄层色谱检识。

薄层板：中性氧化铝(软板)。

试样：自制盐酸小檗碱乙醇溶液。

对照品：盐酸小檗碱对照品乙醇溶液。

展开剂：氯仿-甲醇(9∶1)。

显色：自然光下观察黄色斑点或紫外灯下观察荧光。

(5) 纸色谱检识。

支持剂：新华层析滤纸(中速、20 cm × 7 cm)。

试样：自制盐酸小檗碱乙醇溶液。

对照品：盐酸小檗碱对照品乙醇溶液。

展开剂：正丁醇-醋酸-水(4∶1∶1)。

显色：紫外灯下观察荧光。

5．实验说明及注意事项

(1) 浸出效果与浸渍时间有关。有报道称，浸渍12小时约可浸出小檗碱80%，浸渍24小时，可浸出92%。常规提取应浸渍多次，使小檗碱提取完全，本实验中只收集第一次浸出液。

(2) 进行盐析时，加入氯化钠的量，以提取液量的10%(g/V)计算，即可达到析出盐酸小檗碱的目的。氯化钠的用量不可过多，否则溶液的相对密度增大，造成析出的盐酸小檗碱结晶呈悬浮状态难以下沉。盐析用的氯化钠用市售的精制食盐，因粗制食盐混有较多泥沙等杂质，影响产品质量。

(3) 在精制盐酸小檗碱过程中，因盐酸小檗碱放冷极易析出结晶，所以加热煮沸后，应迅速抽滤或保温滤过，防止溶液在滤过过程中冷却，析出盐酸小檗碱结晶，阻塞滤材，造成滤过困难，减低提取率。

(4) 本实验流程也适用于以三棵针、黄柏为原料提取小檗碱，但因其小檗碱含量较低，应加大药材用量，以150 g以上为宜。

6．思考题

(1) 怎样从黄连中提取、分离盐酸小檗碱？原理是什么？

(2) 试述小檗碱的检识方法。

(3) 用薄层色谱法检识小檗碱时，为什么常选用氧化铝为吸附剂？如果选用硅胶作吸附剂，怎样操作才能达到较准确的结果？

实验二十三 黄藤中掌叶防己碱的提取及延胡索乙素的制备和鉴定

1．概述

中药延胡索(又称玄胡、元胡)是罂粟科紫堇属植物延胡索的块茎，含有多种生物碱。延胡索乙素在延胡索(元胡)中含量较低(万分之几)，故元胡不适于作为提取延胡索乙素的原料，而延胡索乙素的脱氢产物巴马汀(掌叶防己碱)在自然界某些植物中含量较高。防己科黄藤中含巴马汀高达3%左右，经氢化后可制得延胡索乙素。

黄藤中已知成分的物理性质：

黄藤根茎及根中主要含巴马汀，尚含少量药根碱、黄藤素甲、黄藤素乙、内酯及甾醇。在根茎、根及树皮中含有小檗碱。

(1) 巴马汀为季铵生物碱，溶于水、乙醇，几乎不溶于氯仿、乙醚、苯等溶剂。巴马汀盐酸即氯化巴马汀为黄色针状结晶，m.p.为205℃(分解)，其理化性质与盐酸小檗碱类似。其结构式为

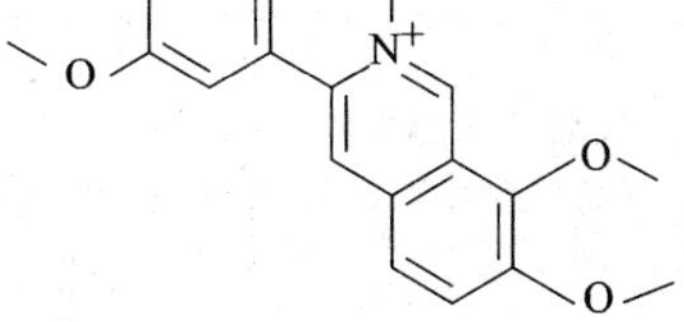

(2) 药根碱(雅托碱)为酸性季铵碱，其理化性质与巴马汀类似，但较容易溶于苛性碱液中，在水中溶解度亦比盐酸巴马汀为大，可借此性质予以分离。其盐酸盐为针状结晶，m.p.为 204℃～206℃。

(3) 小檗碱(黄连碱)为季铵生物碱，游离碱为黄色针状结晶，m.p.为 145℃，在 100℃干燥失去结晶水转为棕黄色。

小檗碱能缓慢溶于水(1∶20)、乙醇(1∶100)，较易溶于热水、热乙醇，微溶于丙酮、氯仿、苯，几乎不溶于石油醚。小檗碱与氯仿、丙酮、苯均能形成加成物。

小檗碱盐酸盐 m.p.为 205℃(分解)，微溶于冷水，易溶于沸水。

(4) 延胡索乙素(dl-四氢巴马汀)为叔胺碱，其游离碱 m.p.为 148℃～149℃，不溶于水，能溶于乙醇(在冷乙醇中溶解度较小)，易溶于氯仿、苯、乙醚。延胡索乙素的酸性硫酸盐为无色针状结晶，m.p.为 245℃～246℃。左旋四氢巴马汀即颅痛定的 m.p.为 141℃～142℃，在华千金藤及圆叶千金藤的块根(山乌龟)中含量较多。

2. 目的与要求

(1) 通过从黄藤中提取巴马汀，学习掌握生物碱的一种提取方法。

(2) 了解生物碱的一般理化性质及其结构与性质的关系。

(3) 通过巴马汀氢化制备延胡索乙素，了解天然药物资源综合利用的一个方向。

3. 实验方法

1) 掌叶防己碱的提取

(1) 浸泡。取黄藤粗粉 100 g[①]，置烧杯中，用 1%醋酸冷浸(以浸没原料为度，约 500 mL)24 小时，留取 10 mL 做生物碱反应，其余按下步进行。

(2) 盐析、中和。向滤液中加入 8%食盐盐析(约 30 g)并用饱和 NaOH 调制，使其 pH 值为 9，搅拌均匀，即有黄色不溶物析出，静置，小心倾去清液，过滤，得巴马汀游离碱粗品。

(3) 精制。将粗巴马汀置 250 mL 烧杯中，加入 40 mL80%的乙醇，加热使溶解，倾出上层红色溶液，过滤，残渣继续用 20 mL 80%乙醇热熔数次，至滤液颜色较淡为止(约 3～4 次)，向橘红色溶液中滴加 6N HCl 至 pH=2，放置，即有金黄色针状晶体析出，抽滤，得氯化巴马汀精制品，干燥，称重，测沸点(滤液适当浓缩，又可析出一部分氯化巴马汀。)

2) 延胡索乙素的制备

(1) 氢化还原。取氯化巴马汀精制品 1 g，置 50 mL 锥形瓶中，加蒸馏水 10 mL、浓硫酸 0.5 mL、锌粉 0.7g(工业生产应分批加入锌粉)，在沸水浴上回流反应 2.5～3 小时，反应过程中溶液颜色逐渐变浅，直至无色，反应完毕后，趁热倾出上层清液，再用蒸馏水少许[②](不超过 2 mL)洗涤反应瓶及锌渣，塞好，放冷，即有延胡索乙素重硫酸盐结晶析出[③]，过滤，将滤出晶体置 25 mL 锥形瓶中，用 10 mL70%乙醇热溶，趁热抽滤，再用乙醇洗涤器皿。向滤液中滴加氨水至 pH=9，立即析出片状晶体，抽滤，得延胡索乙素游离碱。

---

① 药不要粉碎得过细，否则提取杂质也多，影响各步过滤速度、分离精制等，有时反而会使产率降低。

② 四氢巴马汀的重硫酸盐和硫酸盐都是水溶性的，为了减少产品的损失，在还原及成盐两步中使用尽可能少的溶媒，用反应液稍冷，即有晶体析出，所以这两步要尽可能地趁热过滤。

③ 四氢巴马汀较易氧化成巴马汀，尤其在碱性溶液中更易氧化，所以在还原成四氢巴马汀硫酸盐时，应尽快连续操作。

(2) 成盐。将上步所得延胡索乙素置于 25 mL 锥形瓶中，加入 15 mL 蒸馏水[①]，加浓硫酸 3～4 滴(在生产中加计算量的浓硫酸)，加热全溶，并调 pH 值为 4.8～5.6，趁热过滤，静置，析出无色针状结晶，抽滤，于 50℃以下干燥，制得延胡索乙素硫酸盐，称重，测 m.p. 为 245℃～246℃。

4. 鉴定方法

1) TLC

样品：自制延胡索乙素以及标准品。

吸附剂：中性氧化铝，180 目，Ⅳ级。

展开剂：氯仿。

显色：先在紫外下看有无荧光，然后再喷碘化铋钾试剂。

2) 沉淀反应

取黄藤的酸性水浸出液，每份 0.5 mL 于小试管中，依次加入下列沉淀试剂，观察并记录。

(1) 碘化铋钾。

(2) 碘化汞钾。

(3) 硅钨酸。

(4) 碘-碘化钾。

5. 思考题

在成盐操作中为什么不制成重硫酸盐或盐酸盐而制成硫酸盐？

实验二十四　苦参生物碱的提取、分离和鉴定

1. 概述

苦参是豆科植物苦参的根，有清热、祛湿、利尿祛风、杀虫等功效。现代药理研究认为：其对金黄色葡萄球菌、痢疾杆菌有抑制作用，并对艾氏腹水癌及肉瘤-180 也有抑制作用。其根含多种生物碱，总生物碱含量约高达 1%，其中以苦参碱、氧化苦参碱含量最高。

苦参中已知主要成分的理化性质：

(1) 苦参碱：已得到 α-、β-、γ-、δ-四种异构体。常见的为 α-苦参碱，为针状或棱柱状结晶，m.p.为 76℃，$[\alpha]_D^{10}$ −39.11°(乙醇)，易溶于水、甲醇、乙醇、氯仿，可溶于苯，微溶于乙醚；β-苦参碱的 m.p.为 87℃；γ-苦参碱的 b.p.为 223℃/6 mmHg；δ-苦参碱的 m.p. 为 84℃。

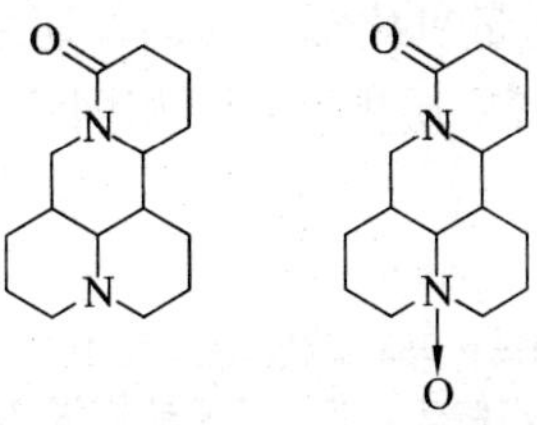

① 巴马汀为黄色结晶，有强烈荧光，四氢巴马汀是无色片晶，无荧光。因此反应液的颜色变化可作为还原终点的判断。反应开始时，反应液为橙黄色，随着还原反应的进行，反应液的颜色逐渐减退至淡米色或无色，即为反应终点。

(2) 氧化苦参碱：无色骰子状结构，m.p.为 208℃，$[\alpha]_D^{18}$ +47.7°(乙醇)，易溶于水、甲醇、乙醇、氯仿，可溶于苯，难溶于乙醚。

此外，苦参中还含有：d-槐醇碱，m.p.为 171℃，$[\alpha]_D^{18}$ +66°(水)，易溶于水、甲醇、乙醇、氯仿，可溶于苯，难溶于乙醚；1-槐卡品碱，m.p.为 80℃～81℃，可溶于苯、乙醚；1-臭豆碱，沸点为 210℃～215℃(4 mmHg)，$[\alpha]_D^{18}$ +168°(乙醇)，易溶于甲醇、乙醇、氯仿，可溶于水，微溶于乙醚、苯；1-野靛叶碱，$[\alpha]_D^{18}$ +147.7°(乙醇)，易溶于甲醇、乙醇、氯仿，可溶于水、乙醚、苯；1-甲基金雀花碱，m.p.为 136℃，$[\alpha]_D^{18}$ +228°(水)，易溶于甲醇、乙醇、氯仿，可溶于水、苯，微溶于乙醚；1-乙基槐明碱及黄酮类化合物(苦参素、去甲苦参素、新苦参素、次苦参醇素、次苦参素、去甲脱水淫羊霍素、异脱水淫霍素)。

2. 目的与要求

通过从苦参中提取苦参生物碱，掌握用渗漉法和离子交换法提取生物碱的方法，并熟悉用层析法分离氧化苦参碱的方法。

3. 实验方法

1) 提取

(1) 渗漉。取苦参粗粉 300 g，加适量 0.5%盐酸液，拌匀，放置 30 分钟使药材膨胀，然后装入渗漉桶中，边加边压，层层压紧，全部装完后，压平药面，盖一层滤纸，滤纸上压一些洗净的玻璃塞，防止在渗漉时药粉上浮。加入 0.5%盐酸液浸过药面，静置过夜，次日以 4～5 mL/min 的速度渗漉，收集渗漉液至无明显生物碱呈色反应为止，共收集渗漉液约 2500 mL。

(2) 交换①：将收集的渗漉液加入阳离子交换树脂柱中进行离子交换，如交换液有未交换的生物碱，仍可继续进行交换，直至流出液无生物碱为止。然后将树脂倾入烧杯中，用蒸馏水洗涤数次，除去杂质，于布氏漏斗中抽干，倒入搪瓷盘中晾干。

(3) 总生物碱的洗脱。将晾干后的树脂加浓氨水 20 mL，搅匀，使湿润度适宜，树脂充分膨胀，但勿使不吸收的水分溢出，盖好放置 20 分钟后，装入索氏提取器中，加氯仿 300 mL，在水浴上回流洗脱，至提尽生物碱为止。回收氯仿至干，除尽所含水分，所得棕色黏稠物加无水丙酮适量，加热溶解，过滤，放置于冰箱使析出结晶，过滤结晶，加氯仿适量，加热溶解，过滤，回收氯仿至干，结晶加适量无水丙酮溶解，放置后析出总碱结晶。必要时可再用无水丙酮重结晶一次，即得精品。

2) 氧化苦参碱的分离

取 100 目层析用氧化铝(中性或酸性)50 g，经漏斗缓慢加入 1 cm × 24 cm 层析柱内(干法装柱)。取苦参总碱 0.2 g 加入适量氧化铝，搅匀，研细，装入层析底端。先用 50 mL 氯仿通过层一份(约收集 15 份)，经薄层层析鉴定，相同流分合并，在水浴上回收溶剂，剩余

---

① 聚苯乙烯磺酸钠型树脂的处理与再生。

a. 树脂的处理。取树脂(交联率为 1%～7%，粒度范围为 16～50 目)100 g，置烧杯中加蒸馏水，于 50℃水浴中使树脂充分膨胀，约 1 小时后将水倾去，加入 2N 盐酸液 300 mL 浸泡过夜，将树脂装入层析柱中，用全部 2N 盐酸通过树脂，以蒸馏水洗至中性，并无氯离子反应，再改用 2 N 盐酸液 300 mL 通过树脂进行转型，以蒸馏水洗至中性，并无氯离子反应，即可进行生物碱的离子交换。

b. 树脂再生。将已洗去苦参碱的树脂层析置柱中，加 2 倍量 2N 盐酸液，浸泡过夜，以蒸馏水洗至中性，然后再用 2N 氢氧化钠浸泡过夜，流尽碱液，以蒸馏水洗至中性，空气中晾干即可。

物加适量无水丙酮溶解，放置，析出的结晶为氧化苦参碱，测定其熔点。

4．鉴定方法

1) 薄层层析鉴定

样品：苦参总碱、氧化苦参碱及它们的对照品。

(1) 吸附剂：硅胶 G。

展开剂：氯仿-甲醇-浓氨水(5∶0.6∶0.2)。

(2) 吸附剂：氧化铝。

展开剂：氯仿-甲醇-乙醚(44∶0.6∶3)。

显色剂：改良碘化铋钾试剂

2) 沉淀试验

取苦参总碱少许溶于稀盐酸溶液中，分置四个小试管中，分别滴加下列试剂 1～2 滴，观察现象。

(1) 碘-碘化钾试剂。

(2) 碘化汞钾试剂。

(3) 改良碘化铋钾试剂。

(4) 硅钨酸试剂。

5．思考题

(1) 写出离子交换法提取生物碱的原理。

(2) 写出索氏提取器的提取原理。

(3) 装柱层析有干法装柱和湿法装柱，它们之间有何区别？各有什么优缺点？

实验二十五　红古豆碱的提取、分离和鉴定及红古豆醇碱的合成

唐古特山莨菪系茄科东莨菪属植物。其根含有多种莨菪烷类生物碱，现已分离出的成分有莨菪碱、东莨菪碱、山莨菪碱、樟柳碱及红古豆碱等。

这些成分属抗胆碱类药物，能使平滑肌松弛，解除血管痉挛，改善毛细血管循环。

红古豆醇酯是以从植物唐古特山莨菪中提取的红古豆碱为原料进行半合成得到的一种有较好的中枢镇静及外周抗胆碱作用，且毒性较小的药物。

1．红古豆碱的提取、分离和鉴定

1) 概述

唐古特山莨菪根中主要成分的结构和性质如下：

(1) 莨菪碱：固体，熔点为 108℃～108.5℃，$[\alpha]_D$−22°，溶于无水乙醇。其结构式为

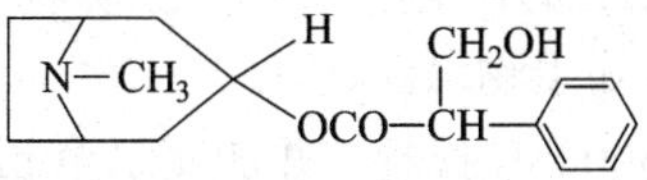

$N-CH_3$　H　CH_2OH　OCO—CH—

(2) 东莨菪碱：黏稠液体，一分子水合物为晶体，熔点为 58℃～59℃，$[\alpha]_D$−18°，可

溶于水，易溶于热水、乙醇、乙醚、氯仿、丙酮，难溶于四氯化碳、苯或石油醚。其结构式为

O　N—CH_3　H　CH_2OH
OCO—CH—

(3) 山莨菪碱：针状结晶，熔点为84.5℃～85.5℃，为左旋体，可溶于水、乙醇，易溶于乙醚、氯仿，难溶于四氯化碳。其结构式为

HO—　N—CH_3　CH_2OH
OCO—CH—

(4) 樟柳碱：为左旋体，可溶于乙醇、水，易溶于乙醚、氯仿，难溶于四氯化碳。其结构式为

O　N—CH_3　CH_2OH
OCO—CH—
OH

(5) 红古豆碱：非莨菪烷类，为液体，沸点为185℃/32 mm·Hg(4.3×10^3 Pa)，n_d^{20} 1.4836，d_D^{20} 0.9724。其结构式为

N　CH_3—C(=O)—CH_2　N
CH_3　CH_3

2) 实验目的

(1) 巩固生物碱类化合物的提取、分离的原理和方法。

(2) 掌握红古豆碱的鉴别方法。

3) 实验方法

(1) 提取、分离。利用莨菪烷类生物碱具有典型的叔胺生物碱结构，易溶于酸水及乙醇的性质，用乙醇从植物中提取总生物碱，再利用各种化合物的结构的不同进行分离。

操作方法：

① 总碱的提取。取唐古特山莨菪粗粉250 g置2000 mL的三角瓶中，加95%乙醇冷浸3～4次，每次乙醇用量以淹没药材1 cm为宜，合并冷浸液，60℃下减压回收乙醇，浓缩液转至蒸发皿中，置水浴上继续蒸发，得糖浆状(应无醇味)浸膏(浸膏量约为生药量的10%～20%)。

② 总碱提取液的薄层鉴定。

吸附剂：中性氧化铝160目～200目，Ⅱ～Ⅲ级，干法铺板。

展开剂：氯仿-无水乙醇(96∶5)。

显色剂：改良的碘化铋试剂。

斑点从上至下依次为：红古豆碱(棕色)、东莨菪碱(棕色)、莨菪碱(紫色)、樟柳碱(703棕色)、山莨菪碱(654青色)、未知生物碱(棕色)。

将浸膏置三角瓶中加氯仿300 mL搅拌，并加氯水至pH = 10以上。置分液漏斗中静置分层，分出氯仿提取液，每次约用150 mL提取，至薄层层析检查无莨菪碱、山莨菪碱、樟柳碱、东莨菪碱、红古豆碱的明显斑点。

氯仿提取液加15%硫酸提取2次(酸的体积约占药量的10%)，pH值为3～5。

③ 生物碱的分离。

a. 莨菪碱的分离。将上述酸提取液置于三角瓶中加四氯化碳约100 mL，搅拌并加入浓氨水至不产生白色浑浊为止，置分液漏斗中静置分层，分出四氯化碳，再用四氯化碳50 mL提取2次，合并四氯化碳提取液，静置冷却过夜，莨菪碱结晶析出，过滤，四氯化碳母液用15%硫酸提取，得到硫酸提取液Ⅱ(含红古豆碱、东莨菪碱、莨菪碱、樟柳碱)。

b. 山莨菪碱的分离。将经四氯化碳提取的碱性水溶性加氯仿提取三次，合并氯仿提取液，加15%硫酸适量萃取，分出水层(pH = 7～7.5，供提取山莨菪碱用)。氯仿层再加15%硫酸提取分出的水层(pH = 3)，得到酸提取液Ⅰ(含樟柳碱及少量其他生物碱)。

c. 红古豆碱的分离。将酸提取液Ⅰ和Ⅱ合并，加氨水调pH值约为6，再加碳酸氢钠粉末搅拌至pH = 8，加氯仿提取，每次约20～30 mL，约4～5次(薄层检查母液中无樟柳碱及东莨菪碱的明显斑点为止)。合并氯仿提取液(供提取樟柳碱及东莨菪碱用)。剩余的碱性水溶液用四氯化碳提取，至母液用薄层分析无明显红古豆碱斑点为止，合并四氯化碳层，加无水硫酸钠脱水，过滤，减压浓缩得糖浆状物的粗红古豆碱。

(2) 红古豆碱的鉴定。

① 定性鉴定。取样品少许溶于2 mL稀盐酸中，将溶液置于试管中，分别加入碘化铋钾、碘化汞钾及硅钨酸试剂，应产生不同颜色的沉淀反应。

② 薄层层析鉴定。

样品：红古豆碱标准品、红古豆碱产品。

吸附剂：中性氧化铝，160～200目，Ⅱ～Ⅲ级，干法铺板。

展开剂：氯仿-无水乙醇(95∶5)。

显色剂：改良的碘化铋钾试剂。

2. 红古豆醇酯的合成

1) 概述

红古豆醇酯二盐酸盐的化学名为α-乙酰氧基苯乙酸-1，3(2,2)-二-N-甲基四氯砒咯异丙酯二盐酸盐。其分子式为$C_{23}H_{34}N_2O_4 \cdot 2HCl$，熔点为206℃～212℃，微黄色结晶性粉末，具有强吸湿性，在水、热乙醇、氯仿中易溶，在丙酮中难溶，在乙醚、苯中不溶。

红古豆醇酯以红古豆碱为原料经还原、酯化制得。

2) 实验目的

掌握合成红古豆醇酯的原理和方法。

安全须知：

(1) 减压蒸馏红古豆碱时，注意安全，外温不能过高。

(2) 本实验中多个步骤中有氯化氢刺激性气体产生，应注意吸收。

3) 实验方法

(1) 红古豆碱的制备。将红古豆碱氢溴酸盐21.2 g及水40 mL置于三颈瓶中，室温搅拌至固体溶解，滴加浓氨水至pH = 10后用氯仿提取，用薄层层析检查提取情况。

吸附剂：硅胶G-CMC；展开剂：95%乙醇-氯仿-三乙胺(9∶0.5∶0.5)；显色剂：改良碘化铋钾。

合并氯仿层，加无水硫酸钠干燥，减压回收氯仿，得略带黏稠的棕色液体，即红古豆碱粗品。将粗品进行减压蒸馏，收集沸点为 178℃～179℃/24 mmHg～25mmHg(3.2×10^3 ～ 3.3×10^3 Pa)的馏分(n_d^{20} 1.4836)。红古豆碱的反应式为

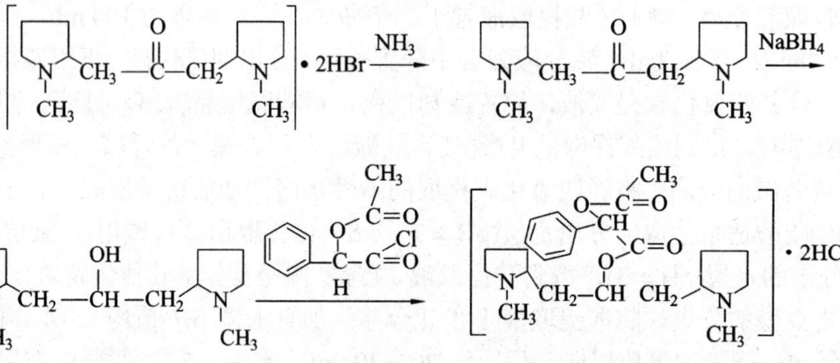

(2) 红古豆醇的制备。三颈瓶中加入 22.4 g 红古豆碱及水 11 mL，室温下搅拌，缓缓加入硼氢化钠，加毕后回流 3 小时，用薄层层析检测反应进程(薄层层析条件同前)。反应完毕将反应混合物冷却至室温，加水搅拌溶解固体，用氯仿萃取，氯仿层合并，加无水硫酸钠干燥，回收氯仿后进行减压蒸馏，收集 134℃～135℃/10 mmHg(1.3×10^3 pa)的淡黄色黏稠溜出液(n_D^{20} 1.4920)。

(3) 乙酰苦杏仁酸的制备。三颈瓶中加苦杏仁酸 3.5 g、乙酰氯 3.5 g，油浴慢慢升温，搅拌，待气泡逐渐消失后，保持 55℃～60℃反应 2 小时，用薄层层析检测反应进程，反应完毕，通过水泵减压抽去过量的乙酰氯，反复抽至恒重，得微黄色透明黏稠液体，即为乙酰苦杏仁酸。其反应式为

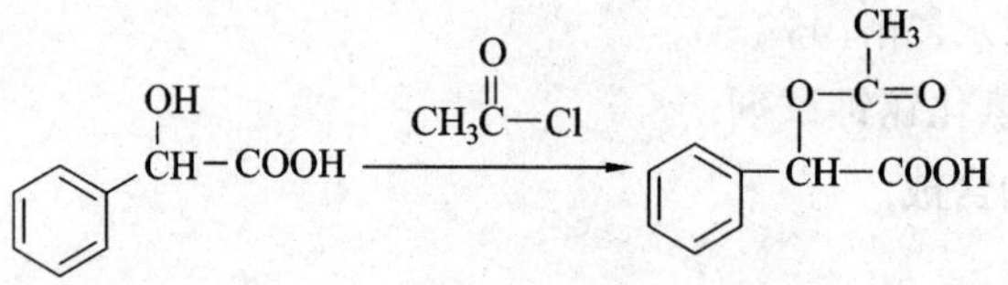

(4) 乙酰苦杏仁酰氯的制备。将乙酰苦杏仁(上步所得)置于三颈瓶中加热搅拌，控制在 50℃左右，滴加氯化亚砜 2.4 g，回流 3 小时。稍冷后减压蒸馏过量的氯化亚砜，加苯 2 mL，再减压抽至恒重，得到近无色的黏稠液体，即为乙酰苦杏仁酰氯。其反应式为

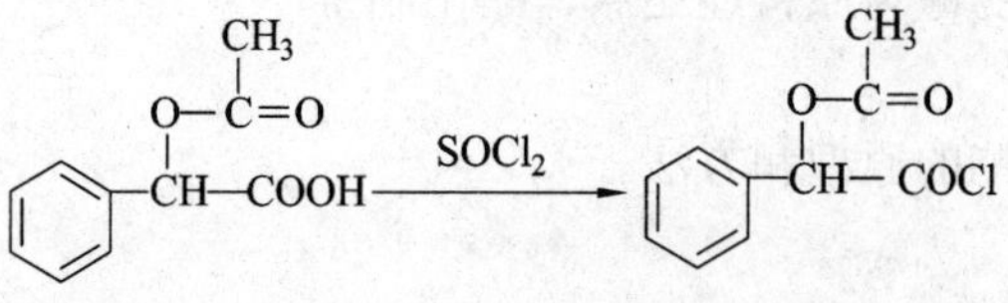

(5) 红古豆醇酯盐酸盐的制备。将 19 mL 苯加入到乙酰苦杏酰氯 6.4 g 中，搅拌至其溶解，置于滴液漏斗中，在三颈瓶中加红古豆醇 5.6 g、苯 28 mL 搅拌溶解，反应液置冰浴上冷却，维持 10℃以下。缓缓滴入乙酰苦杏仁酰氯苯液，酰氯滴入处有黄色蜡状半固体产生并逐渐增多，搅拌逐渐困难，待酰氯滴完，逐渐升温，维持 80℃～90℃回流 1 小时，静置过夜，过滤，固体用苯洗涤，得黄色固体，即为红古豆醇酯盐酸盐粗品。

精制产品：将红古豆醇酯盐酸盐粗品溶解在两倍量的氯仿中，沿瓶壁缓缓加入 8 倍量

含0.4%乙醚的丙酮液，静置一段时间，有少许油状物附着瓶壁，将溶液倾入另一个干燥的三颈瓶中，轻轻搅拌，逐渐有晶体析出，再加少量乙醚(约10滴左右)搅拌后静置过夜，析出较多淡黄色晶体，过滤，晶体用丙酮-乙醚(7∶3)的混合液洗涤，过滤，干燥，得淡黄色或类白色的晶体。

(6) 鉴定。

① 测熔点(文献中值为206℃～212℃)。

② 薄层层析。

样品：红古豆醇酯二盐酸盐标准品、红古豆醇酯二盐酸盐产品。

吸附剂：硅胶G-CMC。

展开剂：95%乙醇-氯仿-三乙胺(9∶0.5∶0.5)。

碘显色。

③ 红外光谱(IR)。

3. 思考题

分离生物碱的常用方法有哪些？分离时应注意哪些方面？

实验二十六 防己中粉防己碱的提取、分离与检识

1. 概述

防己为防己科植物粉防己的干燥根。总生物碱含量约为1.5%～2.3%，主要为粉防己碱和防己诺林碱。

(1) 粉防己碱：又称粉防己甲素，分子式为$C_{38}H_{42}N_2O_6$，在防己中的含量约为1%；为无色针状结晶(乙醚)；m.p.为217℃～218℃；易溶于甲醇、乙醇、丙酮、氯仿，溶于乙醚、苯等有机溶剂，几乎不溶于水和石油醚。其结构式为

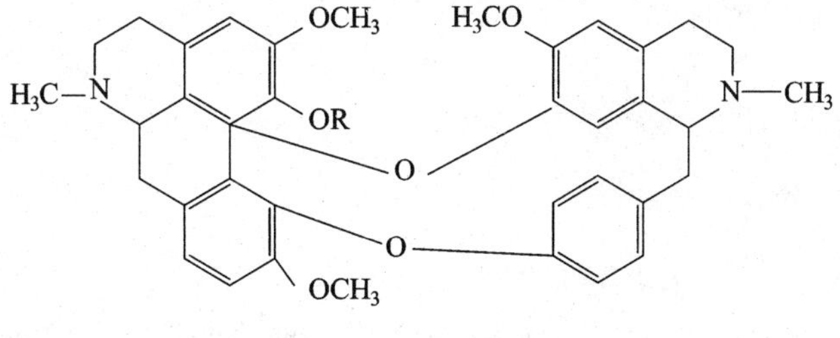

粉防己碱 $R=CH_3$

防己诺林碱 $R=H$

(2) 防己诺林碱：又称粉防己乙素，分子式为$C_{37}H_{40}N_2O_6$，在防己中的含量约为0.5%；六面体粒状结晶(丙酮)；m.p.为 237℃～238℃；溶解度与粉防己碱相似，但因较粉防己碱多一个酚羟基，故极性较粉防己碱稍大，因此在冷苯中的溶解度小于粉防己碱，可利用此性质与粉防己碱相互分离。

2. 目的与要求

本实验的目的是学习生物碱类成分的一般提取、分离法。具体实验要求：

(1) 掌握生物碱的溶剂提取法和粉防己碱与防己诺林碱的分离方法。

(2) 熟悉生物碱的一般理化性质。

(3) 熟悉粉防己碱和防己诺林碱的检识方法。

(4) 掌握连续回流法(索氏提取器)、萃取法、结晶法等的基本操作过程及注意事项。

3. 实验原理

本实验根据粉防己碱和防己诺林碱游离时难溶于水、易溶于氯仿，成盐后易溶于水、难溶于氯仿的性质提取得到总生物碱，再利用两者在冷苯中的溶解度不同，使之相互分离。

4. 实验内容

1) 防己总生物碱的提取

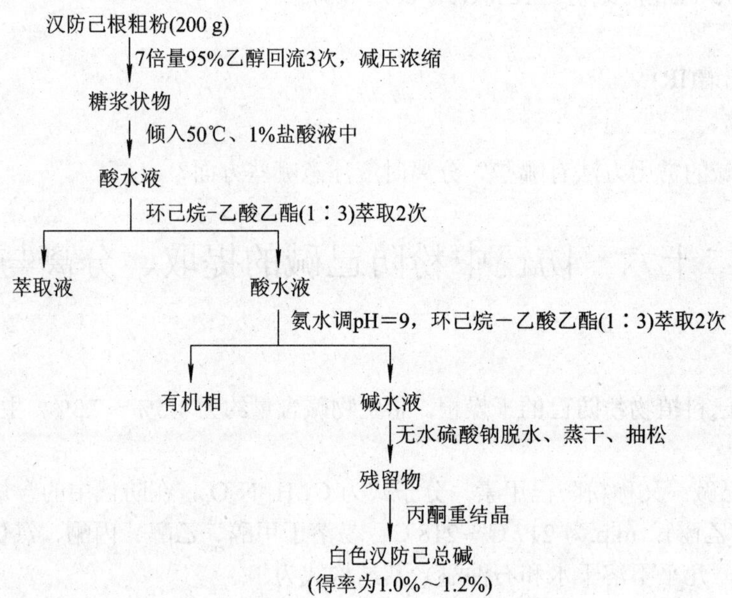

2) 防己总生物碱的精制

见上。

3) 粉防己碱和防己诺林碱的分离

方法Ⅰ：冷苯分离法。

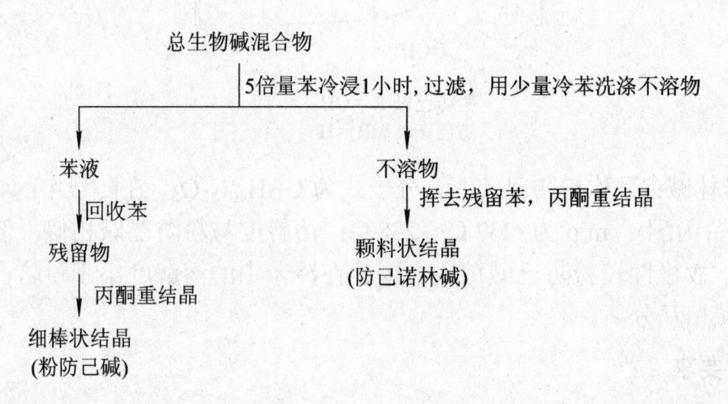

方法Ⅱ：氧化铝柱层析法。

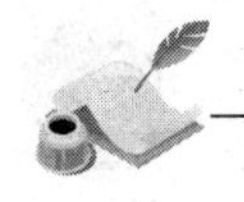

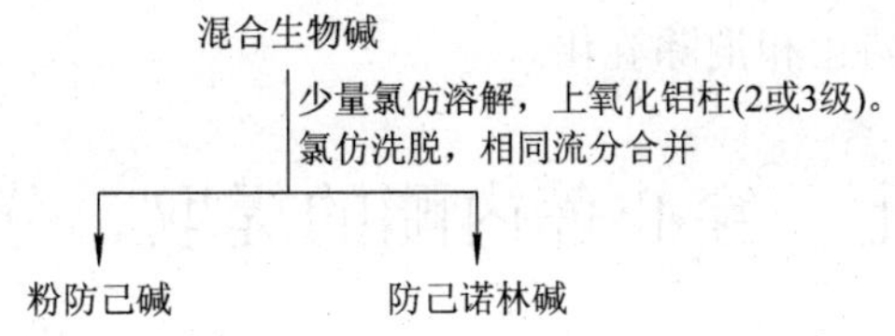

4) 防己生物碱的检识

(1) 生物碱沉淀反应。取粉防己碱的盐酸水溶液 8 mL 分置于 4 支试管中，分别滴加下列试剂 2～3 滴，观察并记录有无沉淀产生及颜色变化。

① 碘化铋钾试剂；

② 碘化汞钾试剂；

③ 碘-碘化钾试剂；

④ 硅钨酸试剂。

(2) 薄层色谱检识。

薄层板：硅胶 G-CMC-Na 板。

试样：自制粉防己碱乙醇溶液，自制防己诺林碱乙醇溶液。

对照品：粉防己碱标准品乙醇溶液，防己诺林碱标准品乙醇溶液。

展开剂：氯仿-丙酮-甲醇(6∶1∶1)氨气饱和。

显色剂：喷雾改良碘化铋钾试剂。

5) 实验说明及注意事项

(1) 提取总生物碱时，回收乙醇至稀浸膏状即可，不宜过干，否则当加入 1%盐酸水溶液后，易结成胶状团块，影响提取效果。

(2) 两相溶剂萃取时，应注意不可用力振摇，应将分液漏斗轻轻旋转摇动，以免产生乳化现象，影响分层，但萃取振摇的时间需适当延长。不可因怕产生乳化现象而不敢振摇或为预防乳化现象产生而减少振摇的程度和时间，从而造成萃取分离不完全。要力求萃取完全，提尽生物碱，防止生物碱丢失过多而影响得率。倘若发生严重乳化现象难以分层，可用以下方法解决：将难以分层的乳化液置于三角烧瓶中，取定性滤纸少许揉成蓬松的团块，放入乳化液中，用玻璃棒搅拌片刻后，乳化液中的黏稠物质被吸附在滤纸团的周围，从而削弱和破坏了乳化液的稳定性，克服了乳化现象，因而得到澄清溶液。然后滤过，必要时可再加入适量溶剂洗涤滤纸团，滤过，合并滤液即可。

(3) 检查生物碱是否萃取完全的方法，通常采用薄层色谱、纸上斑点试验或生物碱沉淀反应。取最后一次氯仿萃取液数滴，水浴上蒸去溶剂，残留物加 5%盐酸溶液 0.5 mL 溶解后，倾入试管中，加碘化铋钾试剂 1～2 滴，如无沉淀或无明显混浊，则表示生物碱已提取完全或基本被提取完全，否则应继续萃取。也可取最后一次氯仿萃取液 1 滴，滴于一薄层板或滤纸片上，干燥后，喷洒改良碘化铋钾试剂，观察有无红棕色斑点出现，若无红棕色斑点，则表示已萃取完全。

5. 思考题

(1) 粉防己碱、防己诺林碱在结构与性质上有何异同点？实验过程中，应怎样利用它们的共性及个性进行提取及分离？请设计方案。

(2) 分离水溶性与脂溶性生物碱的常用方法有哪些？

(3) 萃取过程中怎样防止和消除乳化？

实验二十七　穿心莲内酯的提取、分离与检识

1. 概述

穿心莲为爵床科植物穿心莲的全草。穿心莲中含有多种二萜类化合物，主要为穿心莲内酯、新穿心莲内酯、脱氧穿心莲内酯等。

(1) 穿心莲内酯：又称穿心莲乙素，分子式为 $C_{20}H_{30}O_5$，分子量为 350.44；无色方形或长方形结晶，味极苦；m.p.为 230℃～231℃，易溶于甲醇、乙醇、丙酮、吡啶中，微溶于氯仿、乙醚，难溶于水、石油醚、苯。

(2) 新穿心莲内酯：又称穿心莲丙素、穿心莲新苷；分子式为 $C_{26}H_{40}O_8$，分子量为 480.58；无色柱状结晶，无苦味；m.p.为 167℃～168℃；易溶于甲醇、乙醇、丙酮、吡啶中，微溶于水，较难溶于苯、乙醚、氯仿及石油醚。

(3) 脱氧穿心莲内酯：又称穿心莲甲素，分子式为 $C_{20}H_{30}O_4$，分子量为 334.44；无色片状(丙酮、乙醇或氯仿)或无色针状结晶(醋酸乙酯)，味稍苦；m.p.为 174℃～175℃，$[\alpha]_D^{22.5}$ −40°(C = 1，无水乙醇)；易溶于甲醇、乙醇、丙酮、吡啶、氯仿，可溶于乙醚、苯中，微溶于水。

(4) 脱水穿心莲内酯：分子式为 $C_{20}H_{28}O_4$，分子量为 332.42；无色针状结晶(30%或 50%乙醇)；m.p.为 204℃；易溶于乙醇、丙酮，可溶于氯仿，微溶于苯，几乎不溶于水。

这几种化学成分的结构式分别为

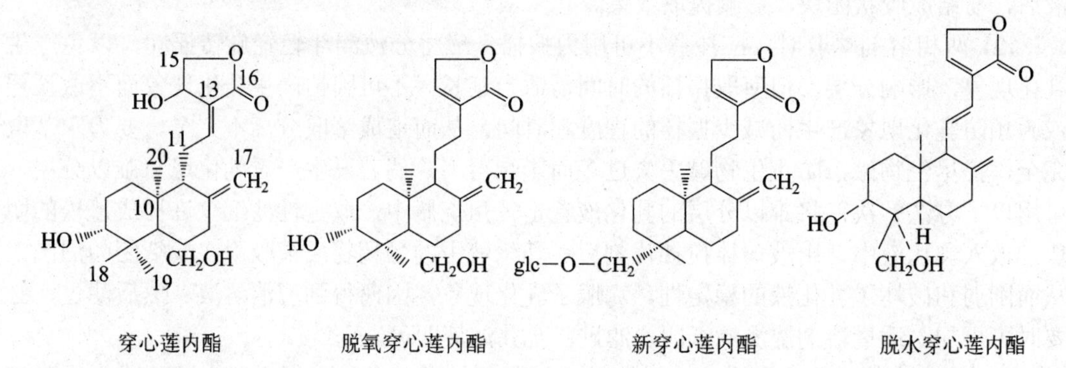

2. 目的与要求

本实验的目的是学习中药中内酯类成分的提取、分离及检识。具体实验要求：

(1) 掌握从穿心莲中提取、分离穿心莲内酯的操作方法。

(2) 学习穿心莲内酯亚硫酸氢钠加成物的制备。

(3) 熟悉穿心莲内酯类成分的性质和检识方法。

(4) 了解去除叶绿素的方法。

3. 实验原理

本实验利用穿心莲内酯类成分易溶于甲醇、乙醇、丙酮等溶剂的性质，选用乙醇为提取溶剂进行提取。穿心莲中含有大量叶绿素，可用活性炭吸附，除去叶绿素等脂溶性杂质。又根据穿心莲内酯与脱氧穿心莲内酯在氯仿中溶解度不同而进行分离。也可利用穿心莲内酯、脱氧穿心莲内酯及新穿心莲内酯结构上的差异所表现的极性不同，用氧化铝柱色谱分离。

4．实验内容

1) 提取

方法Ⅰ：

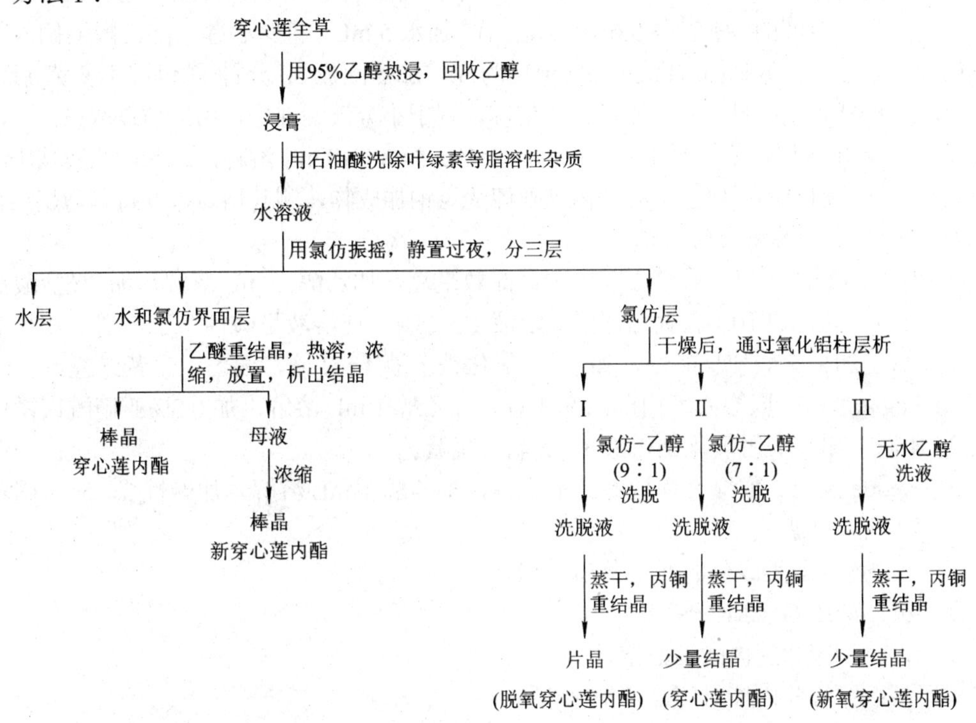

方法Ⅱ：

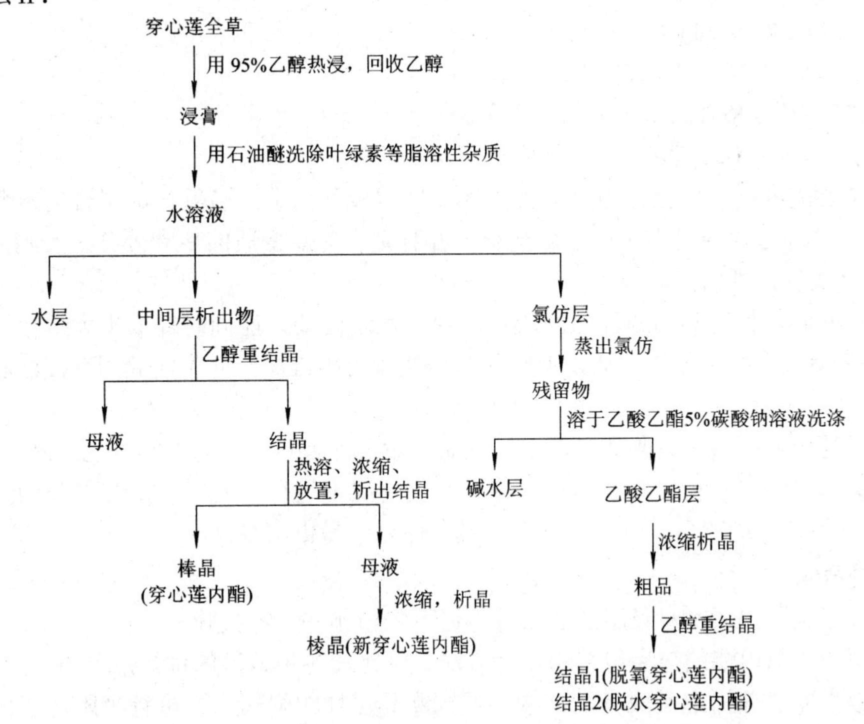

2) 精制

见上。

3) 穿心莲内酯亚硫酸氢钠加成物的制备

取穿心莲内酯 0.5 g，加 95%乙醇 12 mL，加热溶解。取 1M Na_2SO_3 3mL，加入 2% H_2SO_4 约 4 mL 混合(混合液的 pH 值在 5.6～5.9 之间)，加水 5 mL，将穿心莲内酯乙醇液倒入亚硫酸钠的硫酸溶液中，振摇(混合液的 pH 值应为 8)，加热回流 30 分钟(颜色应不变黄)后，加 2% H_2SO_4 调 pH 值至中性，回收乙醇至无醇味，置于小分液漏斗中，用氯仿提取三次，每次 8 mL 左右，分出水层，浓缩至 1～2 mL，加 95%乙醇 8～10 mL 溶解，过滤，滤液减压回收乙醇至干，真空抽松，得白色穿心莲内酯亚硫酸氢钠加成物，测其熔点，并进行薄层层析。

4) 穿心莲内酯类成分的检识

(1) 异羟肟酸铁反应。取穿心莲内酯结晶数毫克，加乙醇 1 mL 溶解，加 7%盐酸羟胺甲醇溶液 2～3 滴，加 10%氢氧化钾甲醇溶液 1～2 滴，使溶液呈碱性，于水浴上加热 2 分钟，放冷后，加稀盐酸使呈酸性，加 1%三氯化铁溶液 1～2 滴，混匀，呈紫红色。

(2) Legal 反应。取穿心莲内酯结晶少许，加乙醇 1 mL 溶解，加 0.3%亚硝酰铁氰化钠溶液 2～4 滴，加 10%氢氧化钠溶液 1～2 滴，呈紫色。

(3) Kedde 反应。取穿心莲内酯结晶少许，加乙醇 1 mL 溶解，加碱性 3，5-二硝基苯甲酸试剂 2 滴，呈紫色。

(4) 穿心莲内酯类成分的薄层色谱检识。

薄层板：硅胶 G-CMC-Na。

试样：自制穿心莲内酯乙醇溶液。

对照品：穿心莲内酯对照品乙醇溶液。

展开剂：

① 氯仿-甲醇(9∶1)；

② 氯仿-正丁醇-甲醇(2∶1∶2)。

显色剂：喷雾 Kedde 试剂，加热显色。

5) 实验说明及注意事项

(1) 穿心莲内酯类化合物为二萜类内酯，性质极不稳定，易氧化、聚合而树脂化。因此提取所用的穿心莲应是当年产的新药材，并且是未受潮变质的茎叶部分，否则内酯含量明显下降至极低，难以提取得到。

(2) 提取时，如用热乙醇加热回流提取穿心莲总内酯，能同时提取出大量穿心莲中的叶绿素、树脂以及无机盐等杂质，使析晶和精制较为困难，因此本实验用冷浸法和超声波振荡法提取。

(3) 以超声波振荡法提取省时，浓缩析晶时脂溶性杂质少，易得到黄色结晶，得率高。

(4) 穿心莲内酯的析晶宜在含乙醇量稍高的情况下进行，此时晶形与结晶的纯度都较好。当溶液的含水量较高，或黏稠度太大时，往往不易析出结晶。

5．思考题

(1) 叶绿素除用活性炭吸附法去除外，还可采用哪些方法去除？

(2) 穿心莲总内酯的分离可采用哪些方法？试比较各种方法的优缺点。

(3) 根据穿心莲内酯类成分的结构，试判断其极性的强弱。在进行吸附薄层色谱时其

R_f值大小如何？

(4) Legal 反应和 Kedde 反应的机理是什么？什么样的结构才有阳性反应？

实验二十八　四季青中原儿茶酸的提取、分离和鉴定

1. 概述

冬青科植物四季青叶民间作为烧伤药用，其中所含的原儿茶酸、原儿茶醛、鞣质等有抑菌作用，对金黄色葡萄球菌、大肠杆菌、绿脓杆菌等的生长有抑制作用。药理和临床验证：原儿茶酸还有降低心肌耗氧量的作用。

四季青中主要成分的理化性质：

(1) 原儿茶酸：无色针状结晶；m.p.为 198℃～200℃；易溶于乙醇、丙酮、乙酸乙酯、乙醚、热水和碳酸氢钠水溶液，可溶于水，不溶于苯、氯仿；在空气中放置容易被氧化；UV λ_{max}^{MeOH} nm(log ε)：257.5(3.92)，293.5(3.64)。IR ν cm^{-1}：3200，3000～2500，1670，1595，1420，1305，920，885，828。El-MS m/z(%)：154(M^+，100)，137(10)，109(20)。

(2) 原儿茶醛：无色或米色结晶；m.p.为 153℃～154℃；易溶于乙醇、丙酮、乙酸乙酯、乙醚、热水，可溶于冷水，不溶于苯、氯仿；在水溶液中很容易被氧化而变色。

原儿茶酸和原儿茶醛的结构式为

R
HO
OH

原儿茶酸：R＝COOH
原儿茶醛：R＝CHO

2. 目的与要求

通过四季青中原儿茶酸的提取、分离和鉴定，了解一般芳香酸的研究方法。

3. 实验操作

1) 原儿茶酸的提取

取 500 g 四季青干叶揉碎，用 75%乙醇 4500 mL 分三次热提(每次 4 小时)，合并乙醇提取液，放置过夜，过滤，滤液减压浓缩成糖浆状，用 60℃～70℃热水处理三次(共 500 mL)，趁热过滤，合并水液，冷后用乙醚 3300 mL 分数次萃取，合并乙醚层，用 5% $NaHCO_3$ 3300 mL 分数次萃取，合并碱水层，用盐酸酸化碱水层至 pH = 2，再用乙醚 1500 mL 分三次萃取，合并乙醚层，回收乙醚，析出棕色粗晶，用水重结晶，活性炭脱色，得无色针状结晶。

2) 原儿茶酸的鉴定

(1) 呈色反应。

① 原儿茶酸与三氯化铁试液反应显墨绿色，在碳酸氢钠溶液中与三氯化铁试剂反应显暗红色。

② 原儿茶酸与氨性硝酸银试液反应显棕褐色。

③ 原儿茶酸可使溴甲酚试液变黄色。

(2) 薄层层析。

吸附剂：硅胶-CMC-Na。

样品：原儿茶酸及其对照品。

展开剂：氯仿-丙酮-甲醇(7∶2∶1)，苯-乙酸乙酯(7∶3)。

显色剂：1%三氯化铁试液。

(3) 测定原儿茶酸的UV、IR、MS，将测得的数据与结构相关联。

4. 思考题

(1) 芳香酸类结构研究的一般程序如何?

(2) 试推测咖啡酸的UV谱是否与原儿茶酸的UV谱相同？为什么?

(3) 试解析原儿茶酸IR谱的特征峰。

实验二十九　植物(中药、天然药物)化学成分预试验

1. 目的与要求

(1) 掌握常见中药(天然药物)化学成分的鉴别原理及实验技术。

(2) 能根据实验结果，判断检品中所含化学成分的类型。

(3) 认真做好预试验记录，正确书写实验报告。

2. 试验材料

本实验中的供试液(品)可根据各类成分鉴别实验的具体需要，选择有代表性的各类成分或含相应成分的药材提取物，根据实验的具体要求进行准备。需要鉴别的主要药物成分的类型有生物碱、糖、苷、氨基酸、蛋白质、鞣质、黄酮、蒽醌、香豆素、强心苷、皂苷、挥发油、油脂、有机酸等。

3. 实验原理

中药中所含的化学成分很多，在提取分离某种有效成分之前，一般可先通过简单的预试验，初步了解药材中可能含有哪些类型的化学成分，以便选用适当的方法对其中有效成分进行提取、分离。

预试验通常分为两类：系统预试验和单项预试验。其基本原理是利用中药中各类化学成分在不同溶剂中的溶解度不同，将其分成数个部分，如水溶性、醇溶性及石油醚溶性等部分，再分别进行各种定性反应。各成分的检识反应可在试管或滤纸片上进行，也可用色谱法，然后根据各化学反应的现象进行分析判断，以了解试样中可能含有哪些类型的化学成分。

4. 实验内容

1) 水溶性成分的检识

取中药粗粉5 g，加50 mL蒸馏水，浸泡过夜，或于50℃～60℃水浴中温浸1小时，滤过，滤液供检识下列各类成分：

(1) 糖、多糖和苷类。

① Molisch 反应。取 1 mL 供试液于试管中，加入 1～2 滴 10%α-萘酚乙醇试剂摇匀，倾斜试管 45°，沿管壁滴加 1 mL 浓硫酸，分成两层。如在两液层交界面出现紫红色环，表明可能含有糖、多糖或苷类。

② 斐林反应。取 1 mL 供试液于试管中，加入新配制的 4～5 滴斐林试剂，在沸水浴中加热数分钟，如产生砖红色氧化亚铜沉淀，则表明可能含有还原糖。

将上述溶液中的沉淀滤过除去，滤液加 1 mL 10%盐酸溶液，置沸水浴中加热水解数分钟，放冷后，滴加 10%氢氧化钠溶液，调 pH 值至中性，重复上述斐林反应，如仍产生砖红色氧化亚铜沉淀，则表明可能含有多糖或苷类。

(2) 氨基酸、多肽和蛋白质类。

① 茚三酮反应。取供试液点于滤纸片上，喷雾茚三酮试剂后，吹热风数分钟，如呈紫红色或蓝色，则表明可能含氨基酸、多肽或蛋白质。

② 双缩脲反应。取 1 mL 供试液于试管中，加 1 滴 10%氢氧化钠试剂，摇匀，再加 0.5%硫酸铜溶液，边加边摇匀，如溶液呈现紫色、红紫色或蓝紫色，则表明可能含有多肽或蛋白质。

③ 酸性蒽醌紫反应。取供试液点于滤纸片上，喷洒酸性蒽醌紫试剂，如呈现紫色，则表明可能含有蛋白质。

(3) 酚类、鞣质类化合物。

① 三氯化铁反应。取 1 mL 供试液于试管中，加醋酸酸化后，加数滴 1%三氯化铁试剂，溶液如呈现绿、蓝绿、蓝黑或紫色，则表明可能含有酚性成分或鞣质。

② 三氯化铁-铁氰化钾反应。取供试液点于滤纸片上，干燥后，喷洒三氯化铁-铁氰化钾试剂，如立即呈现蓝色，则表明可能含有鞣质。喷试剂后应立即观察，若放置一段时间，背景也会逐渐呈蓝色。如欲使纸上的斑点保存下来，应在纸片仍湿润时，用稀盐酸洗涤，再用水洗至中性，置室温干燥即可。

③ 香草醛-盐酸反应。取供试液点于滤纸片上，干燥后，喷洒香草醛-盐酸试剂，如立即呈不同程度的红色，则表明含有间苯二酚和间苯三酚结构的化合物。

④ 明胶-氯化钠反应。取 1 mL 供试液于试管中，加入 1～2 滴明胶-氯化钠试剂，如产生白色混浊或沉淀，则表明可能含有鞣质。

⑤ 咖啡因反应。取 1 mL 供试液于试管中，加入数滴 0.1%咖啡因溶液，如产生棕色沉淀，则表明可能含有鞣质。

(4) 有机酸类。

① pH 试纸反应。取供试液，以广泛 pH 试纸测试，如呈酸性，则表明可能含有有机酸或酚类成分。

② 溴酚蓝反应。取供试液点于滤纸片上，喷洒 0.1%溴酚蓝试剂的 70%乙醇溶液，如在蓝色背景上产生黄色斑点，则表明可能含有有机酸。如显色不明显，可再喷雾氨水，然后暴露于盐酸蒸气中，背景逐渐由蓝色变成黄色，而有机酸的斑点仍为蓝色。

(5) 皂苷类。

① 泡沫反应。取 2 mL 供试液于试管中，剧烈振摇 2 分钟，如产生大量持久性泡沫，就把溶液加热至沸或加入乙醇，再振摇，如仍能产生多量持久性泡沫，则表明可能含有

皂苷。

② 溶血反应。取供试液点于滤纸片上，干燥后，加 1 滴 2%红细胞试液，数分钟后，如在红色背景中出现白色或淡黄色斑点，则表明可能含有皂苷。本实验也可在试管中进行。

2) 醇溶性成分的检识

取 10 g 中药粗粉，加 100 mL 乙醇，沸水浴中回流提取 1 小时，滤过。滤液回收乙醇至无醇味，取 1/2 量浓缩液，加 10 mL 乙醇溶解，供甲项检识。剩余的浓缩液加 10 mL 5%盐酸，充分搅拌，滤过，滤液部分供乙项检识。酸水不溶部分，加 10 mL 醋酸乙酯溶解，醋酸乙酯液用 5%氢氧化钠溶液振摇洗涤 2 次(每次 2～3 mL)，弃去碱水层。醋酸乙酯层再用蒸馏水洗 1～2 次，至水洗液呈中性，弃去水洗液，置于水浴上蒸发除去醋酸乙酯，残留物用 15 mL 乙醇溶解，供丙项检识。

- 甲项检识：

(1) 鞣质类。同水溶性成分检识。

(2) 有机酸类。同水溶性成分检识。

(3) 黄酮类。

① 盐酸-镁粉反应。取 1 mL 供试液于试管中，则加镁粉适量，摇匀，加 2～5 滴浓盐酸，即产生剧烈反应，如溶液呈红色或紫红色，表明可能含有黄酮类。

② 三氯化铝反应。取供试液点于滤纸上，晾干，喷雾三氯化铝试剂，干燥后，斑点呈鲜黄色，如在紫外灯下观察斑点有明显的黄绿色荧光，则表明可能含有黄酮类。

③ 氨熏反应。取供试液滴于滤纸片上或硅胶色谱板上，置氨气中熏片刻，斑点呈亮黄色，在紫外灯下观察，斑点呈黄色荧光，则表明可能含有黄酮类。

(4) 蒽醌类化合物。

① 碱液反应。取 1 mL 供试液于试管中，加 10%苛性碱试剂呈红色，如加酸使成酸性，红色褪去，则表明可能含有蒽醌类。

② 醋酸镁反应。取 1 mL 供试液于试管中，加数滴 1%醋酸镁甲醇溶液，如溶液呈橙红色、紫色等颜色，则表明可能含有蒽醌类。

(5) 甾体和三萜类。

① 醋酐-浓硫酸反应。取 1 mL 供试液，置蒸发皿中水浴蒸干，加 1 mL 冰醋酸使残渣溶解，再加 1 mL 醋酐，最后加 1 滴浓硫酸，如溶液颜色产生黄—红—紫—蓝—墨绿变化，表明可能含有甾体类成分。如溶液最终呈现红或紫色，则表明含有三萜类成分。

② 三氯醋酸反应。取供试液滴于滤纸片上，滴三氯醋酸试剂，加热至 60℃，产生红色，渐变为紫色，表明含甾体类成分；加热至 100℃才显红色、红紫色，表明含有三萜类成分。

③ 氯仿-浓硫酸反应。取 1 mL 供试液，置于蒸发皿中水浴蒸干，加 1 mL 氯仿使残渣溶解，将氯仿液转入试管中，加 1 mL 浓硫酸使其分层，如氯仿层显红色或青色，硫酸层有绿色荧光，则表明可能含有甾体或三萜。

- 乙项检识(主要涉及生物碱类)

① 碘化铋钾反应。取 1 mL 供试液于试管中，加 1～2 滴碘化铋钾试剂，如立即有棕黄色至棕红色沉淀产生，则表明可能含有生物碱。

② 碘化汞钾反应。取 1 mL 供试液于试管中，加 2～3 滴碘化汞钾试剂，如产生白色

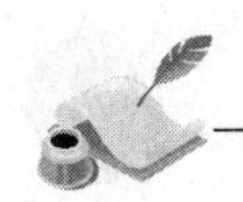

或类白色沉淀，则表明可能含有生物碱。

③ 碘-碘化钾反应。取 1 mL 供试液于试管中，加 2～3 滴碘-碘化钾试剂，如产生褐色或暗褐色沉淀，则表明可能含有生物碱。

④ 硅钨酸反应。取 1 mL 供试液于试管中，加 1～2 滴硅钨酸试剂，如产生黄色沉淀或结晶，则表明可能含有生物碱。

• 丙项检识。

(1) 强心苷类。

① 碱性苦味酸反应。取 1 mL 供试液于试管中，加数滴碱性苦味酸试剂，如溶液即刻或在 15 分钟内显红色或橙红色，表明可能含有强心苷类。

② 间二硝基苯反应。取 1 mL 供试液于试管中，加数滴间二硝基苯试剂，摇匀后再加数滴 20%氢氧化钠，如产生紫红色，则表明可能含有强心苷类。

③ 冰醋酸-三氯化铁反应。取 1 mL 供试液于蒸发皿中，水浴上蒸干，残留物加 0.5 mL 冰醋酸-三氯化铁试剂溶解后，置于试管内，沿管壁加入 1 mL 浓硫酸，使其分成二层，如上层为蓝绿色，界面处为紫色或红色环，则表明可能含有 2，6-二去氧糖的强心苷类。

④ 呫吨氢醇反应。取 1 mL 供试液于蒸发皿中，水浴上蒸干，加呫吨氢醇试剂，置水浴上加热 2 分钟，如溶液显红色，则表明可能含有 2，6-二去氧糖的强心苷类。

本实验也可取强心苷固体试样少许，加入 1 mL 呫吨氢醇试剂振摇，置水浴上加热 3 分钟，如呈现红色，则表明可能含有 2，6-二去氧糖。

(2) 香豆素、内酯类。

① 异羟肟酸铁反应。取 1 mL 供试液于试管中，加 7%盐酸羟胺醇溶液及 10%氢氧化钠溶液各 2～3 滴，置沸水浴上加热数分钟至反应完全，放冷，加 1%盐酸调 pH 值为 3～4，再加 1～2 滴 1%三氯化铁试剂，如溶液为红色或紫色，则表明可能含有香豆素或内酯类。

② 开环-闭环反应。取 1 mL 供试液于试管中，加 2～3 滴 1%氢氧化钠溶液，于沸水浴上加热 3～4 分钟，得澄清溶液，再加 3～5 滴 2%盐酸使溶液酸化，如溶液变混浊，则表明可能含有内酯类化合物。

③ 重氮化耦合反应。取 1 mL 供试液于试管中，加数滴 5%碳酸钠试剂，于沸水浴上加热数分钟，冷后，加数滴新配制的重氮盐试剂，如溶液呈红色或紫色，则表明可能含有香豆素类化合物。

④ 间硝基苯反应。取供试液点于滤纸片上，喷洒 2%间硝基苯试剂，待乙醇挥发后，再喷洒 2.5 mol/L 氢氧化钾溶液，置 70℃～100℃的恒温箱中加热，如溶液呈紫红色，则表明可能含有内酯类化合物。本试验也可在试管中进行。

⑤ 荧光反应。取供试液点于滤纸片上或硅胶色谱板上，干燥后置紫外灯下观察，如呈现蓝绿色荧光，再喷洒 1%氢氧化钾试剂，荧光加强，则表明可能含有香豆素类化合物。

3) 石油醚溶性成分的检识

取 2 g 中药粗粉，加 10 mL 石油醚，室温下浸渍提取 2～3 小时，滤过，滤液作下列成分检识。

(1) 甾体、三萜类：同醇溶性成分甲项检识。

(2) 挥发油、油脂类。

① 油斑试验。取供试液点于滤纸片上，室温下挥去溶剂后，滤纸片上如留有油斑，表

明可能含有油脂或挥发油。若稍经加热，油斑消失或减少，表明可能含有挥发油；如油斑无变化，表明可能含有油脂。

② 香草醛-浓硫酸反应。取供试液点于硅胶色谱板上，挥去石油醚，喷洒香草醛-浓硫酸试剂，如产生红、蓝、紫等颜色，表明可能含有挥发油、萜类和甾醇。

4) 氰苷类成分的检识

(1) 苦味酸钠反应。取 1 g 试样，捣碎，置于试管中，加数滴蒸馏水使之湿润，于试管中悬挂一条苦味酸钠试纸(勿使试纸接触试管下部试样)，用胶塞塞住试管，于 50℃～60℃水浴中加热 15～30 分钟，，如试纸由黄色变为砖红色，表明可能含有氰苷。

(2) 普鲁士蓝反应。取 1 g 试样，捣碎，置于试管中，加蒸馏水使之湿润，立即用滤纸将试管口包紧，并在滤纸上加 1 滴 10%氢氧化钾溶液，于 50℃～60℃水浴中加热 15～30 分钟，再在滤纸上分别滴加 10%硫酸亚铁试剂、10%盐酸、5%三氯化铁试剂各 1 滴，如滤纸显蓝色，表明可能含有氰苷。

5. 实验说明及注意事项

(1) 本实验所用的供试品，可根据具体情况灵活选择，但应包括试验材料项中所列出的成分，提倡尽可能使用有代表性的化学对照品。

(2) 预试验反应完成后，首先对反应结果明显的成分进行分析判断，作出初步结论。对某些反应结果不十分明显的，应进一步浓缩处理供试液，再进行检识或另选一些试剂进行检识，有时可配合色谱法检识。

(3) 判断、分析各反应结果时应综合考虑，例如异羟肟酸铁反应为阳性的有酯、内酯、香豆素类等化合物，要配合香豆素的特有反应，将香豆素与其它酯类化合物进行区别。

(4) 预试验结果一般只能提供试样中可能含有哪些类型的化学成分，然后设计提取分离的工艺方法，通过对提取、分离得到的成分进一步检识，才能确定该药材中含有哪些成分。

6. 思考题

(1) 中药(天然药物)化学成分预试验有何实际意义？在判断预试验结果时应注意哪些问题？

(2) 怎样才能提高预试验的准确性和灵敏度？在具体操作中应注意哪些问题？

附　录

附录1　植物(中药、天然药物)化学成分检出试剂配置法

1. 生物碱沉淀试剂

(1) 碘化铋钾试剂：取次硝酸铋 8 g 溶于 30%硝酸(比重为 1.18)17 mL 中，在搅拌下慢慢加碘化钾浓水溶液(27 克碘化钾溶于 20 mL 水)，静置一夜，取上层清液，加蒸馏水稀释至 100 mL。

改良的碘化铋钾试剂：:

甲液：0.85 g 次硝酸铋溶于 10 mL 冰醋酸，加水 40 mL。

乙液：8 g 碘化钾溶于 20 mL 水中。

甲液和乙液等量混合，于棕色瓶中可以保存较长时间，可作沉淀试剂用，如作层析显色剂用，则取上述混合液 1 mL 与醋酸 2 mL，混合即得。

目前市场上碘化铋钾试剂可直接供配制：7.3 g 碘化铋钾，冰醋酸 10 mL，加蒸馏水 60 mL。

(2) 碘化汞钾(Mayer)试剂：氯化汞 1.36 g 和碘化钾 5 g 各溶于 20 mL 水中，混合后加水稀释至 100 mL。

(3) 碘-碘化钾(Wagner)试剂：1 g 碘和 10 g 碘化钾溶于 50 mL 水中，加热，加 2 mL 醋酸，再用水稀释至 100 mL。

(4) 硅钨酸试剂：5 g 硅钨酸溶于 100 mL 水中，加盐酸少量至 pH 值约为 2。

(5) 苦味酸试剂：1 g 苦味酸溶于 100 mL 水中。

(6) 鞣酸试剂：鞣酸 1 g 加乙醇 1 mL 溶解后再加水至 10 mL。

(7) 硫酸铈-硫酸试剂：0.1 g 硫酸铈混悬于 4 mL 水中，加入 1 g 三氯醋酸，加热至沸，逐滴加入浓硫酸至澄清。

2. 苷类检出试剂

(1) 碱性酒石酸铜(Fehiling)试剂：本试剂分甲液与乙液，应用时取等量混合。

甲液：结晶硫酸酮 6.23 g，加水至 100 mL。

乙液：酒石酸钾钠 34.6 g 及氢氧化钠 10 g，加水至 100 mL。

(2) α-萘酚(Molisch)试剂：

甲液：α-萘酚 1 g，加 75%乙醇至 10 mL。

乙液：浓硫酸。

(3) 氨性硝酸银试剂：硝酸银 1 g，加水 20 mL 溶解，注意滴加适量的氨水，随加随搅拌，至开始产生的沉淀将近全溶为止，过滤。

(4) α-去氧糖显色试剂：

① 三氯化铁冰醋酸(Keller-Kiliani)试剂：

甲液：1%三氯化铁溶液 0.5 mL，加冰醋酸至 100 mL。

乙液：浓硫酸。

② 呫吨氢醇冰醋酸(Xanthydrol)试剂：10 mg 呫吨氢醇溶于 100 mL 冰醋酸(含 1%的盐酸中)。

3．酚类

(1) 三氯化铁试剂：5%三氯化铁的水溶液或醇溶液。

(2) 三氯化铁-铁氰化钾试剂：

甲液：2%三氯化铁水溶液。

乙液：1%铁氰化钾水溶液。

应用时甲液、乙液等体积混合或分别滴加。

(3) 4-氨基安替比林-铁氰化钾试剂：

甲液：2%4-氨基安替比林乙醇液。

乙液：8%铁氰化钾水溶液(或用 0.9%4-氨基安替比林和 5.4%铁氰化钾水溶液)。

(4) 重氮化试剂。本试剂系由对硝基苯胺和亚硝酸钠在强酸下经重氮化作用而成，由于重氮盐不稳定很易分解，所以本试剂应临用时配制。

甲液：对硝基苯胺 0.35 g，溶于 5 mL 浓盐酸中，加水至 50 mL。

乙液：亚硝酸钠 5 g，加水至 50 mL。

应用时取甲液、乙液等量在冰水浴中混合后，方可使用。

(5) Gibbs 试剂：

甲液：0.5%2，6-二氯苯醌-4 氯亚胺的乙醇溶液。

乙液：硼酸-氯化钾-氢氧化钾缓冲液(pH = 9.4)。

试剂配制法中：① 水是指蒸馏水；② 不指出溶剂的即为水溶液；③ 醇指 95%的醇；④ 试剂配制后应澄清，如不澄清可过滤。

4．内酯、香豆素类

(1) 异羟肟酸铁试剂：

甲液：新鲜配制的 1N 羟胺盐酸盐(M = 69.5)的甲醇液。

乙液：1.1N 氢氧化钾(M = 56.1)的甲醇液。

丙液：三氯化铁溶于 1%盐酸中的浓度为 1%的溶液。

应用时甲、乙、丙三液体按次序滴加，或甲、乙两液混合滴加后再加丙液。

(2) 4-氨基安替比林-铁氰化钾试剂(见 3)。

(3) 重氮化试剂。

分段进行(2)、(3)试验时样品应先加3%碳酸钠溶液加热处理，再分别滴加试剂。

(4) 开环-闭环试剂：

甲液：1%氢氧化钠溶液。

乙液：2%盐酸溶液。

5. 黄酮类

(1) 盐酸镁粉试剂：浓盐酸和镁粉。

(2) 三氯化铝试剂：2%三氯化铝甲醇溶液。

(3) 醋酸镁试剂：1%醋酸镁甲醇溶液。

(4) 碱式醋酸铅试剂：饱和碱式醋酸铅(或饱和醋酸铅)水溶液。

(5) 氢氧化钾试剂：10%氢氧化钾水溶液。

(6) 氧氯化锆试剂：2%氧氯化锆甲醇溶液。

(7) 锆-枸橼酸试剂：

甲液：2%氧氯化锆甲醇液。

乙液：2%枸橼酸甲醇液。

6. 蒽醌类

(1) 氢氧化钾试剂：10%氢氧化钾水溶液。

(2) 醋酸镁试剂：10%醋酸镁甲醇溶液。

(3) 1%硼酸试剂：1%硼酸水溶液。

(4) 浓硫酸试剂：浓硫酸。

(5) 碱式醋酸铅试剂(见5)。

7. 强心苷类

(1) 3，5-二硝基苯甲酸(Kedde)试剂：

甲液：2%3，5-二硝基苯甲酸甲醇液。

乙液：1N氢氧化钾甲醇溶液。

应用前甲液、乙液等量混合。

(2) 碱性苦味酸(Baljet)试剂：

甲液：1%苦味酸水溶液。

乙液：10%氢氧化钠溶液。

(3) 亚硝基铁氰化钠-氢氧化钠(Legal)试剂：

甲液：吡啶。

乙液：0.5%亚硝基铁氰化钠溶液。

丙液：10%氢氧化钠溶液。

8. 皂苷类

(1) 溶血试验。取新鲜兔血(由心脏或耳静脉取血)适量，用洁净小毛刷迅速搅拌，除去纤维蛋白并用生理盐水反复离心洗涤至上清液无色后，量取沉降红细胞用生理盐水配成2%混悬液，贮存冰箱内备用(贮存期为2～3天)。

(2) 醋酐-浓碱酸(Liebermann)试剂：

甲液：醋酐。

乙液：硫酸。

(3) 浓硫酸试剂：浓硫酸。

9．含氰苷类

(1) 苦味酸钠试剂：适当大小的滤纸条，浸入苦味酸饱和水溶液；浸透后取出晾干，再浸入10%碳酸钠水溶液内，迅速取出晾干即得。

(2) 亚铁氰化铁(普鲁士蓝)试剂：

甲液：10%氢氧化钠液。

乙液：10%硫酸亚铁水溶液，临用前配制。

丙液：10%盐酸。

丁液：5%三氯化铁液。

10．萜类、甾体类检出试剂

(1) 香草醛-浓硫酸试剂：5%香草醛浓硫酸液(或0.5 g香草醛溶于100 mL硫酸-乙醇(4∶1)中)。

(2) 三氯化锑(Carr-Price)试剂：25 g三氯化锑溶于15 g氯仿中(亦可用氯仿或四氯化碳的饱和溶液)。

(3) 五氯化锑试剂：五氯化锑-氯仿(或四氯化碳)(1∶4)，用前新鲜配制。

(4) 醋酐-浓硫酸试剂(见8)：

(5) 氯仿-浓硫酸试剂：

甲液：氯仿(溶解样品)。

乙液：浓硫酸。

(6) 间二硝基苯试剂：

甲液：2%间二硝基苯乙醇液。

乙液：14%氢氧化钾甲醇液。

用前甲、乙两液等量混合。

(7) 三氯醋酸试剂：3.3 g三氯醋酸溶于10 mL氯仿，加入1～2滴过氧化氢。

11．鞣质类检出试剂

(1) 三氯化铁试剂(见3)。

(2) 三氯化铁-铁氰化钾试剂(见3)。

(3) 4-氨基安替比林-铁氰化钾试剂(见3)。

(4) 明胶试剂：10 g氯化钠，1 g明胶，加水至100 mL。

(5) 醋酸铅试剂：饱和醋酸铅溶液。

(6) 对甲基苯磺酸试剂：20%对甲基苯磺酸氯仿溶液。

(7) 铁铵明矾试剂：硫酸铁铵结晶($FeNH_4(SO_4)_{12}H_2O$)1 g，加水至100 mL。

12. 氨基酸多肽、蛋白质检出试剂

(1) 双缩脲(Biuret)试剂：

甲液：1%硫酸铜溶液。

乙液：40%氢氧化钠液。

应用前甲、乙两液等量混合。

(2) 茚三酮试剂：0.3 g 茚三酮溶于 100 mL 正丁醇中，加醋酸 3 mL(或 0.2 g 茚三酮溶于 100 mL 乙醇或丙酮中)。

(3) 鞣酸试剂(见 1)。

13. 有机酸检出试剂

(1) 溴麝香草酚兰试剂：0.1%溴麝香酚蓝(或溴酚蓝、溴甲酚绿)乙醇液。

(2) 吖啶试剂：0.005%吖啶乙醇液。

(3) 芳香胺-还原糖试剂：苯胺 5 g，木糖 5 g 溶于 50%乙醇溶液中。

14. 其它检出试剂

(1) 重铬酸钾-硫酸：5 g 重铬酸钾溶于 100 mL 40%硫酸。

(2) 荧光素-溴：甲液：0.2 荧光素乙醇液。

乙液：5%溴的四氯化碳溶液。

甲液喷，乙液熏。

(3) 碘蒸气。

(4) 硫酸液：5%硫酸乙醇液，或 15%浓硫酸正丁醇液，或浓硫酸-醋酸(1∶1)。

(5) 磷钼酸、硅钨酸或钨酸试剂：3%～10%磷钼酸或钨酸乙醇液。

(6) 碱性高锰酸钾试剂：

甲液：1%高锰酸钾液。

乙液：5%碳酸钠液。

用时甲、乙两液等体积混合。

(7) 2，4-二硝基苯肼试剂：取 2，4-二硝基苯肼配成 0.2% 2N 盐酸溶液或 0.1 2%盐酸乙醇液。

附录 2　常用层析显色剂的制备及使用

1. 通用显色剂

(1) 碘蒸气(Iodine Vapor)。

将层积板放入底部有少许结晶碘片的密闭容器中，微热此容器(可在广口瓶内于水浴上进行)，则碘迅速升华，碘蒸气充满容器空间，能使许多化合物在淡黄色的背景下产生棕色斑点。

(2) 硫酸(Sulphuric Acid)：

① 50%硫酸的甲醇溶液(将等体积的浓硫酸与甲醇于冷却条件下小心混合)。

② 5%浓硫酸的乙醇溶液。

③ 15%浓硫酸的正丁醇溶液。

④ 5%浓硫酸的醋酐溶液。

⑤ 50%浓硫酸的醋酸溶液。

层析板用上述试剂之一喷雾，在空气中干燥15分钟，然后于110℃加热直到展现的颜色或荧光达到最大强度为止。对于含CMC-Na黏合剂的层析板，不易用此类检定剂，因加热时可使背景发黑而干扰观察。

注：胆甾醇、维生素A及其酯以及许多异戊间二烯类脂化合物，用试剂①喷雾后加热，易出现特殊颜色，胆甾醇和其脂类由红色、红紫色最后转变为棕色，维生素A和其脂类最初呈蓝色，然后因许多化合物接着碳化，产生黑色斑点。

(3) 高锰酸钾-硫酸(Potassium Permanganate—Sulphuric Acid)。0.5 g 高锰酸钾溶于15 mL浓硫酸中，喷雾，在粉红色背景上显示蓝色斑点。

注意：配制时应小心慢慢混合，因为七氧化二锰是爆炸物。

(4) 铬酸-硫酸(Chromic Acid-Sulphuric Acid)。将5 g重铬酸钾溶于100 mL40%硫酸中即得。喷后层析板需加热到150℃。该试剂特别适用于易炭化的有机物，尤其是类脂物。

(5) 碱性高锰酸钾(Alkaline Potassium Permanganate)：1%高锰酸钾溶液与5%碳酸钠溶液等体积混合，喷雾，还原性物质在淡红色背景上显蓝色。

(6) 碘溶液(Iodine)：0.5%碘的氯仿溶液，对许多化合物显黄棕色。

(7) 碱-碘化钾(Iodine-Potassium Iodine)：0.2 g碘、0.4 g碘化钾溶于100 mL水中即成。对许多化合物显黄棕色。

(8) 磷钼酸(Phosphomolybdic Acid)：5%磷钼酸乙醇溶液。喷洒后于120℃烘烤，还原性物质显蓝色，再用氯气熏，则背景变为红色。

(9) 磷钨酸(Phosphtungstic Acid)：20%磷钨酸乙醇溶液。喷洒后，120℃烘烤，还原性物质呈蓝色。

(10) 铁氰化钾-三氯化铁(Potassium Ferricyanide-Ferrichloride)。1%铁氰化钾与三氯化铁等量混合喷雾，还原性物质显蓝色，若再喷2N盐酸溶液，则颜色加深。

(11) 荧光检定剂：

① 0.2%2，7-氯荧光素乙醇溶液。

② 0.01%荧光素乙醇溶液。

③ 0.1%桑色素乙醇溶液。

④ 0.05%罗丹明B乙醇溶液。

喷以上任一溶液，不同的化合物在荧光背景上可显黑色或其它荧光斑点。

⑤ 荧光素(钠)溶液：50 mg荧光素钠(又称荧光黄钠)溶于100 mL 50%甲醇中，喷后于紫外光下观察，为芳香和杂环化合物的通用检定剂。

2．生物碱及含氮化合物

(1) 碘化铋钾(Dragendorffs)。

溶液A：0.85 g次硝酸铋溶于10 mL冰醋酸，加水40 mL。

溶液 B：8 g 碘化钾溶于 20 mL 水中。

贮备液：溶液 A 和溶液 B 等量混合，于棕色瓶中可以保存较长时间。一般贮备液可做沉淀剂用。

喷雾剂：取贮备液 1 mL、醋酸 2 mL、水 10 mL 混合即得。生物碱可与之作用显橙红色斑点。

(2) 改良碘化铋钾-Ⅰ(Bregoff-Delwiche)。

贮备液：将 8 g 碱式硝酸铋溶于 20～23 mL 25%硝酸中，将此液边搅拌边缓慢地加入到由 20 g 碘化钾、1 mL 6N 盐酸和 5 mL 水组成的混悬液中，再加水至深色沉淀中，直到变成橙红色溶液为止。本溶液体积约为 95 mL，滤去不溶性残渣后，加水稀释至 100 mL，贮备于深色容器中，于冰箱中可保存数周。

喷雾剂：20 mL 水、6 mL 6N 盐酸、2 mL 贮备液、6 mL 6N 氢氧化钠液，依次混合即可。若氢氧化铋振摇后不溶解，可加数滴 6N 盐酸。该喷雾剂于冰箱中可保存 10 日左右，用于含季铵氮的化合物的检出。

(3) 改良碘化铋钾-Ⅱ(据 Muiner)。

溶液 A：将 1.7 g 碱式硝酸铋和 20 g 酒石酸溶解于 80 mL 水中。

溶液 B：16 g 碘化钾溶于 40 mL 水中。

贮备液：溶液 A 和溶液 B 等量混和即得，此液在冰箱中可保存数月。贮备液可供检测维生素 B1 用。

喷雾剂：将 5 mL 贮备液加到含有 10 g 酒石酸的 50 mL 水溶液中即得；用于含氮有机化合物的检出。

(4) 改良碘化铋钾-Ⅲ(据 Munier 和 Macheboenf)。

溶液 A：将 0.8 g 碱式硝酸铋溶于 10 mL 醋酸和 40 mL 水中。

溶液 B：8 g 碘化钾溶于 20 mL 水中。

贮备液：溶液 A 和溶液 B 等量混合即得(在深色玻璃容器内可存相当长时间)。

喷雾剂：取贮备液 1 mL、醋酸 2 mL、水 10 mL 混和即得，用于含氮有机化合物的检出。

(5) 改良碘化铋钾-Ⅳ(据 Thies Reuther)。

贮备液：将 25 mL 醋酸、2.6 g 碱式碳酸铋和 7 g 碘化钠的混合液煮沸数分钟，约 12 小时后，将大量沉淀用垂熔玻璃漏斗过漏。取 20 mL 澄清的红棕色滤液同 80 mL 乙酸乙酯混合，再加入 0.5 mL 水即得；贮于棕色玻璃器中。

喷雾剂：由 10 mL 贮备液、100 mL 醋酸和 240 mL 乙酸乙酯配成的混合液。生物碱和其它许多不含氮的化合物，在 5～10 mL 喷雾剂喷后，可出现橙色斑点。若再喷 0.05～0.1N 硫酸，可显著增加检出的灵敏度，在灰色背景上呈现亮红色—橙红色斑点。此喷雾剂可用于确定酸的最佳浓度和喷雾量。

(6) 碘化汞钾(Mayer’s)。

13.55 g 氯化汞和 49.8 g 碘化钾各溶于 20 mL 水中，混合后稀释至 1000 mL，再加入 1/10 体积的 17%盐酸即可用于喷雾。

注：该试剂可用作生物碱沉淀剂。

(7) 碘铂酸钾(Potassium Iodine Platinum Acid)。

① 将 3 mL 10%六氯铂酸溶液和 97 mL 水混合，再加 100 mL 16%碘化钾溶液即成。此试剂应于临用前鲜配。

② 将 5 mL 5%六氯铂酸(H_2PtCl_6)和 45 mL 10%碘化钾水溶液混合之，加水稀释成 100 mL 即可。此试剂应于临用前鲜配。

③ 5%六氯铂酸、10%碘化钾及水以 1∶9∶20 混合(稳定几个月)，再加入 1%体积浓盐酸后喷酸，多数碱性药物开始显蓝紫斑，最后变为棕黄色，仅含伯胺或仲胺官能团的药物显淡蓝白斑。

(8) 酸性碘-碘化钾(Wagner's)。

将 1 g 碘及 10 g 碘化钾于 5 mL 水中加热溶解，再加 2 mL 醋酸，用水稀释至 100 mL 即可。

(9) 铁氰化钾-氯化铁(Kieffes's)。

将 100 mL 0.1%$FeCl_3$溶液与 10 mL 1%铁氰化钾溶液混合即可。喷后水洗 2～3 分钟，在紫外光下，游离生物碱和苯酚显灰—蓝色斑点。

(10) 铁氰化钾-亚铁氰化钾(Ferricyanide-Ferrocyanide)。

将 57 mg 铁氰化钾和 7.8 g 亚铁氰化钾溶于 100 mL 蒸馏水中即可。此试剂用于检定吗啡。

(11) 高氯酸-氯化铁(Perchlorate-Ferricchioride)。

将 100 mL 15%高氯酸水溶液、2 mL 0.05M 氯化铁溶液混合即可用于喷雾。此试剂用于检定吲哚衍生物是否发生反应。

(12) 硅钨酸试剂(Bertrand's)。

将 1 g 硅钨酸溶于 20 mL 水中，加 10%盐酸使之呈酸性即得。此试剂用作生物碱沉淀剂。

(13) 磷钨酸试剂(Scheibler's)。

喷雾剂：为 5%～10%磷钨酸的乙醇溶液，喷后于 120℃加热。

沉淀剂：磷钼酸钠 20 g 溶于硝酸中，加水使之成 10%溶液。

(14) 磷铅酸(Sonnen schein's)。

配制方法同(13)。

(15) 硫酸铁铵(Ferric Ammonium Sulfate)。

将 1 g 硫酸铁铵溶于 100 mL 磷酸(75%或 85%)中，在热(100℃)的层析板上喷以本试剂，用以检定长春碱。

(16) 硫酸高铈-硫酸(Ceric Sulphate-Sulphuric Acid、Sonnen Schein 改良试剂)。

喷雾剂：1 g 高铈悬浮于 4 mL 水中，加 1 g 三氯乙酸煮沸，逐渐滴加浓硫酸直到混浊消失。

喷雾后于 110℃加热几分钟，直到色斑出现。除阿朴吗啡、番木鳖碱、秋水仙碱、罂粟碱和毒扁豆碱均能与本试剂起反应外，也能用来检测有机碘化合物。

(17) 硫酸高铈铵(Ammonium Ceric sulphate)。

本试剂为 1%硫酸高铈铵的浓磷酸(85%)溶液，用于检验长春碱及萝芙木生物碱等。

l-epi-ajmalicine(萝芙碱)呈枯黄色。Tetraph yllicine(四叶萝芙新碱)呈桃红色。Vellosimine(维洛斯明碱)呈蓝紫或绛紫色，有的生物碱呈翠绿色、蓝黑色等。

(18) 硫酸铈-三氯乙酸(Cericsulfate-Trchloroacetic Acid)。

0.1 g硫酸硝溶于4 mL含1 g三氯乙酸的水中煮沸，逐滴加浓硫酸至溶液澄清，喷洒后加热至110℃，可检定吗啡、二甲马钱子碱、秋水仙碱、罂粟碱和毒扁豆碱，也能用来检测有机碘化合物和生育酚。

(19) 硫氰酸钴(Thiocyanate Drill)。

将3 g硫氰酸铵和1 g氯化钴溶于20 mL水中即可。喷后生物碱类在白色到粉红色背景上可出现蓝色斑点，颜色可于2小时后退去，但是若用水喷之或将层析板置于湿气饱和的空气中，则颜色又重现。此试剂用于生物碱及伯、仲叔胺类的检识。

(20) 对-二甲氨基苯甲醛-硫酸(p-Dimethyl Amino Benzene-formaldehyde-Sulphuric Acid)。

① 将125 mL对-二甲氨基苯甲醛溶于65 mL硫酸和35 mL水的混合液中，放冷，加入0.05 mL 5%三氧化铁水溶液。此试剂可保存一周，用于检识麦角生物碱。

② 0.5%对-二甲氨基苯甲醛乙醇溶液与浓硫酸以5∶1混合即可。喷后有时需于60℃加热几秒钟，生物碱显红或橙色斑，麦角生物碱显蓝色斑。

③ 0.5%对-二甲氨基苯甲醛的环己烷溶液，喷后生物碱显红或橙色斑，麦角生物碱显蓝色斑。

(21) 对-二甲氨基苯甲醛-盐酸(P-Dimethyl Amino Benzene formaldehyde-Hydrochloric Acid)。

将1 g对-二甲氨基苯甲醛溶于50 mL 36%盐酸中，再加50 ml乙醇即可。喷雾前层析板必须于50℃左右加热，以除去展开剂中的一些挥发性成分，然后充分喷雾，直至出现透明为止，暴露于王水蒸气中，于日光下观察，可见各种颜色。

(22) 对-二甲基苯甲醛-盐酸(Ehrlich's)。

① 1 g本品溶于25 mL 35%盐酸和75 mL甲醇的混合液中即可，用于胶类的检测。

② 1 g本品溶于100 mL 96%乙醇中即可。喷雾后的层析板置于用氯化氢蒸气饱和的器皿中放3～5分钟，或者用25%盐酸喷雾。有时需加热。

(23) 肉桂醛-盐酸(Cinnamaldehyde-Hydrochloric Acid)。

5 mL肉桂醛用乙醇稀释至100 mL再加5 mL 36%盐酸。用时鲜配。喷后将层析板暴露于氯化氢中，可产生红色斑点。此试剂用于检测吲哚衍生物。

(24) 铬变酸(Chromotropic Acid)。

溶液A：10%的1.8-二烃萘-3.6-二磺酸钠(铬变酸钠)的水溶液。

溶液B：浓硫酸与水(5∶3)的混合液，放冷至室温。

喷雾剂：使用前将溶液A和B以1∶1(V/V)混合，喷后于105℃加热30分钟。

(25) 葡萄糖-磷酸(Glucose-Phosphoric Acid)。

将2 g葡萄糖溶于10 mL浓磷酸(85%)和40 mL水的混合液中，再加入30 mL乙醇和30 mL正丁醇即可。喷后于115℃加热10分钟，用于检测芳胺类。

(26) 溴化氢-对氨基苯甲酸(Konig's)。

取 2 g 对氨基苯甲酸溶于 75 mL 0.75N 盐酸中，用 95%乙醇稀释至 100 mL 即可，将层析板放于密闭容器中用溴化氢溶液熏 1 小时，可检定吡啶环的生物碱、菸酸等。

溴化氢的制备方法：在冰冷却的饱和溴水中，加足够 10%NaCN 溶液至溴的颜色褪去为止。注意溴化氢有毒。

(27) 磺胺酸-α-萘胺(Sulphanilic Acid-α-Naphthylamine)。

溶液 A：10%磺胺醋酸(30%)溶液

溶液 B：0.1%a-萘胺醋酸(30%)溶液。

喷雾剂及使用：使用前将溶液 A 与 B 等体积混合。层析板用短波紫外光照射约 3 分钟后再喷该喷雾剂。脂肪族亚硝胺可产生紫红色斑，芳香族亚硝胺则呈蓝绿色。

(28) 硝酸钙(Calcium nitrate)。

5%硝酸钙[$Ca(NO_3)_2$]的乙酸溶液，喷后于紫外光下照射，二苯胺显绿色斑点。

(29) 四苯硼酸钠(Sodium Tetraphenylborate)。

喷雾剂 A：1%四苯硼酸钠水饱和的丁酮溶液。

喷雾剂 B：0.015%非瑟酮或栎精(槲皮素 quercetin)的甲醇溶液。

方法：以喷雾剂 A 喷后，将层析板于空气中干燥，然后再喷以喷雾剂 B，再于空气中干燥，可得橙红色斑点，在长波紫外光下可发生荧光。

(30) 氯铵 T(Chloramine T)。

喷雾剂 A：10%氯铵 T 水溶液。

喷雾剂 B：1N 盐酸。

方法：层析板先用喷雾剂 A 喷，略干燥后，再以喷雾剂 B 喷之，加热到 96℃～98℃直到氯的气味消失，再将此层析板暴露于含有 25%氢氧化铵的容器中(大约 5 分钟)，最后再加热至粉红色达最大强度。此试剂用于检测咖啡因。

(31) 二苯胺-氯化钯(Diphenylamine-Palladium Chloride)。

1.5%二苯胺醇溶液同 0.1%氯化钯的 0.2%氯化钠溶液相混合(5∶1，V/V)后喷雾，经短波紫外光照射后，亚硝胺类可呈现紫色斑点。

(32) 茜素(Alizarin)。

以 0.1%茜素的乙醇溶液喷后，在淡黄色背景上脂肪胺和氨基醇显紫色。

(33) 溴甲酚绿(蓝)(Bromocresol Green(Blue))。

以 0.05%溴甲酚绿的乙醇溶液喷雾后，许多生物碱立刻或在 30 分钟内显出不同的暗淡绿色或蓝色斑点。若无反应可用氨气熏，除氨后，蓝色背景褪去，某些化合物显蓝色斑点；碱性溶剂喷后，背景可能变黑。

(34) 碘化钾镉(Marme's)。

先将 4 g 碘化钾溶于 12 mL 水中，煮沸后加入 2 g CdI_2，然后再与 12 mL 饱和的碘化钾溶液混合，用于检测生物碱。

(35) 奥伯迈尔(Oberemayer's)。

将 4 g 三氯化铁溶于 1 L 盐酸(比重 1∶19)中即可，用于检测生物碱。

(36) 硫代钼酸(Froehde's)。

此试剂为 10%钼酸或钼酸钠的浓硫酸溶液，用于检测生物碱和葡萄糖苷。

3. 糖类

(1) 苯胺-邻苯二甲酸(Aniline-Phthalate)。

将 0.93 g 苯胺和 1.66 g 邻苯二甲酸溶解在 100 mL 水饱和的正丁醇中即得。喷雾后于 105℃加热 10 分钟，不同种类的糖会出现不同颜色的斑点，戊醛糖显红色，己醛、甲基戊糖醛、糖醛酸显褐色，己酮糖显淡褐色，在紫外灯光下观察荧光更清楚。该试剂受杂质干扰影响较少，对还原糖的检出灵敏度高。

(2) 对茴香胺-邻苯二甲酸(p-Anisidine Phthalate)。

此试剂为 0.1M 对茴香胺和邻苯二甲酸的 96%乙醇溶液。喷雾后于 100℃加热 10 分钟，己糖显绿色，6-去氧己糖显黄绿色，戊糖显红紫色，糖醛酸显棕色。

(3) 苯胺-磷酸(Aniline-PhospHoric Acid)。

将 2N 以水饱和的苯胺正丁醇溶液，加 2N 磷酸正丁醇溶液(1∶2，V/V)即得。喷后于 105℃加热 10 分钟。

(4) 苯胺-二苯胺-磷酸(Aniline-DipHenylamine-Phosphoric Acid)。

将 4 g 二苯胺、4 mL 苯胺和 20 mL 85%磷酸溶解于 200 mL 丙酮中即可。喷后 85℃加热 10 分钟。此试剂对还原糖可产生各种颜色，如遇 1，4-己醛糖、低聚糖变成蓝色。

(5) 联苯胺(Benzidine)。

把 0.5 联苯胺溶于 20 mL 冰醋酸和 80 mL 无水醇中，喷到纸上于 110℃左右加热，糖出现褐色斑点。

(6) 联苯胺-三氯醋酸(Benzidine-Trichloroacetic Acid)。

将 0.5 g 联苯胺溶解在 10 mL 醋酸中，再加 10 mL 40%三氯醋酸水溶液，然后以乙醇稀释至 100 mL。喷后暴露于日光中 15 分钟，糖类可呈现灰棕—深红棕色斑点，加热至 110℃则变成暗黑色斑点。

(7) 对硝基苯胺-过碘酸(Paranitroaniline-Periodic Acid)。

溶液 A：饱和的偏高碘酸溶液 1 份加水 2 份稀释。

溶液 B：1%对硝基苯胺乙醇溶液 4 份与 1 份盐酸混合。

方法：先喷溶液 A，放置 10 分钟，再喷溶液 B，去氧糖显黄色，紫外光下显强荧光，若再喷 5%氢氧化钠甲醇溶液，则颜色转绿。

(8) 偏高碘酸钠-对硝基苯胺(Sodium Meta-Periodate-Paranitroaniline)。

喷雾剂 A：将偏高碘酸钠饱和的水溶液用其 2 倍体积的水稀释之。

喷雾剂 B：将 1%对硝基苯胺的乙醇溶液同 36%的盐酸混合(二者容量比为 4∶1)。

方法：先用喷雾剂 A 喷之，放置 10 分钟再喷喷雾剂 B，脱氧糖和烯糖可产生黄色斑点，在长波紫外光照射下可见强热荧光。若再喷以 5%氢氧化钠甲醇液，则颜色可变成绿色。

(9) 1，3-二羟基萘酚-磷酸(1，3-Dihydroxynapht-ho-Phosphoric Acid)。

0.2% 1，3-二羟基萘酚乙醇溶液 100 mL 与 85%磷酸 100 mL 混匀后使用。喷后 105℃烤 5～10 分钟，酮糖显红色，醛糖显淡蓝色。

(10) 3，5-二氨基苯甲酸-磷酸(3，5-Diaminobenzoic-acid-Phosphoric Acid，Quinaldine 反应)。

取 3，5-二氨基苯甲酸溶于 80%磷酸中，并用 60 mL 水稀释之即可。层析板喷雾后于

100℃加热 15 分钟，在长波紫外光下，斑点显黄色-绿色荧光，日光下呈棕色，可检出 2μ g 以上的量，用于检测 α-脱氧糖。

(11) 邻氨基苯-磷酸(o-Aminobinhenyl-Phosphoric Acid，据 Lewio-Smith 改良)。

将 0.3 g 邻氨基联苯和 5 mL 85%磷酸溶解于 95 mL 乙醇中，喷雾后于 110℃加热 15～20 分钟，糖类可产生棕色斑点。

(12) 双甲酮-磷酸(Dimeoude-Phosphoric Acid)。

将 0.3 g 双甲酮(5，5-二甲基环己烷-1，3-二酮)溶于 90 mL 乙醇中，加 10 mL 85%磷酸即得(新配的效果较好)。喷后于 110℃加热 15～20 分钟，日光中在白色背景上可见黄色斑点，紫外光下呈蓝色，用于检测酮糖。

(13) 萘骈间苯二酚-硫酸(Naphthoresorciol-Sulphuric Acid)。

溶液 A：0.2%萘骈间苯二酚的乙醇溶液

溶液 B：20%硫酸

使用前，将溶液 A 与 B 等体积混合之，喷后于 100℃～150℃加热 5～10 分钟，用于糖类检测。

(14) α-萘酚-硫酸(α-Naphthol-Sulphuric Acid)。

10.5 mL 15%α—萘酚醇液、65 mL 浓硫酸、40.5 mL 乙醇以及 4 mL 水的混合即成。喷后于 100℃加热 3～6 分钟。

(15) 咔唑-硫酸(Carbayole-SulpHuric Acid)。

将 0.5 g 咔唑溶解于 35 mL 乙醇中，再加 5 mL 浓硫酸即可(临用前鲜配)。喷后于 120℃加热 10 分钟，糖类在蓝色背景上产生紫色斑点。

(16) 酚-硫酸(Phenol-Sulphuric Acid)。

酚 3 g 及浓硫酸 5 mL 溶于 95 mL 乙醇中，喷后于 110℃烤 10～15 分钟，糖显棕色。

(17) 茴香醇-硫酸(Anisic Alcohol-Sulphuric Acid)。

浓硫酸 1 mL 加到含茴香醛 0.5 mL 的 50 mL 乙醇溶液中即可(临用前鲜配)。喷后于 100℃～105℃加热，各种糖显不同颜色。

(18) 百里酚-硫酸(Thymol-Sulphuric Acid)。

将 5 mL 浓硫酸小心地加入含有 0.5 g 百里酚的 95 mL 乙醇中。喷后于 120℃加热 15～20 分钟，可得粉红或暗红色斑点，继续加热则变成淡紫色。

(19) 高锰酸钾(Potassium Permanganate)。

此试剂为 0.1%高锰酸钾的 2%碳酸钠水溶液。喷至展开后的层析板上，糖类在紫红色背景上出现黄色斑点。

(20) 硝酸银氢氧化钠(Silvernitrate-Sodium Hydroxide)。

喷雾剂 A：将 1 mL 饱和的硝酸银溶液用丙酮稀释到 200 mL，然后再加 5～10 mL 水，直到沉淀溶解为止。

喷雾剂 B：0.5N 氢氧化钠的水-甲醇液(将 20 g 氢氧化钠溶解于最小量的水中，再用甲醇稀释至 1000 mL)。

方法：分别用喷雾剂 A、B 喷雾，最后在 100℃加热 1～2 分钟即可，用于检测糖、聚乙醇。

(21) 硝酸银-氢氧化铵-甲醇钠(Silvernitrate-Ammonium Hydroxide-Sodiummethoxied)。

溶液 A：0.3%硝酸银的甲醇液。

溶液 B：氨气饱和的甲醇液。

溶液 C：7%金属钠的甲醇溶液。

喷雾剂：使用前将 20 mL 溶液 A、4 mL 溶液 B 及 8 mL 溶液 C 混合即得。喷后于 110℃加热 1 分钟。

(22) 邻氨基苯酚(o-Aminophenol)。

取 0.15 g 2，4-二氨基苯酚或 2-氨基间苯二酚溶于 200 mL 乙醇中，再加入 50%磷酸 10 mL 混合，喷到纸上，不同的还原糖出现不同色斑。

(23) 萘骈间苯二酚-三氯乙酸(Naphthoresorciol-Trichloroacetic Acid)。

0.2%萘骈间苯二酚的乙醇溶液与 20%三氯乙酸的水溶液于临用前等体积混合。喷后置于干燥箱中 100℃～150℃加热 5～10 分钟(用于酮糖)，或在潮湿空气中于 70℃～80℃水浴上加热 10～15 分钟(用于糖醛酸)。

注：可力丁或吡啶的存在可干扰颜色反应，可用间苯二酚、苔黑酶、间苯三酚或 α-萘酚代替萘骈间苯二酚，三氯乙酸溶液可用其 1/10 体积的 85%磷酸代之。

(24) 1，3-二萘酚-三氯乙酸(1，3-Dinaphthol-Trichloroacetic Acid)。

0.2% 1，3-二萘酚的乙醇溶液与 3%三氯乙酸溶液等体积混合即可。喷雾后于 100℃加热数分钟，对酮糖或低聚糖显红色，如在 70℃用水蒸气熏，则戊糖和糖醛酸呈天蓝色。

(25) 硝普钠-偏高碘酸钠(Nitroprusside-Sodiummeta-Periodate)。

喷雾剂 A：2.5%的偏高碘酸钠水溶液。

喷雾剂 B：由 7%的硝普钠水溶液-水饱和的哌嗪乙醇液(1∶30，V/V)组成。

方法：先用喷雾剂 A 喷，室温干燥 10 分钟，再以喷雾剂 B 喷，5～10 分钟内蓝色斑点可达到最大强度，用于检测脱氧糖。

(26) 对-二甲基氨基苯甲醛-乙酰丙酮(Morgan-Elosn's)。

喷雾剂 A：将 5 mL 50%氢氧化钾水溶液和 20 mL 乙醇混合后，取此混合液 0.5 mL 与 10 mL 正丁醇-乙酰丙酮(50+0.5)溶液，于临用前均匀混合。

喷雾剂 B：1 g 对-二甲氨基苯甲醛溶于 30 mL 乙醇中，加入 30 mL 36%盐酸，需要时用 180 mL 正丁醇稀释。

方法：先用喷雾剂 A 喷，于 105℃加热 5 分钟后，再用喷雾剂 B 喷，90℃干燥 5 分钟，氨基糖可产生红色斑。

(27) 4-氨基马尿酸(4-Aminohippuric Acid)。

此试剂为 0.3 g 4-氨基马尿酸的乙醇溶液，喷后于 140℃加热 8 分钟，置长波紫外光下，还原糖可见荧光斑点。

(28) 蒽酮(Anthrone)。

将 0.38 g 蒽酮溶解于 10 mL 醋酸和 20 mL 乙醇中，再加 3 mL 85%磷酸和 1 mL 水即可(此溶液在冰箱中可保存数周)。喷后，110℃加热 5～6 分钟，酮糖和含有酮糖的低聚糖出现黄色斑点。

(29) 尿素-盐酸(Urea Hydrochloric Acid)。

5 g 尿素溶于 20 毫升 2N 盐酸中，再加 100 mL 乙醇即得。喷后层析板于 100℃加热，直到出现最佳颜色。酮糖和含酮糖的低聚糖转变成蓝色。

(30) Ehrlich 试剂。

溶液 A：50 mL 丁醇与 0.5 mL 乙醇丙酮的混合液。

溶液 B：5 mL 50%氢氧化钠溶液与 20 mL 乙醇的混合液。

溶液 C：1 g 对二甲胺苯甲醛溶于 30 mL 浓盐酸中，再加入 18 mL 丁醇。

喷雾剂及用法：取 0.5 mL 溶液 B 和 10 mL 溶液 A 混合喷至滤纸上，于 105℃加热 5 分钟，再喷溶液 C，于 90℃保持 5 分钟。有氨基糖存在时出现紫红色斑点，其它还原糖显色迅速褪去。

(31) 四唑试剂(Tetrazole，TTC)。

2%四唑水溶液和 1N 的氢氧化钠溶液等体积混合，喷到展开后的层析纸上，于 40℃用水蒸气熏，水洗除去过量的 TTC 还原糖，呈红色斑点。

(32) 斐林试剂(Fehhng's)。

溶液 A：硫酸铜溶液，溶解 34.66 g 硫酸铜($CuSO_4 \cdot 5H_2O$)于水中，并稀释至 500 mL。

溶液 B：碱性酒石酸盐溶液，溶解 173 g 酒石酸钾钠即罗谢尔盐($KNaC_4H_2O_3 \cdot 94H_2O$)和 50 g 氢氧化钠于水中，再稀释至冷时为 500 mL。临用时，两液等体积混合，用于检测还原糖。

(33) 佩维溶液(Pavy's)。

在 120 mL 斐林试剂中，加入 300 mL 氨水(比重为 0.88)，用水稀释至 1 mL 即可。该试剂用于检测葡萄糖。

(34) 醋酸铜(巴福特试剂，Barfoed's)。

溶解 66 g 醋酸铜和 10 mL 冰醋酸于水中，稀释至 1 L 即可。该试剂用于检测还原单糖。

4．酚类化合物

(1) 重氮化试剂(Diazotised Reagent)。

重氮盐的制备：取 50 g 对氨基苯磺酸溶于 250 mL 10%的氢氧化钠溶液中，一面冷却一面滴加 10%的亚硝酸钠溶液 200 mL。另外在 80 mL 浓盐酸中加入 40 mL 水并用冰水冷却后滴加到上述溶液中，即生成重氮盐沉淀，过滤，用冰水、乙醇、乙醚依次洗涤沉淀物，风干即得纯重氮盐。

喷雾剂：取 0.1 g 制成的重氮盐溶于 20 mL 10%氢氧化钠溶液中，即可喷雾，在滤纸上酚类化合物呈现红色斑点。

(2) 重氮化氨基苯磺酸试剂(Diazotisation Aminobenzene Sulfonic Acid) 。

取氨基苯磺酸 0.9 g，加热溶于 9 mL 12N 盐酸中，用水稀释到 100 mL，取此溶液 10 mL 用冰冷却，加入冰冷的 4.5%亚硝酸钠溶液 10 mL 中，0℃放 15 分钟(0℃可保存 3 天)。用前加等体积 1%碳酸钠溶液即可。喷后香豆精显黄、橙、红棕、紫等颜色，也用于酚类、芳香胺及能耦合的杂环化合物的检测。

(3) 重氮化对硝基苯胺试剂(Diazotization-Paranitroaniline)。

取对硝基苯胺 0.7 g 溶于 12N 9 mL 盐酸中，用水稀释到 100 mL。将此溶液 4 mL 滴加到冰冷的 1%亚硝酸钠溶液 5 mL 中，再用冰冷的水稀释至 100 mL 即可(临用时鲜配)。喷后香豆精显黄、橙、红、棕、紫等颜色，也用于酚类显色。

(4) 重氮化联苯胺(Diazotization Benzidine)。

联苯胺贮备液：5 g 联苯胺和 14 mL 36%盐酸混合，加水稀释至 100 mL。

亚硝酸盐溶液：10%亚硝酸钠的水溶液，临用前鲜配。

喷雾剂：在 0℃条件下，将 20 mL 联苯胺溶液和 20 mL 亚硝酸钠溶液混合，且不断搅拌(本试剂仅能保存 2～3 小时)，喷后不同酚的颜色可以迅速出现或在几小时后出现。

(5) 重氮化磺胺酸(Diazotization Sulfanilic Acid)。

4.5 g 磷酸溶于 45 mL 温热的 12N 盐酸中，并用水稀释至 500 mL，取此稀释液于冰中冷却，加入 10 mL 4.5%亚硝酸钠溶液，于 0℃保持 15 分钟(在此温度下可稳定 1～3 天)，本喷雾剂临用前应加等体积 10%磺酸钠溶液，用于检测酚类、胺类及能耦合的杂环类化合物。

(6) 间苯三酚-浓硫酸(Phloroglucinol-Sulphurica Acid)。

2%间苯三酚乙醇溶液与浓硫酸等体积混合即得，用于检测原儿茶醛。

(7) 三氯化铁(Ferric Chloride)。

此试剂为 1%～5%三氯化铁的 0.5N 盐酸的水或乙醇溶液。喷后氧肟酸产生红色斑点，酚类则呈蓝色或绿色。本试剂还可用作试管与点滴反应。

(8) 铁氰化钾-氯化铁(Potassium Ferricyanide-ferric Chloride)。

1%铁氰化钾水溶液同 2%氯化铁水溶液于使用前等体积混合即可。喷后再喷以 2N 盐酸，色泽可以增强，用于检测酚类、胺类、硫代硫酸盐和异硫氰酸盐，还可用于阿魏酸的定量测定。

(9) 三氯化铝(Aluminum Chloride)。

此试剂为 1%三氯化铝乙醇液或 5%三氯化铝水溶液，用于检测黄酮。试管检识与喷雾均可。

(10) 三氯化锑(Antimony Chloride)。

此试剂为 10%三氯化锑的氯仿溶液。喷雾后，黄酮可在长波紫外光下产生黄色荧光斑点。

(11) 牢坚蓝 B 盐(重氮化试剂)(Fast Blue B Salt(Diazonium Reagent))。

喷雾剂 A：为新鲜制备的 0.5%牢坚蓝 B 的水溶液。

喷雾剂 B：为 0.1N 氢氧化钠。

方法：分别以喷雾剂 A、B 喷之，用于检测酚类及可耦合之胺类。鹤草酚可用此试剂检测。

(12) 钒酸铵-茴香胺(Ammonium Vanadute-Methylamidophenol)。

溶液 A：饱和的钒酸铵溶液。

溶液 B：0.5 g 茴香胺溶于 2 mL 磷酸中，用乙醇稀释至 100 mL，过滤。

方法：先喷溶液 A，在潮湿板上再喷溶液 B，80℃干燥，酚类在粉红背景上显特征色斑。

(13) 钒酸铵(Ammonium Vanadate(V))。

先往滤纸上喷钒酸的饱和水溶液，再喷 1N 硫酸。

(14) 4-氨基匹林-铁氰化钾(4-Amitnopyridine Potassivum Ferroyianide，Emerson)。

喷雾剂 A：2% 4-氨基匹林乙醇溶液。

喷雾剂 B：8%铁氰化钾水溶液

方法：分别用喷雾剂 A、B 喷后，将层析谱放入含有 25%氢氧化铵的密闭器中显示红

橙—淡红斑点，用于检测酚类、香豆精。

(15) 碱性醋酸铅(Lead Acetate，Basic)。

此试剂为25%碱性醋酸铅的水溶液，喷后在长波紫外光下观察荧光，用于检测黄酮类化合物。

(16) 二苯硼酸-β-氨基乙酯(Didhenylboric Acid-β-Aminoet hylester，Neu's 试剂，又称 Natur stoffA 试剂)。

此试剂为二苯硼酸-β-氨基乙酯的1%甲醇溶液。层析谱用该试剂约10 mL 喷雾，在长波紫外光下观察可见荧光，用于检测α和rhv 吡喃酮(烃基黄酮醇)。

(17) 硫酸铜-柠檬酸钠(Cupric Sulfate Sodium Citrate，Benedict's 试剂)。

1.73 g 硫酸铜($CuSO_4 \cdot 5H_2O$)、1.73 g 柠檬酸钠和 10 g 无水碳酸钠溶于水中，加水至100 mL 即可。该试剂用于检测黄酮、邻二羟基香豆素。

注：有邻二羟基基团的化合物在长波紫外光下的荧光可被喷雾剂减弱至完全熄灭，而不具此基团的这类化合物是不改变的，甚至可增强(在此情况下，通常发生荧光颜色的变化)。

(18) 米龙试剂(Milleon's)。

5 g 汞溶解于 10 g 发烟硝酸中(d = 1.40)，加 10 mL 水，在白色背景上可出现黄—橙色斑。若于 100℃～110℃加热颜色可发生很大变化，用于检测酚类、酚醚及苷。

(19) 福林西卡尔试剂(Folin Ciocaileu's)。

喷雾剂 A：20%糖酸钠水溶液。

喷雾剂 B：10 g 钨酸钠和 2.5 g 钼酸钠溶于 70 mL 水中，加 5 mL 85%磷酸及 10 mL 36%盐酸。将此混合液回流 10 小时，然后加入 15 g 硫酸锂、5 mL 水以及 1 滴溴液，将此溶液再回流 15 分钟以上，放冷，添加水至 100 mL(应无绿色)，即可贮存。使用前用三倍量体积的水稀释之。

方法：分别以喷雾剂 A、B 喷之，用于检测酚类。

(20) 硝酸银(Silver Nitrate)。

在 20 mL 丙酮中加入 1 mL 饱和硝酸银水溶液，边加边搅拌，然后逐滴加水直到硝酸银沉淀刚好溶解为止，可得淡粉红或深绿色斑点，用于检测酚类。

5．醌类化合物

(1) 醋酸镁(Magnesium Acetate)。

该试剂为0.5%醋酸镁的甲醇溶液，喷后于90℃加热5分钟即可显色。该反应灵敏。邻位酚羟基蒽醌呈紫—蓝紫色；对位二酚羟基蒽醌呈紫红—紫色；每个苯环上各有一个α-羟基或有间位羟基者，呈红橙色；母核只有一个α或一个β-酚羟基者，或者有两个β-酚羟基但不在同环上，呈黄橙色至橙色。

(2) 3%氢氧化钠或碳酸钠溶液(Borntrager's 反应)。

以此试剂喷雾或进行试管反应均可。

(3) 无色亚甲蓝试剂(Leukomethylene)。

将含有 0.25 g 锌粉的 1 mL 醋酸混悬液加入 5 mL 的 0.02%的亚甲蓝丙酮液中即可，用于检测醌类(一般、结合)和生育醌。

(4) 氢氧化钾(Potassium Hydroxide)。

该试剂为5%氢氧化钾甲醇溶液，层析谱干燥后可在日光和长波紫外光下检识，用于试测香豆精、蒽醌及其苷。

(5) 磷钼酸(PhospHomolybdic Acid)。

见前面通用显色剂的(8)。检测灯盏细辛苷(Erigeroside)时呈深蓝色。

(6) 对-亚硝基二甲苯胺试剂(p-Nitroso-N，N-Dimethyl Aniline)。

该试剂为0.1%-亚硝基二甲苯胺的吡啶液；可与羟基蒽醌类化合物，尤其是9，12未取代的1，8-二羟基蒽醌生成紫红、绿、蓝以及灰、亮红、紫等颜色，随分子结构不同而异；不仅可用于蒽醌类化合物定性，而且可用于微量定量。

(7) 哌啶(Piperidine)。

该试剂为50%乙酸铝溶液。

(8) 乙酸铝(Aluminum Acetate)。

该试剂为0.5%乙酸铝溶液。

(9) 碳酸锂(Lithium Carbonate)。

该试剂为饱和的碳酸锂溶液。

(10) 硼砂(Sodium Borate)。

该试剂为饱和的硼砂溶液。

(11) 牢坚蓝B盐(Fast Blue B Salt)。

该试剂为0.5%牢坚蓝B盐溶液。

6. 萜类化合物

(1) 碘蒸气(Iodine)。

见前面通用显色剂的(1)；可检测王枣子中的二萜(umbrosineA、B，14-ac-etyl-umbrosine B)、香茶菜、冬凌草中的二萜(Oridomn)及烃基马桑毒素等多种有机化合物。

(2) 磷钼酸(PhospHomolybdic Acid)。

该试剂为10%磷钼酸的乙醇溶液，用于检测马桑毒素(Coriamyrtin)等。

(3) 香草醛-硫酸(Vaniline-Sulphuric Acid)。

该试剂1%香草醛的浓硫酸溶液或1%香草醛的50%磷酸溶液；喷后加热至显色，于日光和紫外光下观察，用于检测萜烯类。

(4) 氯酚红(Chlorophenol Red)。

该试剂为2%氯酚红的醇溶液，用于检测倍半萜内酯等。

(5) 苯酚-溴(Phenol-Bromine)。

该试剂为50%苯酚的四氯化碳溶液，喷后置于溴蒸气中，用于检定萜烯化合物。

(6) 无水氯化铁(Ferric Chloride，Anhydrous)。

该试剂为饱和的无水氯化铁甲醇溶液，用于检定萜烯类。

(7) 对-二甲氨基苯甲醛-磷酸(p-Dimethylaminobenzaldehyde-Phosphoric Acid)。

将1 g对-二甲氨基苯甲醛溶解于5 g浓磷酸、50 mL冰醋酸中，用水稀释至100 mL，贮于棕色瓶中；喷后100℃加热几分钟，薁类显深蓝色斑。

(8) 偏钒酸铵-硫酸(Ammonium Metovnadate-Sulphuric Acid)。

将 4 g 偏钒酸氨溶于 100 mL 50%硫酸中，喷后自然光下观察，有时需加热。芫花二萜显土红色，烤后变为蓝—黑色。对于含有 CMC-Na 黏合剂的层析板不能烤。

(9) 香草醛-高氯酸(Vanillin-Perchloric Acid)。

将 5 mL 10%香草醛的冰醋酸溶液与 1 mL 高氯酸临用时混合，喷后加热烘烤至显色，用于检测倍半萜莪术醇(Carcumol)等。

(10) 高定试剂(Godin's)。

喷雾剂：1%香草醛乙醇溶液和 3%高氯酸水溶液临用时等量混合即可。

用法：喷后室温挥干溶剂，80℃～90℃烤 5 分钟后即显出斑点。

7. 挥发油

(1) 硫酸(Sulphuric Acid)。

将 13%硫酸喷后加热至显色，不适用于带有 CMC-Na 黏合剂的薄层。

(2) 碘蒸气(Iodine)。

见前面通用显色剂的(1)。

(3) 香草醛-硫酸(Vanillin—Sulphuric Acid).

① 1%纯香草醛的浓硫酸溶液。

② 0.5%香草醛的硫酸-乙醇(4∶1)溶液。

③ 5%香草醛的浓硫酸溶液。

喷后于 120℃加热或红外灯烘烤，直到取得最大程度的色斑为止，可出现各种颜色，反应灵敏。

(4) 香草醛-盐酸(Vanillin-Chloric Acid)。

该试剂为 5%香草醛的浓盐酸溶液，喷后 120℃加热，挥发油中各成分可呈现各种颜色。

(5) 茴香醛-浓硫酸(Anisaldehyde-SulpHuric Acid)。

① 浓硫酸 1 mL 加到 50 mL 水乙酸中。必须临用时新配。

② 茴香醛-浓硫酸-乙醇(1∶1∶18)配成喷雾剂。

以上两试剂喷雾后于 105℃烘干，可使挥发油中各成分显不同颜色。

(6) 荧光素-溴(Fluorescein-Bromine)。

溶液 A：0.1%荧光素的乙醇溶液。

溶液 B：5%溴的四氯化碳溶液。

方法：薄层喷溶液 A 后，放入盛溶液 B 的槽内，溴把荧光素转变成粉红色的曙红(eosin)，它在长波紫外光下不显荧光；如果薄层上有乙烯基化合物，则溴与它作用而不与荧光素作用，在长波紫外光下观察时，此处仍显荧光素的黄色荧光。

(7) 异羟肪酸铁。

溶液 A：5 g 盐酸羟胺溶于 12 mL 水中，再用乙醇稀释到 50 mL，贮存于冷处。

溶液 B：10 g 氢氧化钠溶于少量水中，再用乙醇稀释至 100 mL。

溶液 C：溶液 A 和溶液 B 以 1∶2 混合，滤出氯化钾沉淀，所得滤液必须放冰箱中，可稳定两星期。

溶液 D：10 g 三氯化铁($FeC_{13}\cdot 6H_2O$)溶于 20 mL36%盐酸中，与 200 mL 乙醚振摇均匀的溶液。密塞储存可长久使用。

用法：先喷溶液 C，于室温稍干燥后，再喷溶液 D，如喷后斑点显淡红色，则挥发油中可能含有酯和内酯。

(8) 二苯三硝基苯肼(Dinhenyltrinitrobenzenehydrazine)。

0.06 g 二苯三硝基苯肼溶于 100 mL 氯仿中，喷后于 110℃加热 5～10 分钟，在紫色背景上可形成黄色色斑。

(9) 2%高锰酸钾溶液。

喷后如呈现黄色斑点，表明挥发油中含有不饱和化合物。

(10) 2，4-二硝基苯肼溶液(2，4-Dinitrobenzene Hydraine)。

① 0.4%2，4-二硝基苯肼的 2N 盐酸溶液。

② 将 1%2，4-二硝基苯肼溶于 1000 mL 乙醇中，加入 10 mL36%盐酸即得。

以二试剂之一喷雾，饱和酮类与 2，4-二硝基苯肼可立即产生蓝色，饱和醛则作用较慢并转变成草绿色，不饱和羟基化合物的色泽只是慢慢地改变或根本不变化，因此该试剂用于鉴定挥发油中的羟基化合物。

(11) 邻联二茴香胺试剂(o-Dianisidine's)。

该试剂为 0.3%邻联二茴香胺的冰醋酸溶液，喷后如呈现黄色斑点，表明样品中含有醛。

8. 甾体化合物

(1) 醋酐-浓硫酸(Aceticanhydride-Sulphuric Acid，Lieber mann-Burchard 试剂)。

在冷却条件下，小心地将 5 mL 醋酐同 5 mL 浓硫酸混合，同样在冷却情况下，将此混合液谨慎地加入 50 mL 无水乙醇中，临用前新配，喷后 100℃干燥 10 分钟，置长波紫外光下观察，用于检测甾醇、三萜皂苷及$\triangle^5$-3-甾醇类。

(2) 肉桂醛-醋酐-浓硫酸(Cinnamic Aldehyde Acetic Anhydride-Sulphuric Acid)。

喷雾剂 A：肉桂醛的乙醇液。

喷雾剂 B：醋酐与浓硫酸的 12∶1(V/V)混合液，临用前新配。

层析谱以喷雾剂 A 喷后，于 90℃干燥 5 分钟，再喷喷雾剂 B，于室温放置 1～2 分钟后，移放于干燥箱内，再于 90℃加热至斑点出现为止，用于检测载体皂苷。

(3) 硫酸高铈-硫酸(Ceric Sulphat-SulpHuric Acid)。

该试剂为硫酸高铈的 65%硫酸饱和溶液，喷后于 120℃加热 15 分钟，用于检测茄属甾体生物碱和载体皂苷。

注：不能用于氧化铝薄层层析。

(4) 茴香醛-硫酸(Anisaldehyde-SulpHuric Acid)。

该试剂见前面挥发油中的(5)。喷后于 100℃～105℃加热，直到色斑呈最大强度为止。粉红色斑暴露于水蒸气中时色泽褪去。地衣成分、酚类、萜类、糖类和甾体化合物可根据分别显紫、蓝、红、灰和绿色斑来检测。

改良喷雾剂：新配的 0.5 mL 茴香醛、9 mL 乙醇、0.5 mL 浓硫酸和 0.1 mL 酸醋混合液，可用于检测含糖物质，喷后于 90℃～100℃加热 5～10 分钟。

(5) 阿兰试剂(Allen 试剂)。

该试剂以浓硫酸-乙醇-水(40∶9∶1)之混合液喷雾，喷后 1，6-脱氢甾族化合物及其醋酸酯显紫、红紫、玫瑰或黄色斑。

(6) 甘醇酸(又叫羧基乙酸、乙醇酸，Glycollic Acid)。

50%乙醇酸水溶液，喷后80℃加热45分钟，于257 nm紫外光下观察，能检出α、β-不饱和甾体和缩酮。

(7) 氯磺酸-醋酸(Chlorosulphonic Acid-Acetic Acid)。

5 mL氯磺酸在冷却条件下溶于10 mL醋酸中，喷后于130℃加热5～10分钟，在长波紫外光下可见到荧光，用于检测三萜与甾体化合物。

(8) 三氯醋酸(Trichioacetic Acid)。

① 25%三氯醋酸的氯仿溶液。

② 1%三氯醋酸的氯仿溶液(检查维生素B)。

③ 3.3 g三氯醋酸溶于10 mL氯仿中，再加1～2滴30%过氧化氢(H_2O_2)即可。

以上三试剂喷雾后，于120℃加热约5～10分钟，色斑在日光和长波紫外光下可检出，用于检测甾体、洋地黄毒苷、藜芦生物碱。

(9) 三氟乙酸(Trifluoroacetic Acid)。

该试剂为1%三氟乙酸的氯仿溶液，喷后于120℃加热5分钟，用于检测甾体化合物。

(10) 三氯化铋(Bismuth Chloride)。

该试剂为33%三氯化铋的乙醇溶液，喷后于110℃加热，直到在紫外光下出现最适宜的荧光为止，用于检测甾醇类。

(11) 三氯化锑(Carr-Psrice试剂)。

将25 g三氯化锑溶解于75 g氯仿中即可，而一般采用的是氯化锑饱和的氯仿或四氢化碳溶液。喷后于100℃加热10分钟，在长波紫外光下观察，用于检测甾体皂苷、甾体糖苷及维生素A、D、类胡萝卜素及萜类衍生物。

(12) 氯-氯化锑(Chorine-Antimony(Ⅱ)Chloride)。

该试剂为三氯化锑($SbCl_3$)的氯仿-醋酐(8∶2)饱和溶液。薄板首先在氯气中熏20分钟，喷上鉴定剂，90℃加热2～4分钟，于紫外光下观察，甾体化合物显荧光色斑。

(13) 三氯化锑-醋酸(Antimony(Ⅲ)Chloride-Acetic Acid)。

将20 g三氯化锑溶解于20 mL醋酸和60 mL氯仿的混合液中，喷后于100℃加热5分钟，在紫外光下观察，用于检测甾体、二萜类化合物，后者出现红黄—蓝紫的色斑。

(14) 五氯化锑(Antimony(Ⅴ)Chloride)。

25%五氯化锑的氯仿或四氯化碳溶液，用前鲜喷，喷后于120℃加热，直到色斑出现，在长波紫外光下检之，用于检测甾体、蒲类、油脂、树脂以及维生素A、D、E。

(15) 氯化锌(Zinc Chloride)。

该试剂为30%氯化锌的甲醇溶液，喷后于105℃加热1小时，然后立即用一玻璃板覆盖，以防止湿气对其影响，色斑在长波紫外光下可见荧光，用于检测甾体和甾体皂苷。

(16) 氯化锡(Stannic Chloride)。

将10 g氯化锡加入160 mL氯仿-醋酸1∶1混合液中，喷后层析谱于100℃加热5～10分钟，随后在日光和长波紫外光下检之。

(17) 高氯酸(Perchloric Acid)。

该试剂为20%高氯酸水溶液，用于检测甾体。喷后于150℃加热约10分钟，在长波紫外光下便可观察到色斑。

(18) 磷酸(PhospHoric Acid)。

① 浓磷酸(85%)与水的 1∶1(V/V)混合液。

② 15%浓磷酸的甲醇溶液。

以上二者之一充分喷雾层析板，直至透明，然后于 120℃下加热 15～30 分钟，个别需要改变加热时间，以便出现最显著的颜色或荧光，用于检测甾醇、甾体化合物。

(19) 甲醛-磷酸(Formaldehyde-Phosphoric Acid)。

在室温下，将 0.03 g 甲醛溶于 100 mL85%磷酸中，边溶解边振摇，该溶液可保存数周；用于检测甾体生物碱、甾体皂苷。

(20) 香草醛-磷酸(Vanillin-Phosphoric Acid)。

1 g 香草醛溶于 100 mL 50%磷酸水溶液中即得。喷后于 120℃加热 10～20 分钟，用于检测甾体。

(21) 对-甲苯磺酸(p-Toluenesulnhonic Acid)。

该试剂为 20%对-甲苯磺酸氯仿液。喷后 100℃加热数分钟，在长波紫外光下可见黄色荧光斑点，用于检测甾体、黄酮、儿茶酸。

(22) 多聚甲醛-磷酸(Paraformaldehvde-PhospHorl Acid)。

将 0.03 g 多聚甲醛与 100 mL 85%磷酸在室温下振摇直至溶解，本试剂可保存数周；用于检测茄属甾体生物碱、甾体皂苷。

(23) 1，2-萘醌-4-磺酸-高氯酸(1，2-Naphthoquinone-4-Sulphonic Acid-Perchloric Acid)。

将 0.1 g 1，2-萘醌-4 磺酸溶于 100 mL 的下述混合液(20 mL 乙醇、10 mL 高氯酸、1 mL 40%甲醛和 9 mL 水)中即得。喷后将层析板于 70℃～80℃加热，观察颜色的演变。斑点先转变为粉红色，继续加热，再变为蓝色。该试剂用于检测甾醇类。

(24) 间二硝基苯(m-Dinitrobenzene)

2%间二硝基苯试剂的乙醇溶液与 2.5N 氢氧化钾的甲醇溶液等体积混合即得。喷后于 80℃加热 1～2 分钟，17-甾酮类可产生紫色斑点。

(25) 苯二胺-邻苯二甲酸(Phenylene Diamine-o-Phthalic Acid)。

0.9%苯二胺和 1.6%邻苯二甲酸的水饱和的正丁醇溶液，临用前配置；喷后于 100℃～110℃加热，甾体显黄或棕色斑。

(26) 氢氧化钠(Sodium Hydroxide)。

10%氢氧化钠溶液，喷后 80℃干燥 10 分钟于紫外光下观察，$\triangle^{4}$-3-酮甾族化合物显黄色荧光。

9．氨基酸

(1) 茚三酮试剂(Ninhydrin)。

① 茚三酮 0.3 g 溶于正丁醇 100 mL 中，加冰醋酸 3 mL。

② 茚三酮 0.2 g 溶于乙醇 100 mL 中。

用上述试剂之一喷雾，喷后于 110℃加热至显出颜色，为了使茚三酮的显色稳定，可采用下法：用前三酮试剂显色后，用硝酸铜试剂(饱和硝酸铜溶液 1 mL、10%硝酸溶液 0.2 mL 及 96%乙醇 100 mL 混合)喷，斑点由蓝紫色转成红色。

③ 茚三酮浸泡显色法，把配成 0.25%的茚三酮丙酮溶液(99%以上的无水丙酮)放在瓷

盘内，把展开后的滤纸浸到丙酮溶液中，取出后风干，于90℃加热显色。此法干燥迅速，显色快，颜色均匀鲜艳。

(2) 茚三酮-硝酸铜(Ninhydrin-Cupric Nitrate)。

溶液A：将10 mL硝酸和2 mL可力丁(Collidine)加到含0.1 g茚三酮的50 mL无水乙醇中。

溶液B：0.5 g硝酸铜溶于50 mL酸水乙醇中。

喷雾剂：使用前，将溶液A和B以50∶3之比例混合，喷后将层析板放置在一块热板上直到颜色展现为止。在透过光线之后，可见到色泽逐渐增强，有些氨基酸首先出现色斑。根据不同氨基酸形成色斑的速度不同，利用铅笔及时标记就可以检测互相重叠的成分，许多氨基酸呈现特殊颜色。

(3) 茚三酮-乙酸镉(Ninhydrin-Cadmium Acetate)。

1 g茚三酮、2.5 g乙酸镉($Cd(AC)_2$)和10 mL冰醋酸溶于490 mL甲醇中，喷后烘箱中于120℃加热，用于鉴定氨基酸。

(4) 茚三酮-可力丁(Ninhydrin-Collidine)。

0.2～0.3 g茚三酮溶于95 mL水饱和的异丙醇或丁醇溶液中，加5 mL可力丁(2，4，6-三甲基砒啶)，喷后80℃～90℃加热30～60分钟，氨基酸显蓝色斑。

(5) 去氢抗坏血酸(Dehydroascorbic Acid)。

0.1 g去氢抗坏血酸溶于5 mL 60℃水中，用丁醇稀释至100 mL，喷雾后100℃加热5分钟，羟脯氨酸显淡紫蓝斑(25 μg)，脯氨酸显淡黄斑(25 μg)，其它氨基酸显粉红到红斑(1～3 μg)。

(6) 重氮化试剂(Diazotised Reagent)。

把对氨基苯磺酸的盐酸(2%～3%)饱和溶液和5%亚硝酸钠溶液等体积混合后喷雾，再立即喷1N氢氧化钠溶液，当络氨酸、组氨酸存在时呈现红橙色。

(7) 重氮化对氨基苯磺酸试剂(Pauly试剂)。

对氨基苯磺酸4.5 g加热溶于12N盐酸溶液45 mL中，用水稀释至500 mL，取稀释液10 mL于冰浴中冷却后加入冷却的4.5%亚硝酸钠水溶液10 mL，于0℃保留15分钟(低温时可稳定1～3天)。喷后加等体积的7%碳酸钠水溶液。

(8) 氯气-邻联甲苯胺试剂(Chlorine-o-Tolidine)。

邻联甲苯胺160 mL溶于30 mL乙酸中，再用500 mL水稀释，然后再加碘化钾1 g即可。

将展开后之薄层放在氯气中，若氯气是从前筒中得到的，则放置5～10分钟；若是由高锰酸钾溶液及10%盐酸(1∶1)的混合物得到的，则需放置15～20分钟。然后将薄层置空气中5分钟以除去过量的氯气，再喷试剂，用于检测氨基酸。

(9) N-羟基酞花酚胺。

此试剂为0.5%羟基酞花酚胺的96%乙醇溶液。喷后于空气中干燥，再于140℃加热5分钟，则检测氨基酸呈蓝、绿、紫色斑。

(10) 苔黑酚(5-甲基苯二酚)试剂(Orcin)。

层析谱喷0.1%苔黑酚的0.004N硫酸溶液，于110℃～120℃加热干燥30分钟，在红紫色背景上出现白色斑点。此试剂最适宜对氨基酸进行定量分析(pc)。

(11) 钯试剂(Palladium Reagent)。

取 4 mL 0.02M 氯化钯的 0.1N 盐酸溶液、0.25 mL 1M 碘化钾溶液、0.4 mL 2N 盐酸与 76 mL 丙酮混合使用。胱氨酸及其衍生物存在时则在浓黄色背景上出现白色斑点。

(12) 铂试剂(Platinium Reagent)。

取 4 mL0.02M 的氯铂金酸、0.25 mL 的 1M、0.4 mL 的 2N 盐酸和 76 mL 丙酮，使用前混合，把层析后的滤纸在铂试剂溶液中取出风干。若存在还原型硫化物，如脱氨基、蛋氨酸类等，在桃红色背景上将出现黄色斑点，若用盐酸蒸气熏之，则背景颜色加深，斑点更明显。

(13) 坂口反应。

先喷 5%氢氧化钠溶液，再喷 0.1% α-萘酚醇溶液，数分钟后再喷 5%次亚溴酸钠溶液。若有精氨酸存在，则显红色。

(14) 桂皮酰试剂(Cinnamaldehyde)。

将 1%桂皮酰的甲醇溶液喷到滤纸上，待甲醇挥发完，再用盐酸蒸气熏，色氨酸呈现暗褐色斑点，脯氨酸呈现褐紫色，羟基色氨酸呈现黄色。

(15) 对-二甲氨基苯甲醛-盐酸试剂(Ehrlich's)。

参考检测生物碱及含氮化合物的试剂(22)。把 2 g 对-二甲氨基苯甲醛溶于 100 mL 20%盐酸中，以此溶液喷滤纸后，于 60℃加热干燥，当色氨酸及其衍生物存在时出现蓝紫色斑点。

(16) 8-羟基喹啉-次溴酸钠试剂(Sakaguchi's)。

试剂 A：0.1%8-羟基喹啉丙酮溶液。

试剂 B：0.2 mL 溴溶于 100 mL 0.5N 氢氧化钠溶液中。

方法：先喷试剂 A，干燥后再喷试剂 B，若存在精氨酸显橙至红色斑点。

(17) 吲哚醌(Isatin)。

① 1%吲哚醌的乙醇或丙酮溶液加入 10 mL 冰醋酸。

② 含 4%醋酸和 0.2%吲哚醌的丙酮溶液喷后于 100℃～110℃加热 10 分钟。

(18) 高碘酸钠-Nessler's 试剂(Sodium Periodate-Nessler's)。

试剂 A：1%高碘酸钠水溶液。

试剂 B(Nessler's 试剂)：碘化汞 5 g 用少量水调成糊状，加入碘化钾 5 g，然后将氢氧化钠 20 g 溶于 80 mL 冰水中，加到上述混合物中，用水调节体积成 100 mL。此时糊状物立即成为溶液，将此溶液放置数天，使之沉淀，倾出上清液即得。

方法：分别以试剂 A、B 喷之。用于检测含羟基的丝氨酸、苏氨酸。

(19) 靛红试剂(Indigocarmine)。

该试剂为 0.3%靛红的正丁醇溶液(含 0.3%靛红的质量比为 4%)。将其喷到滤纸上，于 100℃加热 10 分钟。若脯氨酸及羟基酸存在，则喷后呈现天蓝色斑点。

(20) 靛红-醋酸锌(Isatin-Zinc Acetate)。

将 1 g 靛红和 1.5 g 醋酸锌溶于 100 mL80℃的 95%异丙醇中，冷却后加入 1 mL 醋酸，贮于冰箱中。喷后一般于 80℃～85℃加热 30 分钟即可。但较好的办法是将层析谱于室温下放置 20 小时，用于检测氨基酸、肽。

(21) 1，2-萘醌-4-磺酸钠(1，2-Naphthoqinone-4-Sulphonic Acid Aodium，Folin's)。

将 0.2 g 1，2 萘醌-4-磺酸钠溶于 100 mL 5%的碳酸钠中即可。此试剂应新配，喷后将层析谱于室温干燥，各种氨基酸即可显出不同颜色。

(22) 福林西卡尔试剂。参考检测酚类化合物的试剂(19)。该试剂用于检测氨基酸，黄酮苷。

10. 强心苷

(1) 3，5-二硝基苯甲酸(3，5-Dinitrobenzoic Acid，Kedde's)。

喷雾剂 A：将 1 g 3，5-二硝基苯甲酸溶于 50 mL 甲醇和 50 mL 2N 氢氧化钾混合液中。

喷雾剂 B：2%3，5-二硝基苯甲酸甲醇溶液。

喷雾剂 C：5.7%氢氧化钾醇液。

方法：层析板先用喷雾剂 B 轻轻喷之，再喷过量的喷雾剂 C，可得蓝-紫色斑点。(注：喷雾剂应单独使用。)

(2) 碱性苦味酸试剂(Baljet's)。

将 9 mL1%苦味酸乙醇溶液与 1 mL10%氢氧化钠混合即可。临用新配。

(3) 亚硝酸铁氰化钠(硝普钠)-氢氧化钠试剂(Legl's)

1 g 亚硝酸铁氰化钠溶于 100 mL 2N 氢氧化钠-乙醇(1∶1)溶液，可作显色剂用。若用于一般试管，则需先加 0.3%亚硝酸铁氰化钠溶液，再加 10%氢氧化钠溶液即可。

(4) 间二硝基苯试剂(Raymond's)。

喷雾剂 A：10%间二硝基苯的苯溶液。

喷雾剂 B：6 克氢氧化钠溶于 25 mL 水中，再加 45 mL 甲醇。

方法：先喷 A，于 60℃干燥后，再喷喷雾剂 B，强心苷显紫斑后变蓝并褪去。对于甲醇胺浸过的层析板，喷雾前当于 60℃烘干。

(5) 氯胺 T-三氯醋酸(Chloramine T-Trichloroacetic Acid)。

溶液 A：新鲜制备的 3%氯胺 T 水溶液。

溶液 B：25%三氯醋酸的乙醇液(可保留几天)。

方法：临用前把 10 mL 溶液 A 与 40 mL 溶液 B 混合，喷后于 110℃加热 7 分钟，对于洋地黄苷在长波紫外光下可观察到蓝或黄色荧光。

(6) 2，4，6-三硝基苯甲酸(2，4，6-Trinitrobenzoic Acid)。

喷雾剂 A：0.1%2，4，6-三硝基苯甲酸的水-二甲基甲酰溶液。

喷雾剂 B：5%碳酸钠水溶液。

喷雾剂 C：5%磷酸二氢溶液。

方法：层析板分别以喷雾剂 A、B 喷后，在 90℃～100℃加热 4～5 分钟，放冷，最后喷以喷雾剂 C，强心苷呈现红色斑点。

(7) 硫酸-次氯酸盐(Sulphuric Acid-Hypochlorite)。

该试剂为 10 mL 2N 硫酸和 3 mL 次氯酸钠溶液(10%有效氯)的混合液。喷后于 125℃加热 10～15 分钟。洋地黄苷类在长波紫外光下，可显示出各种不同颜色的荧光。

(8) 磷酸-溴(Phosphoric Acid-Bromine)。

喷雾剂 A：10%磷酸水溶液。

喷雾剂 B：将 2 mL 饱和的溴化钾水溶液、2 mL 饱和溴酸钾水溶液及 2 mL 25%盐酸混合即可。

方法：用喷雾剂 A 喷后，于 120℃加热 12 分钟，洋地黄苷 B、D 和 E 在长波紫外光下产生蓝色荧光。层析板于 120℃再加热，然后以喷雾剂 B 轻喷之，在紫外光下洋地黄苷 A 和 C 又分别显示橙色和灰蓝色。

(9) 2，4，2'，4'-四硝基联苯(2，4，2'，4' Tetranitro-Diphenyl)。

喷雾剂 A：本品的饱和苯溶液。

喷雾剂 B：10%氢氧化钾的甲醇-水(1∶1)溶液。

方法：先以喷雾剂 A 喷之，室温干燥后，再喷喷雾剂 B，强心苷类呈蓝色。

11．有机酸类

(1) 溴酚蓝试剂(Bromophenol Blue)。

① 0.1 g 溴酚蓝溶解在 5 mL 乙醇中，再与 3 mL0.05N 氢氧化钠和 2 mL 水混合。

② 0.04 g 溴酸蓝乙醇溶液，用 0.1N 氢氧化钠调至微碱性即可。

(2) 溴甲酚绿(蓝)指示剂(Bromocresol Green(Blue)Indicator)。

溴甲酚绿 0.04 g 溶于乙醇 100 mL，加 0.1N 氢氧化钾溶液至蓝色刚出现。喷前薄层背景上显黄色，如果展开剂中含乙酸，则在喷雾前将薄层于 120℃烘干，除去乙酸。

(3) 溴甲酚紫(红)指示剂(Bromocresol Purple(Red)Indicator)。

溴甲酚紫 0.04 g 溶于 50%乙醇 500 mL 中，用 0.1N 氢氧化钾溶液调至 pH = 10.0。喷前薄层在 100℃烤 10 分钟，冷至室温后喷显色剂。有机酸存在时，在蓝色背景上显现黄色。

(4) 百里酚酞碱溶液(Thymolphthalein)。

百里酚酞 50 mg 溶于 2%氢氧化钠溶液 100 mL，喷后在灰色或蓝色背景上显现白色斑点。

(5) 过氧化氢(Hydrogen Peroxide)。

用 0.3%过氧化氢水溶液喷后用长波紫外光照射至产生最强蓝色荧光为止。此试剂用于检测芳香酸。

(6) 葡萄糖-苯胺试剂(Schweppe's)。

10%葡萄糖水溶液与 10%苯胺的乙醇溶液各 20 mL 混合后，用正丁醇稀释至 100 mL，喷后于 125℃加热 5～10 分钟。当有机酸存在时，于白色背景下显现深棕色斑点。

(7) 碘化物-淀粉试剂(Iodide-Starch)。

8%碘化钾溶液、2%碘化钾溶液及 1%淀粉溶液等量混合，用前新配。喷后在白色或浅蓝色背景上显现深蓝色，灵敏度为 2 μg。

(8) 二氯靛酚试剂(Dichloroindophennl)。

2，6-二氯靛酚 0.1 g 溶于 95%乙醇 100 mL。喷后加热片刻，在天蓝色背景上显现粉红色。如加热时间延长，则酮酸转变为白色，而其它羧酸不变，故可识别酮酸。

(9) 联苯胺-亚硝酸钠试剂(Benzidine-Sodium Nitrite)

溶液 A：联苯胺 2.5 g 溶于浓盐酸 7 mL 及水 500 mL 中所成的溶液。

溶液 B：10%亚硝酸钠溶液。

方法：临用前将溶液 A 与溶液 B 以 3∶2 混合，喷后于 254 nm 波长紫外灯下观察荧光。此试剂用于检测有机酸类。

(10) 2，6-二氯苯酚-靛酚钠盐(2，6-Dichlorophenol-Indophenol Sodium)。

该试剂为 0.1%2，6-二氯苯酚-靛酚钠盐的乙醇溶液。喷后稍加热，在蓝色背景上可呈现红色斑点，用于检测有机酸、酮酸。

(11) 吖啶试剂(Acridine)。

该试剂为 0.05 吖啶的乙醇溶液，用于检测苹果酸等。

12．其它类化合物

(1) 硫酸肼(Hydrazinium Sulphate)

取硫酸肼饱和的水溶液 90 mL 同 10 mL 4N 盐酸溶液混合。于长波紫外光下分别观察暴置于蒸汽前后的湿层析谱。该试剂用于检测胡椒酸、香草醛及乙基香草醛。

(2) 偏高碘酸钠-联苯胺(Meta-Periodate Sodium-Benzidine)。

喷雾剂 A：0.1%偏高碘酸钠的水溶液。

喷雾剂 B：将 1.8 g 联苯胺溶于 50 mL 0.2N 盐酸，先喷喷雾剂 A，5 分钟后再喷喷雾剂 B。含 1，2-二醇基(糖、多元醇)的化合物在蓝色背景下可出现白色的斑点。

(3) 四乙基铅(Lead Tetraethyl)。

以 1%四乙基铅的苯溶液喷雾，喷后于 110℃加热 5 分钟。含 1，2-二醇基的化合物在棕色背景下出现白色斑点。

(4) 乙二胺(Ethylenediamine)。

将乙二胺与等体积的水或稀氢氧化钠溶液混合即得，喷后于 50℃～60℃加热 20 分钟，于短波或长波紫外光下检查，用于检测儿茶酚胺类化合物。

(5) 氯化铜试剂(Copper Chloride)。

该试剂为 0.5%氯化铜的水溶液。β-肟络合物在喷后立即呈绿色；α-肟络合物则于喷雾后在 110℃加热 10 分钟才产生棕绿色的斑点。

(6) 甲醛-硫酸(Formaldehyde-Sulphuric Acid)。

将 0.2 mL 37%甲醛溶液溶于 10 mL 浓硫酸中，展开后的层析板立即用该试剂喷之。该试剂用于检测多环芳香族化合物，不同的芳香族化合物可产生不同的颜色，也可用于生物碱的测定。

(7) 铁氰化钾(Potassium Ferricyanide)。

溶液 A：1%铁氰化钾水溶液。

溶液 B：15%氢氧化钠溶液。

喷雾剂：取 1.5 mL 溶液 A，以 20 mL 水稀释之，加 10 mL 溶液 B 即得。喷后于长波紫外光下观察，用于检测维生素 B(硫胺反应)。

(8) 硝普钠-氢氧化钠(Sodium Nitroprusside-Sodium Hydroxide，Legal 试验)。

配制见强心苷(3)。对于甲基酮、活性亚甲基的化合物呈红-紫色斑点。

(9) 羟胺-氯化铁(Hydroxylamine-Ferric Chloride)。

溶液 A：将 20%氯化羟基胺(盐酸羟胺)溶于 50 mL 水中，加乙醇稀释至 200 mL，存放于冷处。

溶液 B：将 50 g 氢氧化钾溶于最少量的水中，用乙醇稀释至 500 mL。

喷雾剂 A：将溶液 A 与 B 以 1∶2 之比混合，并把氢氧化钾沉淀滤去，所得最终溶液应保存于冰箱中，此液约可稳定 2 周。

喷雾剂 B：将 10 g 氯化铁($FeCl_3 \cdot 6H_2O$)细粉溶于 20 mL36%盐酸中，加 20 mL 乙醚共同振摇直至成均匀溶液为止。此试剂在密闭容器中可保存较长时间。

方法：层析谱先喷喷雾剂 A，在室温稍干燥后，再以喷雾剂 B 喷之。

(10) 硝酸银-高锰酸钾(Silvernitrate-Hypermanganate Potassium)

溶液 A：临用前将 0.1N 硝酸银、2N 氢氧化铵和 2N 氢氧化钠以 1∶1∶2 之比混合即得。

溶液 B：将 0.5 g 高锰酸钾和 1 g 碳酸钠溶于 100 mL 水中即得。

喷雾剂：将等体积的溶液 A、B 混合。因本试剂不稳定，所以应临用前新配。喷后还原型物质在蓝-绿色背景下可出现淡黄色斑点。

(11) 硝酸银-氢氧化铵(Tollen's 或 Zaffaroni's)。

0.1N 硝酸银与 5N 氢氧化铵于临用前按 1∶5 混合即得。

(注意该试剂久置会生成叠氮化氢爆炸物)。喷后于 105℃加热 5～10 分钟，至暗黑色最深为止。该试剂用于检测还原性化合物。

(12) 磷铅酸、磷铅酸试剂。

配制见前面的检测生物碱及含氮化合物的试剂(13)、(14)。喷后于 120℃加热至形成最佳色斑为止，用于检测还原性化合物、类脂、甾醇及甾体化合物。

(13) 硫酸-硝酸铈铵(Sulphuric Acid-Ceric Ammonium Nitrate)。

该试剂为含 1%硝酸铈铵的 50%硫酸溶液，喷后于 105℃烘 10 分钟至显色，用于检测鬼臼毒素类化合物等。

(14) 4-羟基苯甲醛-硫酸(4-Hydroxy Benzaldehyde-Sulphuric Acid，Komarowsku's)。

溶液 A：50%硫酸。

溶液 B：2%4-羟基苯甲醛的甲醇溶液。

喷雾剂：使用前将溶液 A 5 mL 与溶液 B 50 mL 充分混合，喷后于 105℃加热 3～4 分钟或于 60℃加热 10 分钟，若存在皂苷元、皮质甾体(α 位未取代的 3-甾酮类化合物)应产生黄或粉红色斑点。

(15) 斯托克试剂(Stake's)。

溶解 30 g 硫酸亚铁($FeSO_4$)和 20 g 酒石酸于水中，稀释至 pH = 11，在临用前加浓氨水至沉淀刚出现又重新溶解为止。

(16) 碘化钾-碘化汞(Brucske's)。

溶解 50 g 碘化钾于 500 mL 水中，再用碘化汞使之饱和(约需 120 g)。用时稀释即可。

(17) 埃斯巴赫试剂(Esbach's)。

该试剂为 10%苦味酸和柠檬酸的水溶液。

附录3　常用溶剂物理常数和精制方法

溶剂	沸点	介电常数	比重	一般精制处理	备　注
石油醚	30℃～60℃ 60℃～90℃ 90℃～120℃			工业石油醚1 kg用工业硫酸80 mL充分振摇，放置，分出下层，可根据硫酸层颜色的深浅，酌情振摇两到三次，石油醚用少量稀氢氧化钠洗，再用水洗至中性，无水氯化钙干燥，重蒸，按沸程收集	一般国外沸程30℃～70℃称为石油醚(Petroleum ether)，50℃～70℃称为Petroleum benzino，75℃～120℃称为Ligroin
苯	80.1℃	2.3	0.879	处理同上	
乙醚	34.8℃	4.5	0.716	工业乙醚加硫酸亚铁或10%亚硫酸氢钠溶液振摇(除去过氧化物和水溶性杂质)1～3次，以无水氯化钙干燥，重蒸①	
氯仿	61.2℃	5.2	1.439	以稀氢氧化钾洗涤，再用水洗2～3次，以无水氯化钙干燥，重蒸	氯仿不能用金属钠干燥，因其容易引起爆炸
乙酸乙酯	77.1℃	6.1	0.902	工业用乙酸乙酯用50%碳酸钠洗至2次，以无水氯化钙干燥，重蒸	
丙酮	56.2℃	21.5	0.790	工业丙酮加高锰酸钾，摇匀，放置1～2天(或回流4小时，至高锰酸钾颜色不褪，以无水硫酸钠干燥，重蒸)	不宜用金属钠、五氧化二磷脱水，不宜用于处理氧化铝。经高锰酸钾处理后，重蒸时务必小心，蒸至小体积即可，不得蒸干，因有时候能产生过氧化物，引起爆炸
乙醇	78.8℃	26.8	0.794②	工业酒精加生石灰回流2～4小时，重蒸	
甲醇	54.6℃	31.2	0.742	一般重蒸即可，如含有醛酮，可以用高锰酸钾大致测定醛酮含量，加过量的盐酸羟胺回流4小时后，重蒸	
吡啶	115.4℃		0.787	用氢氧化钾干燥重蒸	

注：① 本表所列重蒸，一般可收集沸点上下2℃的馏出部分。

② 此处为15℃测定。

附录4　常用溶剂性质表

溶剂的极性与洗脱能力大小取决于溶剂的分子结构，在很大程度上可以用介电常数来比较。

溶剂名称及结构	沸点/℃	介电常数	溶解度(20℃～25℃)	
			溶剂在水中	不在溶剂中
石油醚	30～65	1.80	不溶	不溶
正己烷	69	1.88	0.00095%	0.01111%
环己烷	81	2.02	0.010%	0.0055%
二氧六环	101	2.21	任意混合	
四氯化碳	77	2.24	0.077%	0.010%
苯	80	2.29	0.1780%	0.063%
甲苯	111	2.37	0.1515%	0.0334%
间二甲苯	137	2.38	0.0176%	0.5402%
二硫化碳	46	2.64	0.294%	<0.005%
乙醚	35	4.34	6.04%	1.468%
醋酸戊酯	149	4.75	0.17%	1.15%
氯仿	61	4.81	0.815%	0.072%
醋酸乙酯	77	6.02	8.08%	2.94%
醋酸	118	6.15	任意混合	
苯胺	184	6.89	3.38%	4.76%
四氢呋喃	66	7.58	任意混合	
苯酚	180	9.78	8.66%	28.72%
1.1-二氯乙烷	57	10	6.03%	<0.2%
1.2-二氯乙烷	84	10.4	0.81%	0.15%
吡啶	115	12.3	任意混合	
叔丁醇	82	12.47	任意混合	
正戊醇	138	13.9	2.19%	7.41%
异戊醇	131	14.7	2.67%	9.61%
仲丁醇	100	16.56	12.5%	44.1%
正丁醇	118	17.8	7.45%	20.5%
环己酮	157	18.3	2.3%	8.0%
甲乙酮	80	18.5	24%	10.0%
异丙醇	82	19.92	任意混合	
正丙醇	97	20.3	任意混合	
醋酐	140	20.7	微溶	
丙酮	56	20.7	任意混合	
乙醇	78	24.3	任意混合	
甲醇	64	33.6	任意混合	
二甲基甲酰胺	153	37.6	任意混合	
乙腈	82	37.5	任意混合	
乙二醇	197	37.7	任意混合	
甘油	390	42.5	任意混合	
甲酸	101	58.5	任意混合	
水	100	80.4	任意混合	
甲酰胺	211	101	任意混合	

注：有机溶剂多易燃、有害或有毒。

附录5　分离各类成分的溶剂系统和显色剂

化合物类型	溶剂系统	显色剂
脂肪酸及其酯类	乙醚-乙烷-甲醇(25：74：1)	50%硫酸
	乙醚-乙烷(30：100)	
	二乙醚-石油醚(5：95)	
	己烷-苯(65：35)	
	己烷-苯(5：5)	5%邻钼酸的4%盐酸醇溶液
蜡质类	二乙醚-乙醚(5：95)	5%硫酸
胆固醇类	石油醚-二乙醚(4：1)	
	二乙醚	
含氧脂肪酸	二乙醚-石油醚(4：1)	
甾醇类	异丁醇-氯仿(1.5：98.5)	50%硫酸
	氯仿	
	己烷-乙醚(4：1)	
	己烷-苯(5：3)	
	石油醚-苯(5：3)	
	石油醚-氯仿-醋酸(75：25：0.5)	
五环三萜	苯-5%盐酸 醋酸乙酯 苯	5%硫酸和5%醋酸
单甾烃类	己烷 苯	五氯化锑氯仿溶液
帖醇类	己烷-乙醚(4：1) 己烷-苯(5：3) 石油醚-氯仿-醋酸(75：25：0.5)	50%硫酸三氯化锑氯仿溶液
挥发油	己烷-醋酸-氯仿(6：2：2) 甲苯-醋酸乙酯(7：3)	1%香荚兰醛硫酸溶液碘
内酰胺衍生物	醋酸乙酯	
雌性激素	异辛烷-氯仿-乙醇(40：70：18)	50%硫酸乙醇溶液
吡啶同系物		Dragendorff 试剂

附录 6　常用酸碱性溶液的比重及配制方法

1．常用酸溶液

名称(分子式)	比重/d	含量/(W/W，%)	近似当量浓度	配制溶液的浓度(配制 1 L 所需 mL 数)				配制方法
				6N	2N	1N	0.5N	
HCl	1.18～1.19	36～38	12	500	167	83	42	量取所需浓酸加水
HNO_3	1.39～1.40	65.0～68.0	15	381	128	64	32	稀释至 1 L
H_2SO_4	1.83～1.84	95.0～98.0	36	167	56	28	14	量取所需浓酸，在不断搅拌下缓缓加入适量水，冷却后加水至 1 L
H_3PO_4	1.69	85	45	116	36	18	9	量取所需浓酸，加入适量水稀释至 1 L
冰 HAC	1.05	99.9	17	353	118	59	30	同上
$HClO_4$	1.68	70	12	500	167	83	42	同上
HF	1.13	40	22.5	206	69	35	18	同上
HBr	1.49	47.0	9	667	222	111	56	同上

2．常用碱溶液

名称(分子式)	配制溶液的浓度(配制 1 L 溶液所需 g(mL)数)				配制方法
	6N	2N	1N	0.5N	
NaOH	240	80	40	20	称取所需试剂溶于水，冷却后加水至 1 L
KOH	339	113	56.5	28	同上
NH_4OH①	(400)	(134)	(77)	(39)	量取氨水加水至 1 L
$[Ba(OH)_2]H_2O$	饱和溶液的浓度约为 0.4 N，配制 0.1 N 需 15.78 g				配成饱和溶液
$Ca(OH)_2$	饱和溶液浓度约 0.04 N				同上

注：① 浓氨水比重为 0.9～0.91，含 NH_3 28.0%(W/W，%)近似当量浓度为 15 N。

附录 7　乙醇浓度稀释表

浓乙醇 1000 mL 稀释时加入的水量(mL)(20℃)见下表。

原乙醇浓度	拟稀释浓度												
/%	30	35	40	45	50	55	60	65	70	75	80	85	90
35	167												
40	335	144											
45	505	290	127										
50	647	436	255	114									
55	845	583	384	229	103								
60	1017	730	514	344	207	95							
65	1189	878	644	460	311	190	88						
70	1360	1027	774	577	417	285	175	81					
75	1535	1177	906	694	523	382	264	163	79				
80	1709	1327	1039	812	630	480	353	246	153	70			
85	1884	1478	1172	932	738	578	443	329	231	144	68		
90	2061	1630	1306	1052	847	677	535	414	310	218	138	65	
95	2239	1785	1443	1174	957	779	629	501	391	295	209	133	64

举例：

(1) 将 95%(容量比)乙醇 1000 mL 稀释成 75%(容量比)乙醇，查表得需加水 295 mL。

(2) 将 75%(容量比)乙醇 1000 mL 稀释至 40%(容量比)乙醇，查表得需加水 906 mL。

附录 8 常用植物(中药、天然药物)成分分离系统

1. 中药化学成分预试分离系统

方法 I：

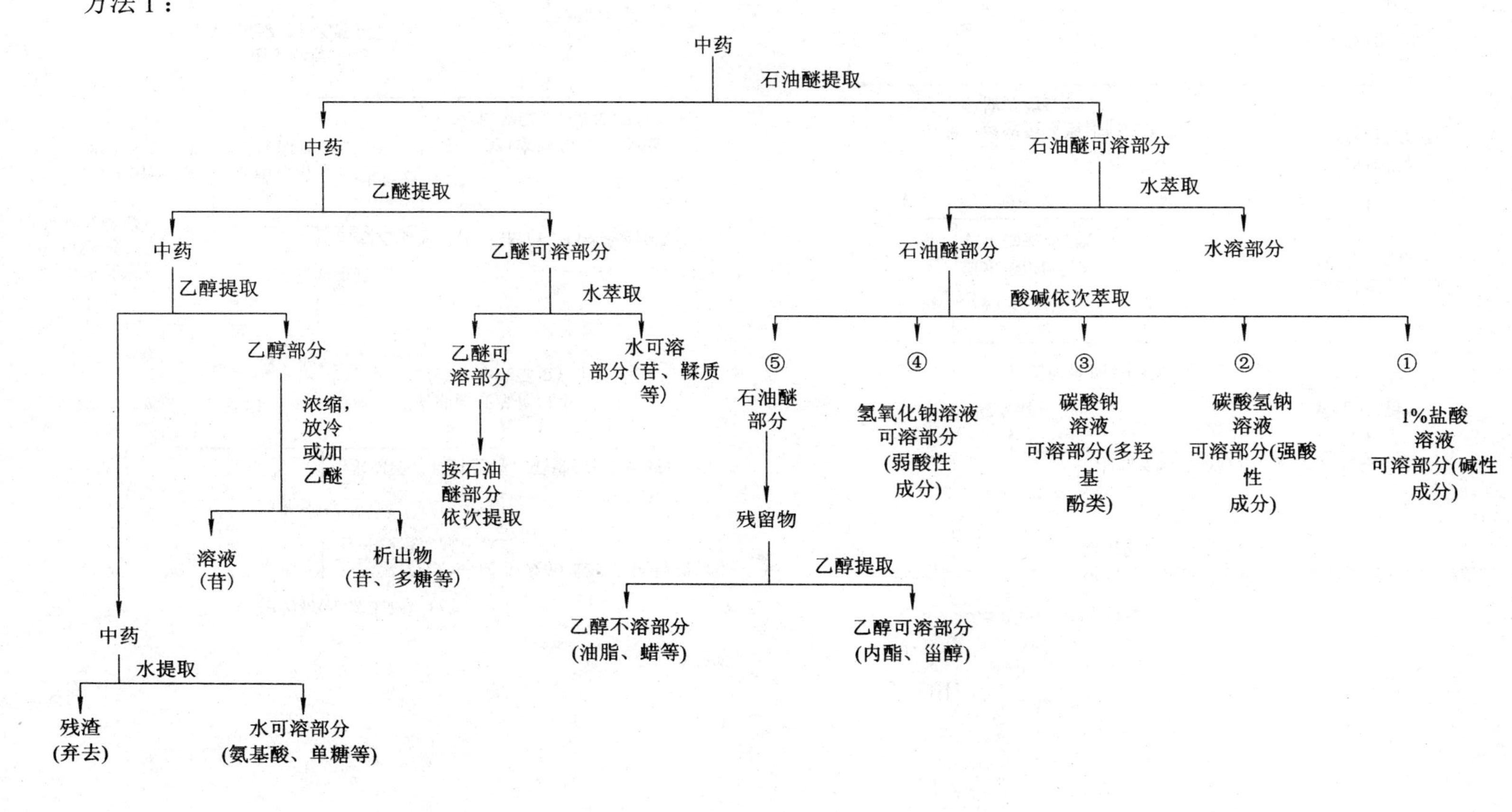

方法Ⅱ：

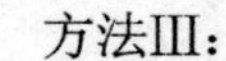

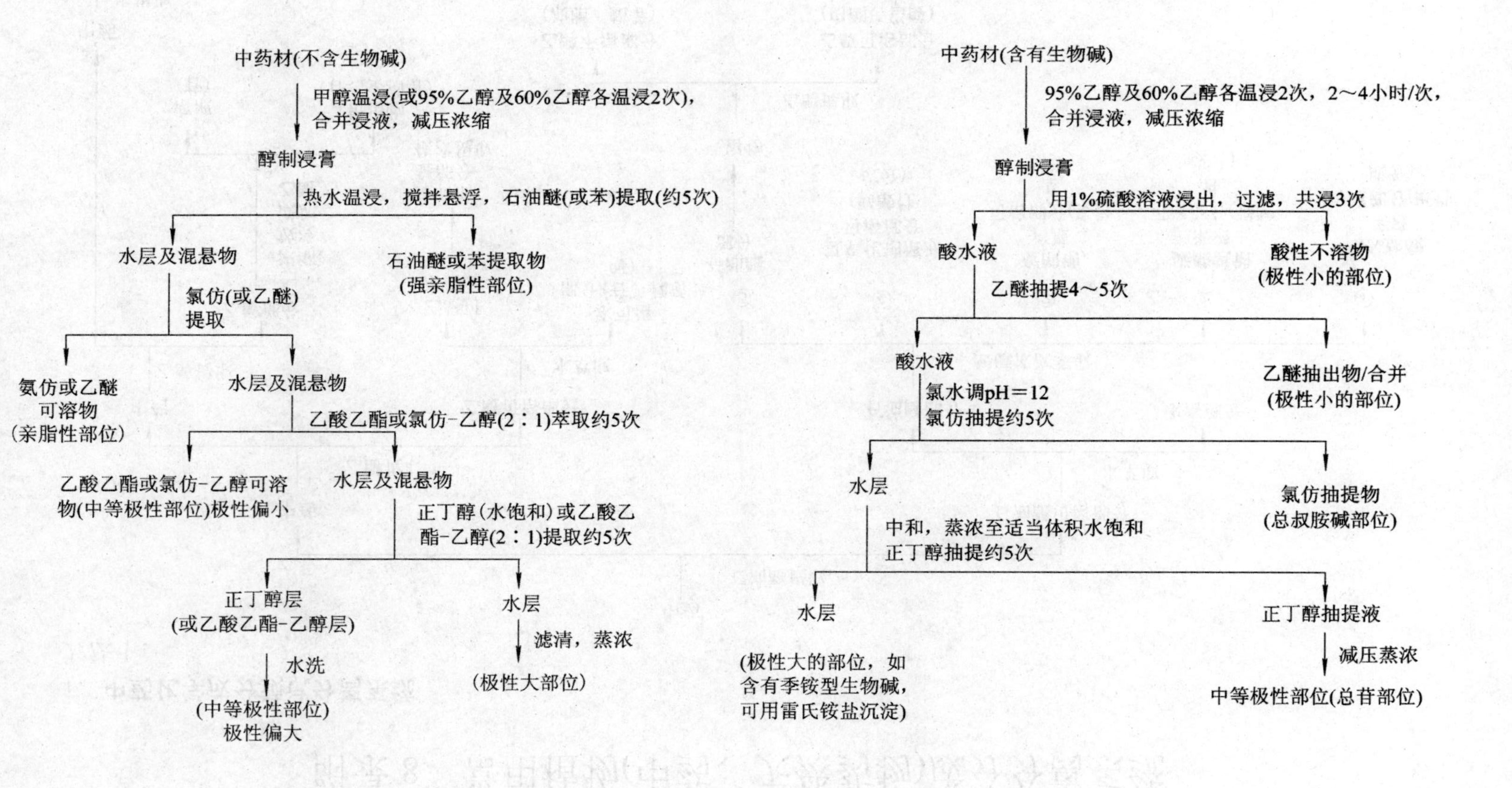
中药材(不含生物碱)
甲醇温浸(或95%乙醇及60%乙醇各温浸2次)，合并浸液，减压浓缩
醇制浸膏
热水温浸，搅拌悬浮，石油醚(或苯)提取(约5次)
水层及混悬物
石油醚或苯提取物
(强亲脂性部位)
氯仿(或乙醚)提取
氯仿或乙醚可溶物
(亲脂性部位)
水层及混悬物
乙酸乙酯或氯仿-乙醇(2：1)萃取约5次
乙酸乙酯或氯仿-乙醇可溶物(中等极性部位)极性偏小
水层及混悬物
正丁醇(水饱和)或乙酸乙酯-乙醇(2：1)提取约5次
正丁醇层
(或乙酸乙酯-乙醇层)
水洗
(中等极性部位)
极性偏大
水层
滤清，蒸浓
(极性大部位)
方法Ⅲ：
中药材(含有生物碱)
95%乙醇及60%乙醇各温浸2次，2～4小时/次，合并浸液，减压浓缩
醇制浸膏
用1%硫酸溶液浸出，过滤，共浸3次
酸水液
酸性不溶物
(极性小的部位)
乙醚抽提4～5次
酸水液
乙醚抽出物/合并
(极性小的部位)
氨水调pH=12
氯仿抽提约5次
水层
氯仿抽提物
(总叔胺碱部位)
中和，蒸浓至适当体积水饱和正丁醇抽提约5次
水层
(极性大的部位，如含有季铵型生物碱，可用雷氏铵盐沉淀)
正丁醇抽提液
减压蒸浓
中等极性部位(总苷部位)

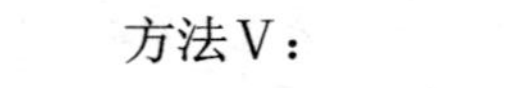

方法Ⅳ：

方法Ⅴ：

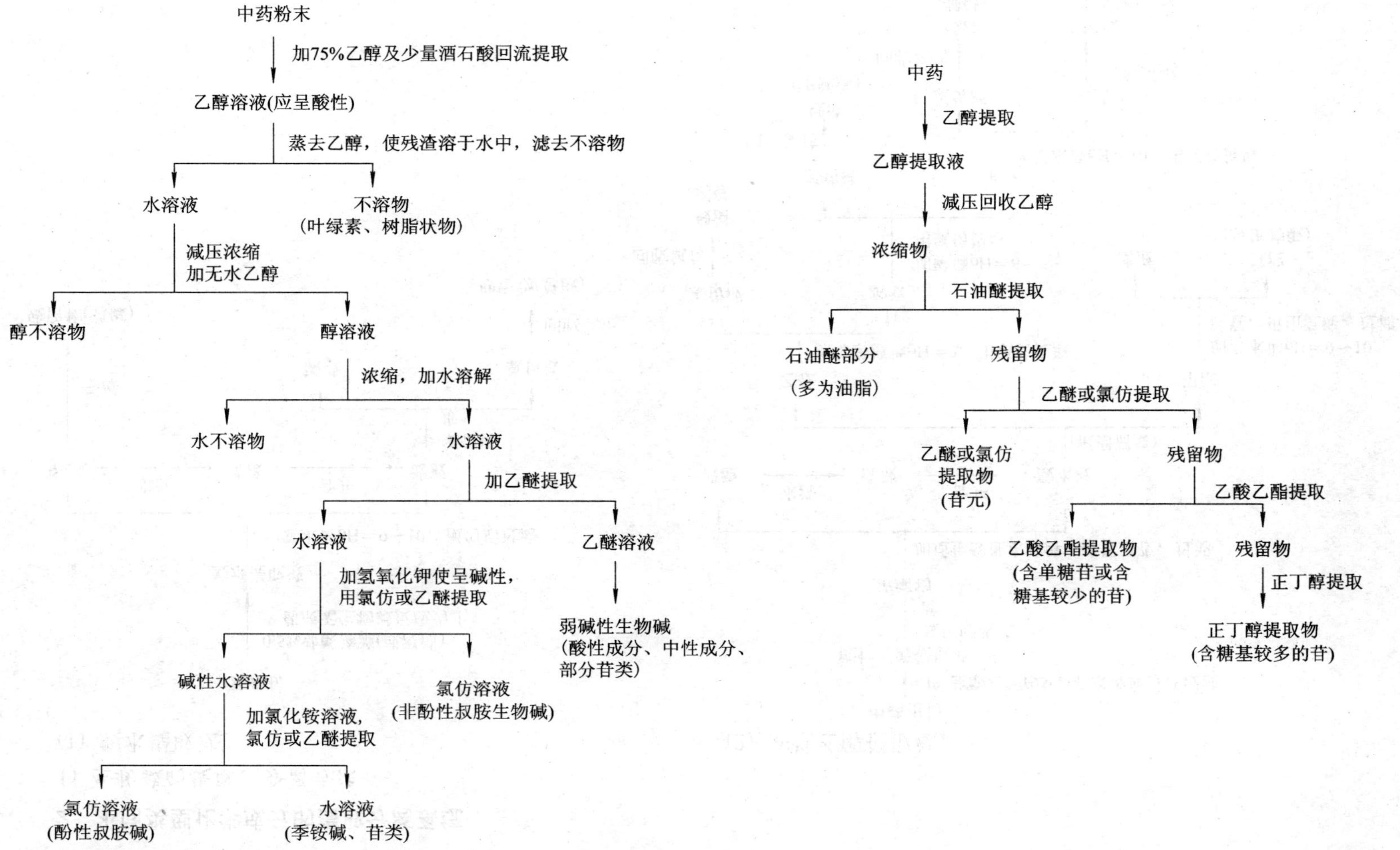

注：用于苷类成分的系统预试。

2. 不同类型化学成分的提取分离系统

1) 生物碱的提取、分离方法

(1) 酸水提取法。

(2) 酸性乙醇提取法。

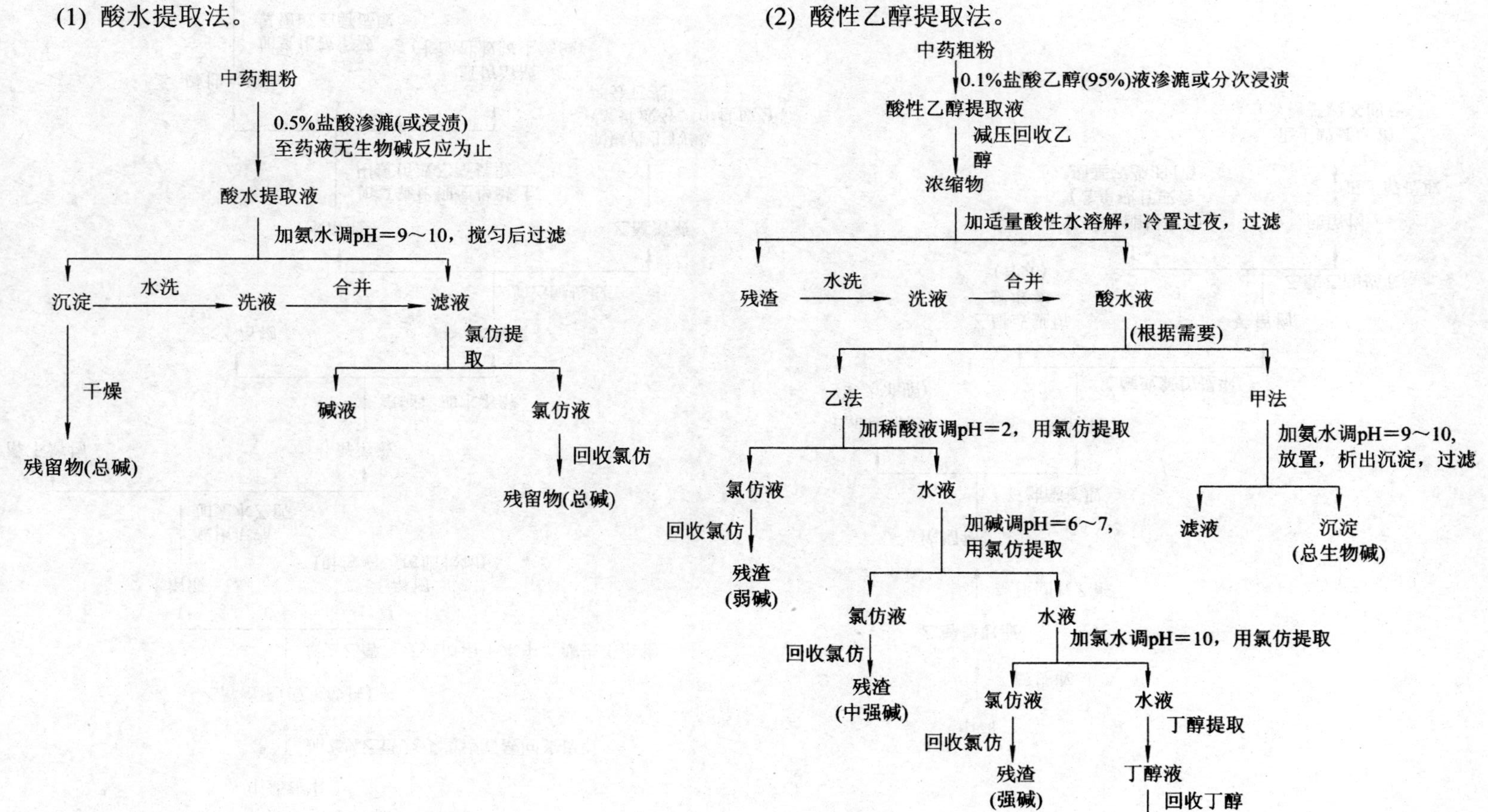

(3) 有机溶媒提取法。

(4) 离子交换树脂法。

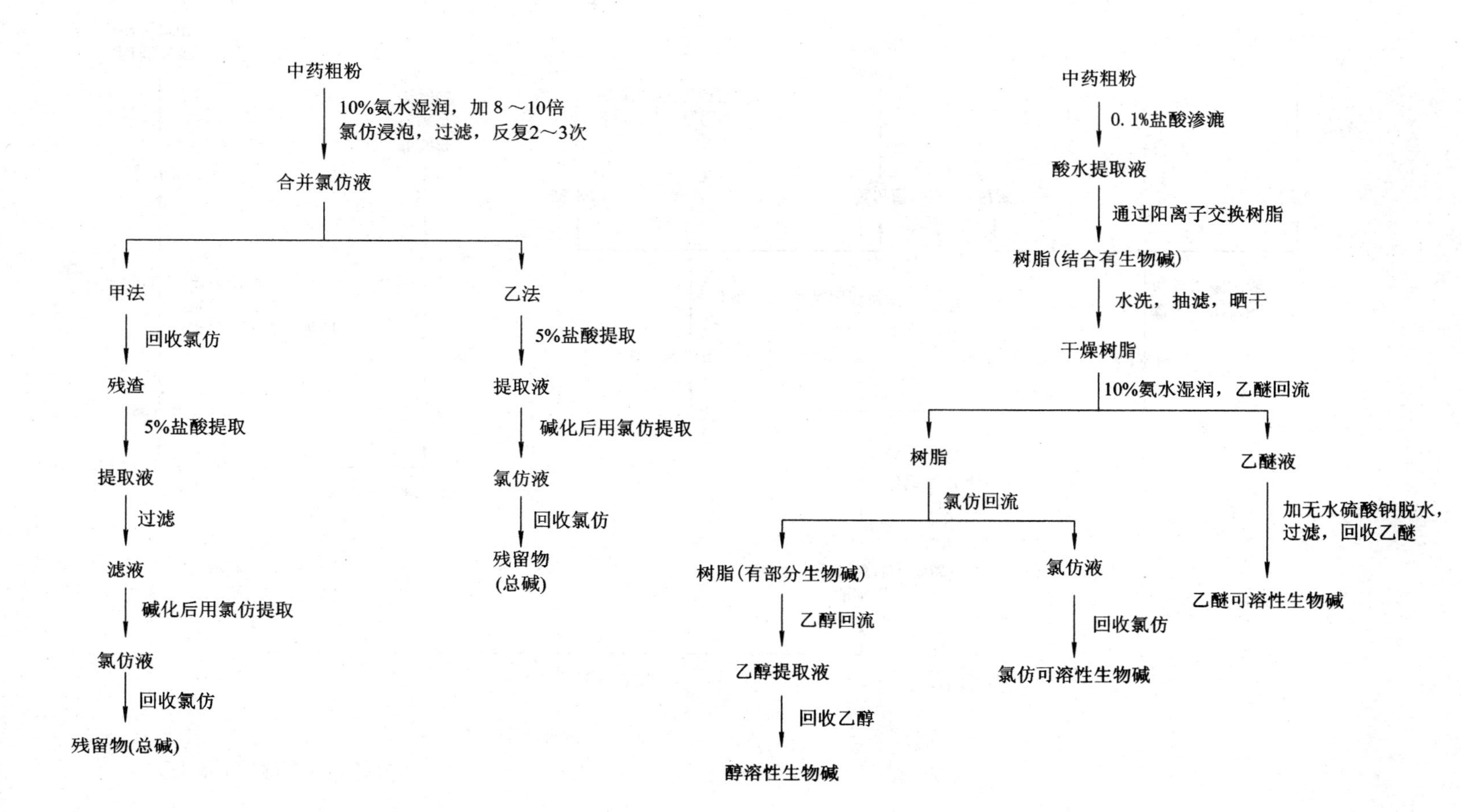

(5) 生物碱的部位分离。

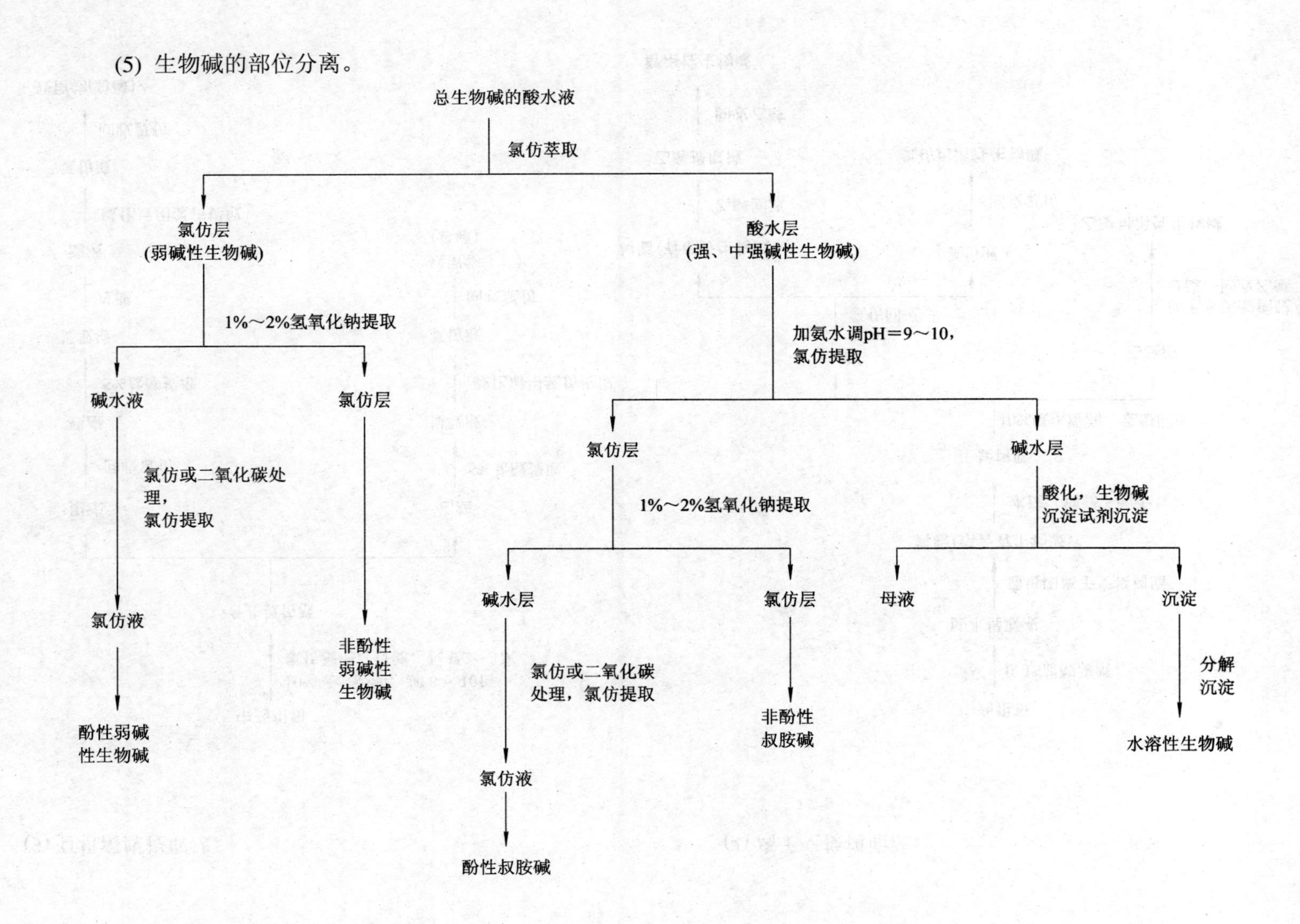
总生物碱的酸水液
氯仿萃取
氯仿层
(弱碱性生物碱)
酸水层
(强、中强碱性生物碱)
1%～2%氢氧化钠提取
碱水液
氯仿层
氯仿或二氧化碳处理，氯仿提取
氯仿液
酚性弱碱性生物碱
非酚性弱碱性生物碱
加氨水调pH＝9～10，氯仿提取
氯仿层
碱水层
1%～2%氢氧化钠提取
碱水层
氯仿层
氯仿或二氧化碳处理，氯仿提取
氯仿液
酚性叔胺碱
非酚性叔胺碱
酸化，生物碱沉淀试剂沉淀
母液
沉淀
分解沉淀
水溶性生物碱

(6) 叔胺碱的分离。

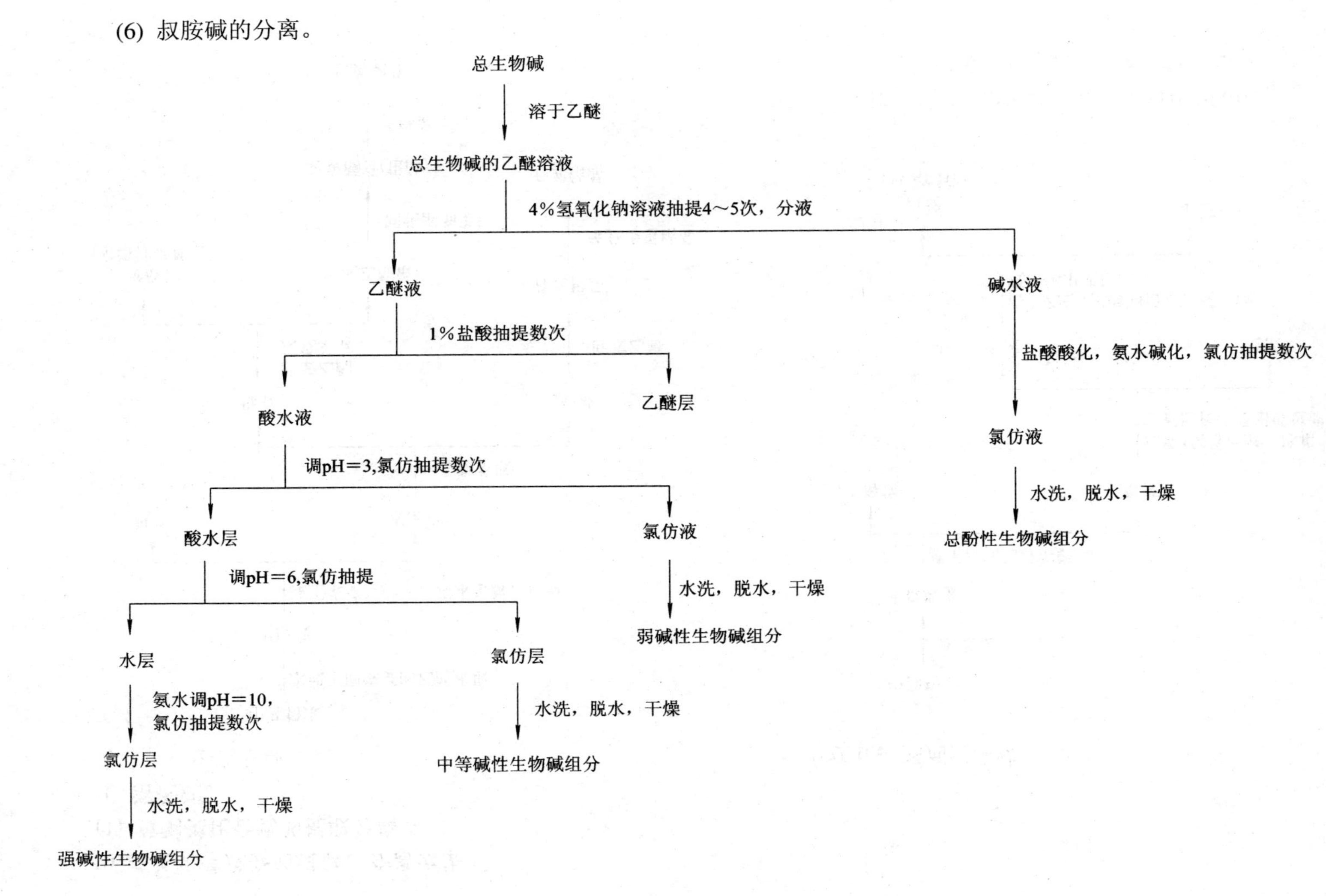
总生物碱
溶于乙醚
总生物碱的乙醚溶液
4%氢氧化钠溶液抽提4～5次，分液
乙醚液
碱水液
1%盐酸抽提数次
盐酸酸化，氨水碱化，氯仿抽提数次
酸水液
乙醚层
氯仿液
水洗，脱水，干燥
总酚性生物碱组分
调pH＝3,氯仿抽提数次
酸水层
氯仿液
水洗，脱水，干燥
弱碱性生物碱组分
调pH＝6,氯仿抽提
水层
氯仿层
氨水调pH＝10,
氯仿抽提数次
水洗，脱水，干燥
氯仿层
中等碱性生物碱组分
水洗，脱水，干燥
强碱性生物碱组分

2) 苷类化学成分的提取、分离方法

(1) 黄酮类化合物的提取分离。

① 溶剂法。

方法Ⅰ：溶剂萃取法。

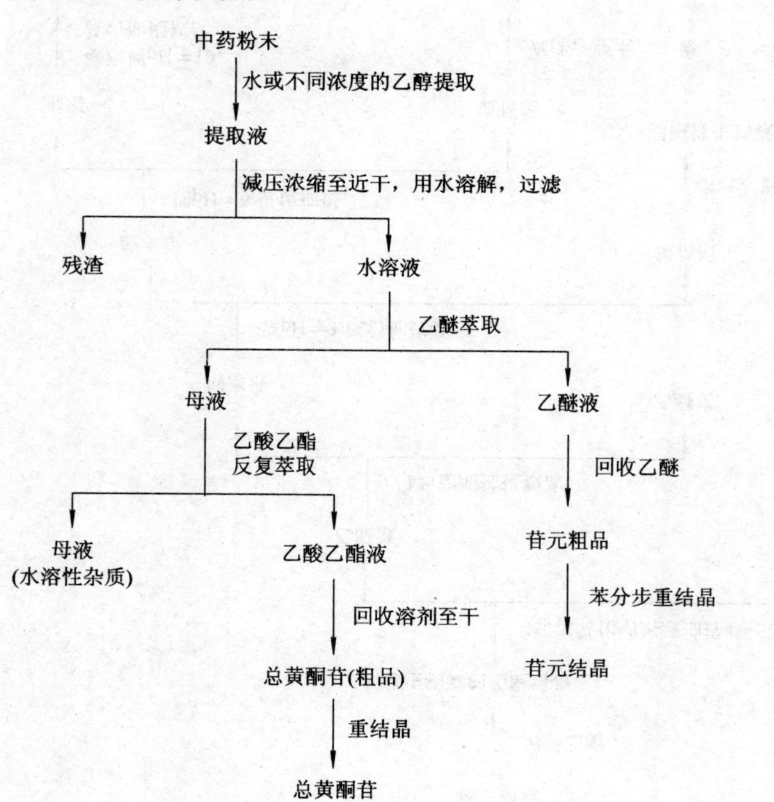

方法Ⅱ：溶剂沉淀法。

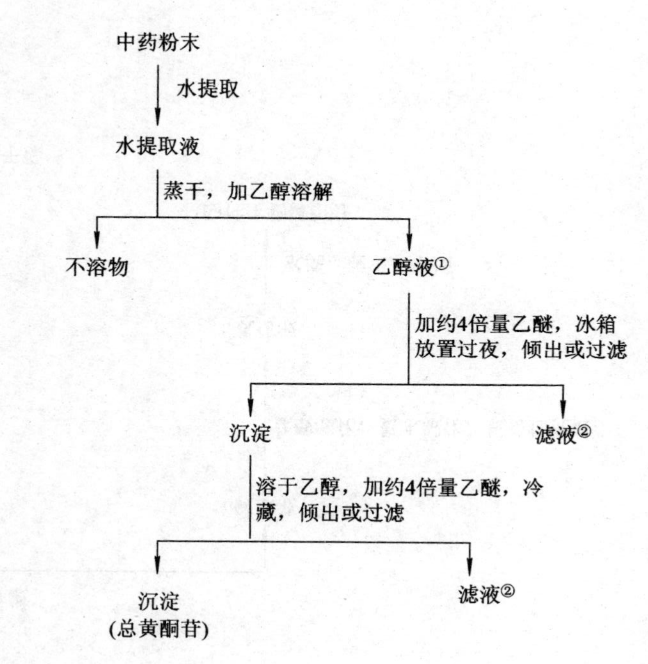

注：① 乙醇溶液如体积过大，可适当浓缩。

② 滤液中可能含有醚溶性黄酮苷元。

② 铅盐沉淀法。

中药粉末
↓ 70%乙醇提取
乙醇提取液
↓ 减压浓缩
浓缩液
↓ 加饱和醋酸铅水溶液

- 沉淀 I
  ↓ 混悬于不或乙醇中，脱铅，过滤
  滤液
  ↓ 减压浓缩②
  黄酮粗品③
- 母液
  ↓ 加碱式醋酸铅溶液
  - 沉淀 II
    ↓ 同沉淀 I 处理
    黄酮粗品④
  - 母液①

注：① 某些酸性很微弱的黄酮可能残留在母液中。
② 浓缩后也可用乙酸乙酯萃取。
③ 羟基较多、酸性较强的黄酮遇醋酸铅沉淀。
④ 羟基较少、酸性较弱的黄酮遇碱式醋酸铅沉淀。

③ 聚酰胺吸附法。

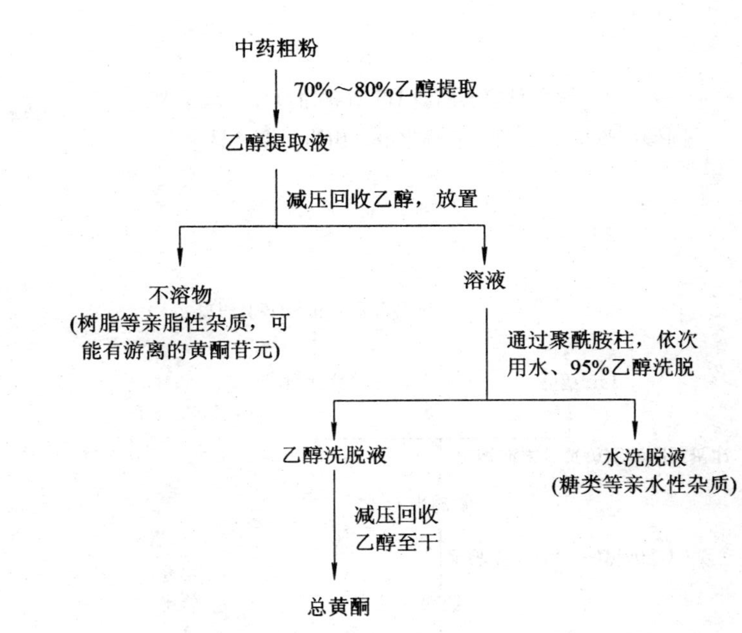

(2) 蒽醌类化合物的提取分离。

① 乙醇提取法。

② 亲酯性有机溶剂提取法。

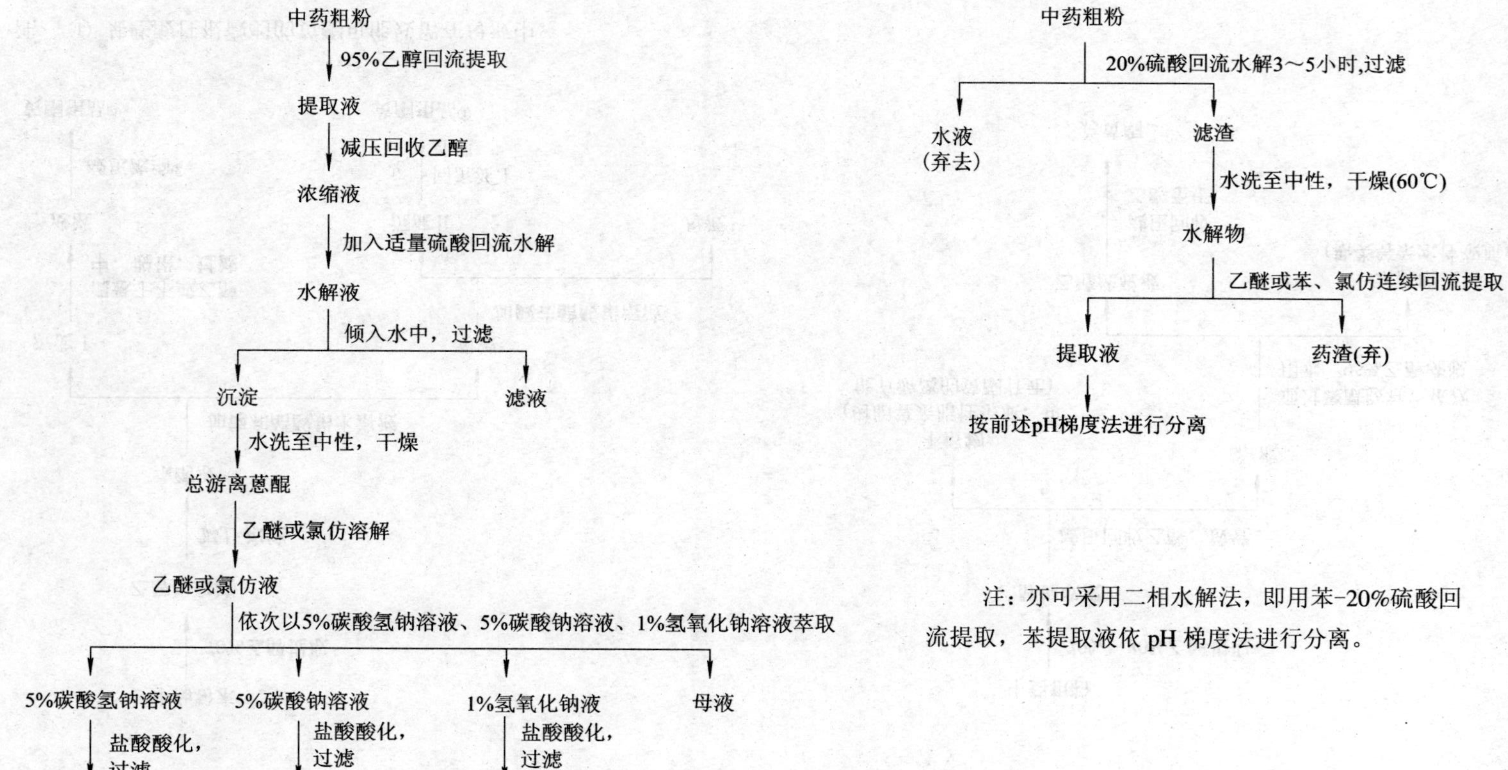

注：亦可采用二相水解法，即用苯-20%硫酸回流提取，苯提取液依 pH 梯度法进行分离。

(3) 香豆素类化合物的提取分离。

① 水提取法。

② 碱溶酸沉法。

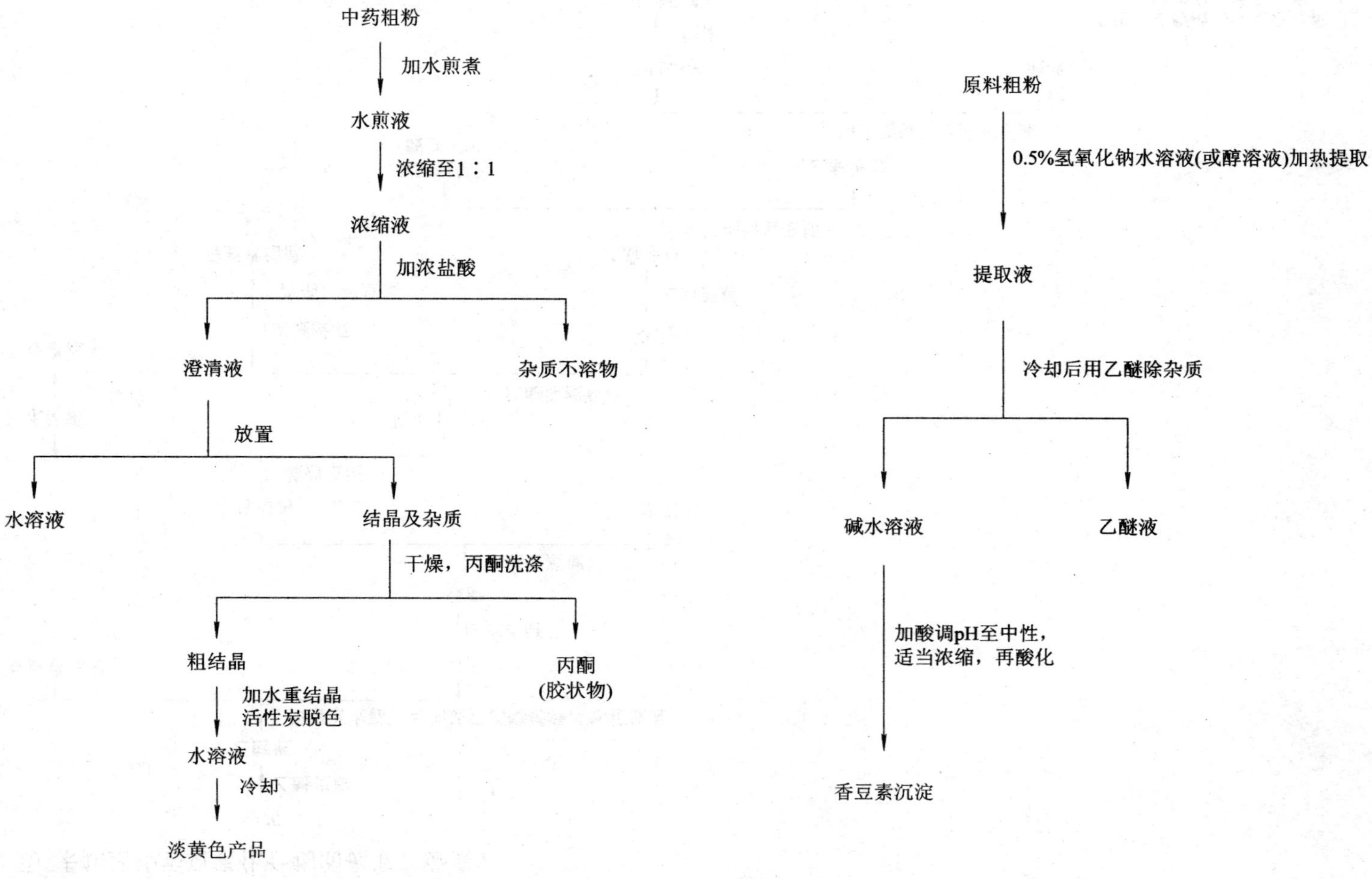

注：用碱提取时，碱的浓度不能太大，加热时间不宜长，以免成分结构被破坏。

③ 未知结构香豆素化合物的提取、分离。

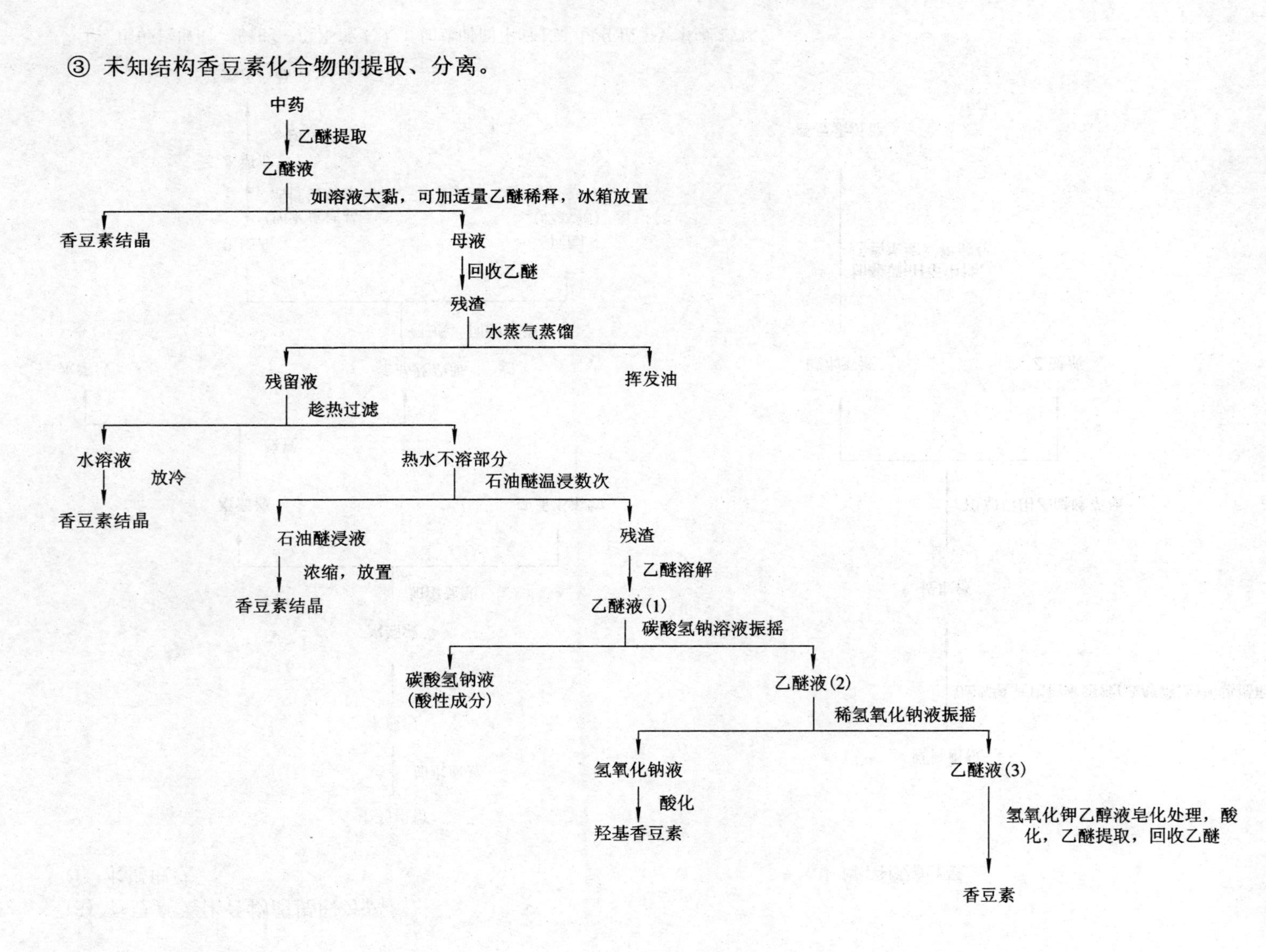

(4) 强心苷的提取、分离方法。

① 总强心苷的提取、纯化。

② 强心苷的提取、分离。

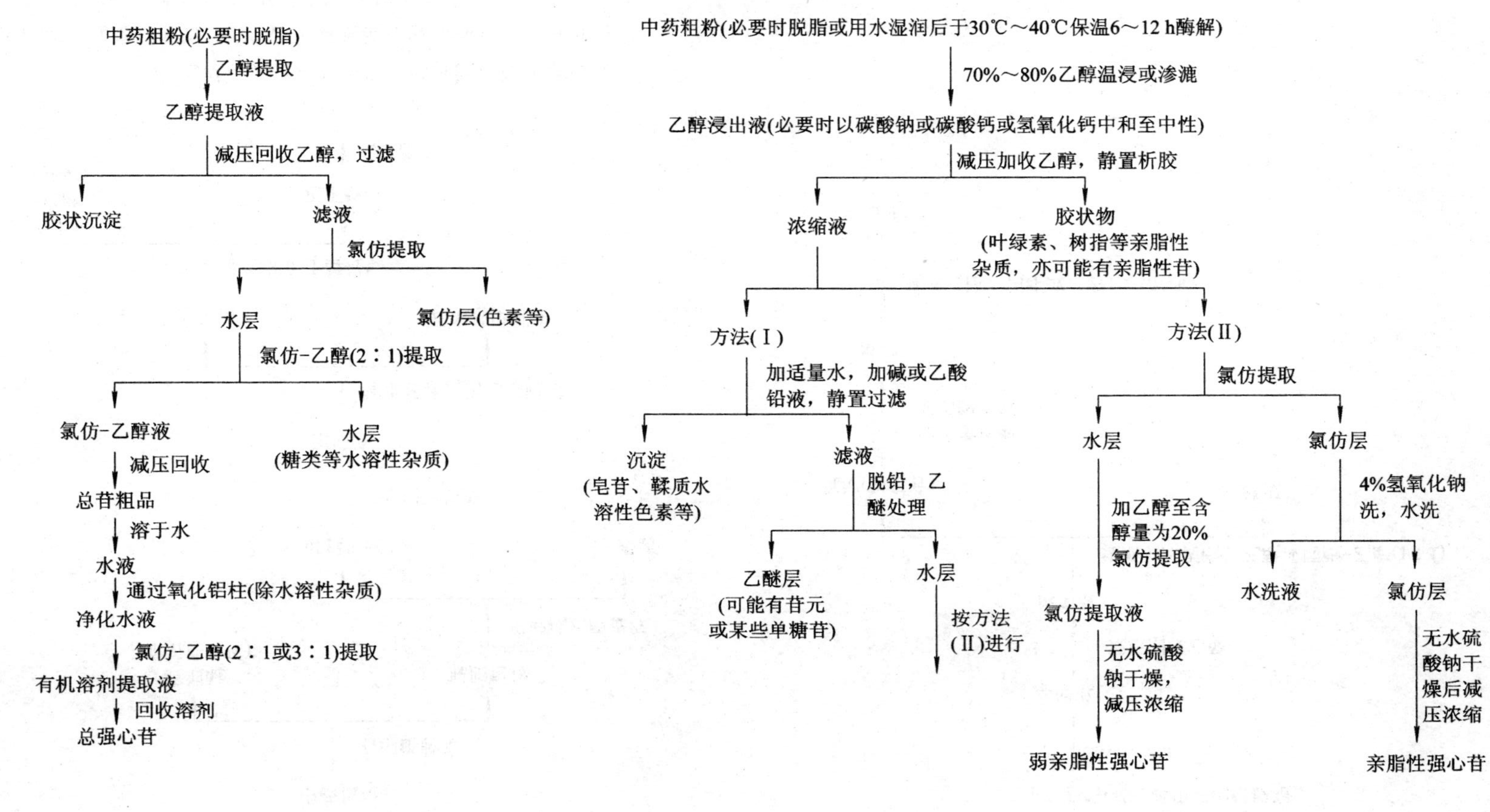

(5) 皂苷的提取方法。

① 正丁醇提取法。

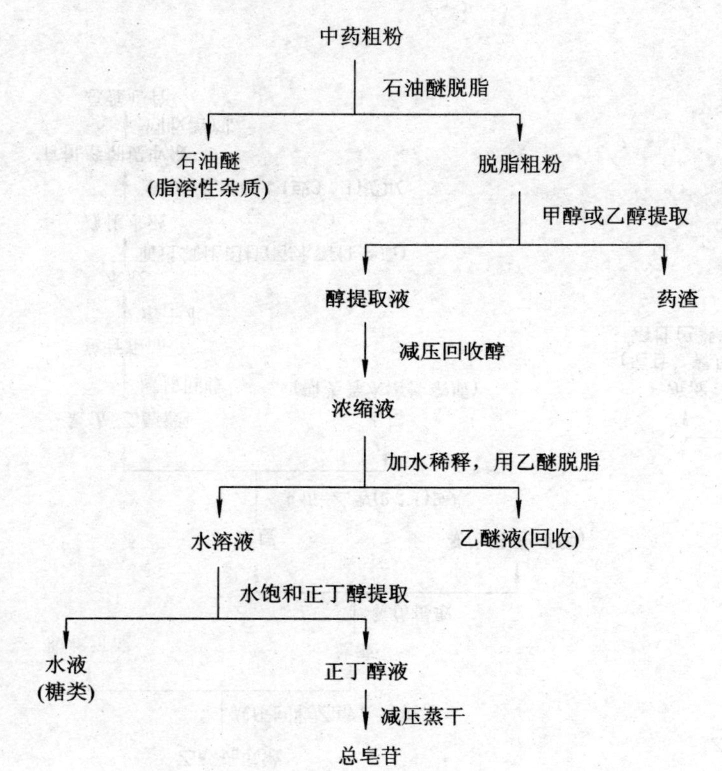

注：① 乙醚沉淀时，开始析出的沉淀往往含杂质较多，过滤后再加入乙醚，可得到纯度较高的皂苷。也可利用分段沉淀法，将不同的皂苷分别沉淀出。

② 乙醚沉淀法亦可配合正丁醇萃取法，用于粗皂苷的精制。

② 丙酮或乙醚沉淀法。

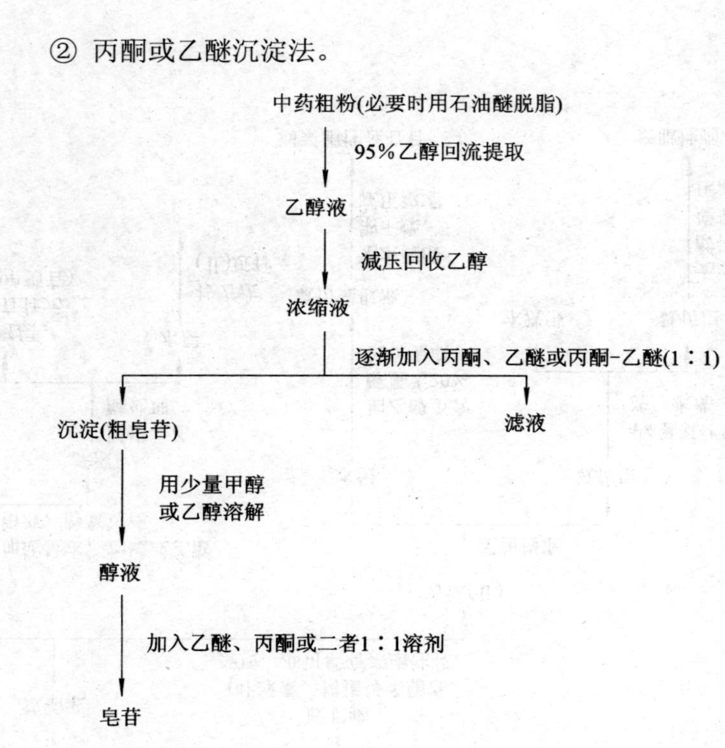

③ 大孔吸附树脂纯化法。

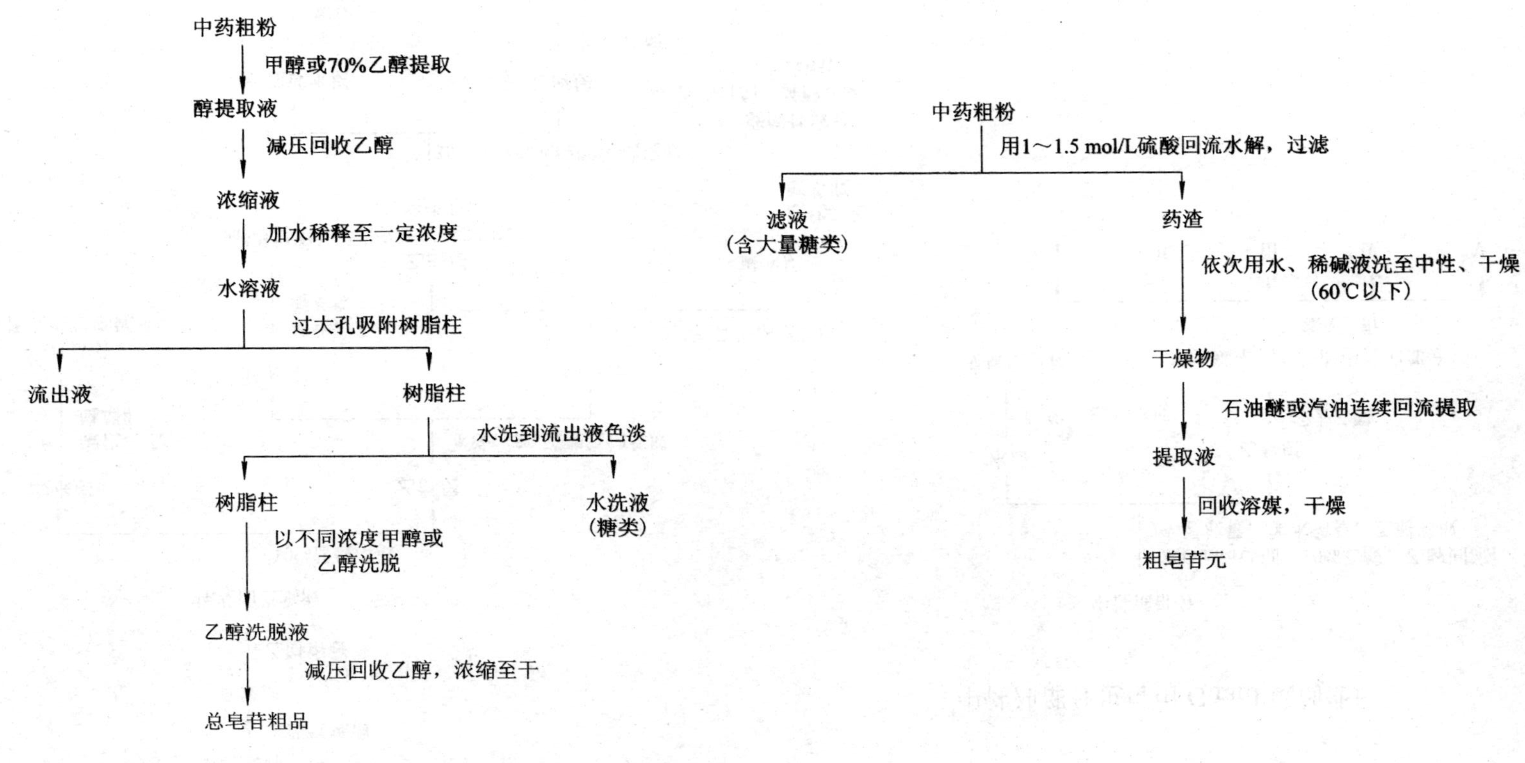

注：① 10%～30%的甲醇或乙醇用于洗脱极性较大的皂苷。

② 50%以上的甲醇或乙醇用于洗脱极性较小的皂苷。

④ 皂苷元的提取(酸水解法)。

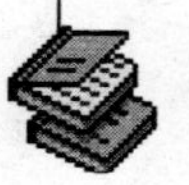

3) 挥发油的提取、分离方法。

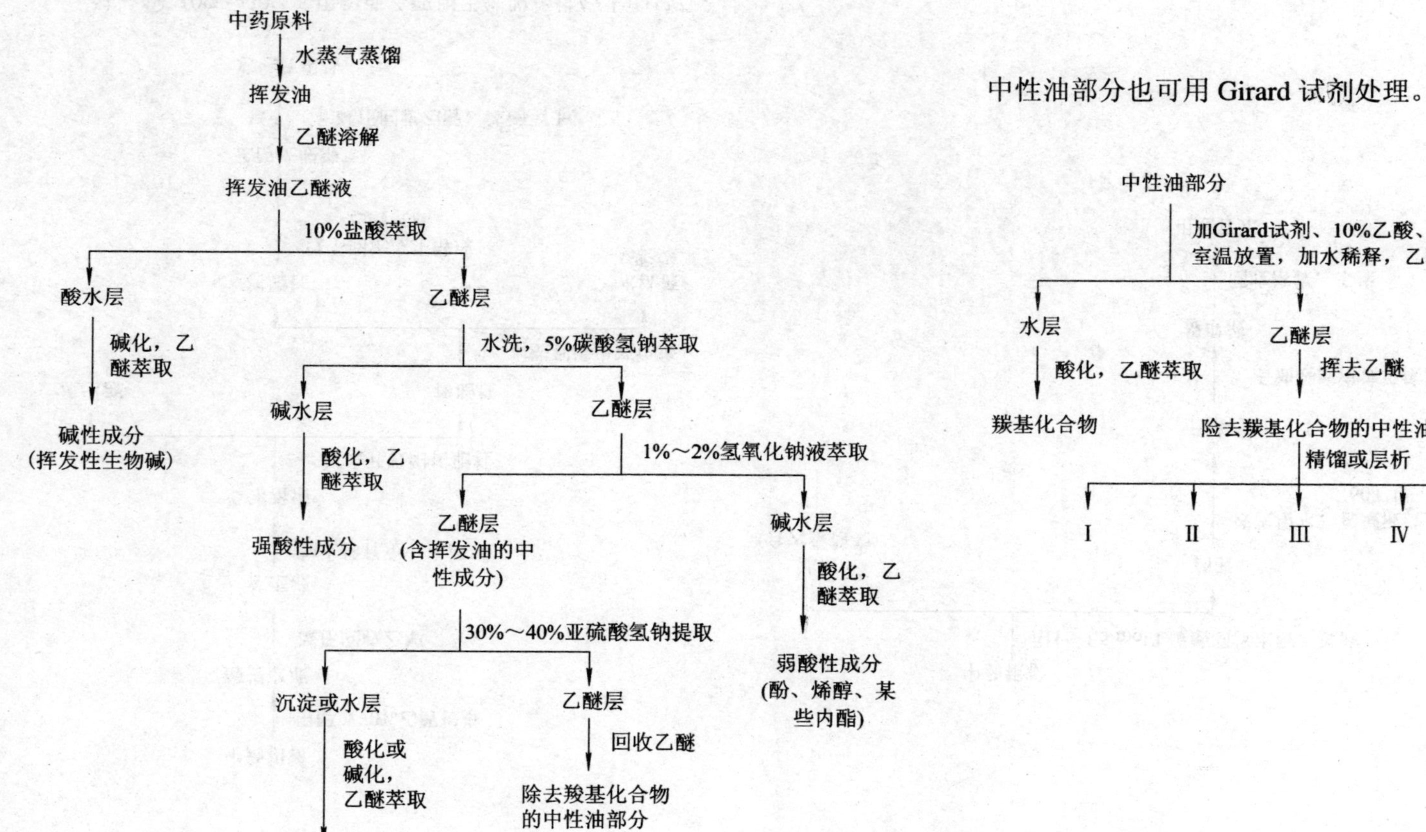

中性油部分也可用 Girard 试剂处理。

中性油部分
加Girard试剂、10%乙酸、乙醇回流，室温放置，加水稀释，乙醚萃取
水层
酸化，乙醚萃取
羰基化合物
乙醚层
挥去乙醚
除去羰基化合物的中性油部分
精馏或层析
I
II
III
IV
V …

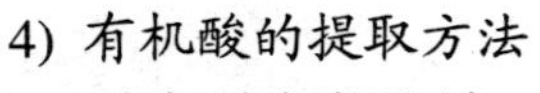

4) 有机酸的提取方法

(1) 有机溶剂提取法。

(2) 离子交换树脂法。

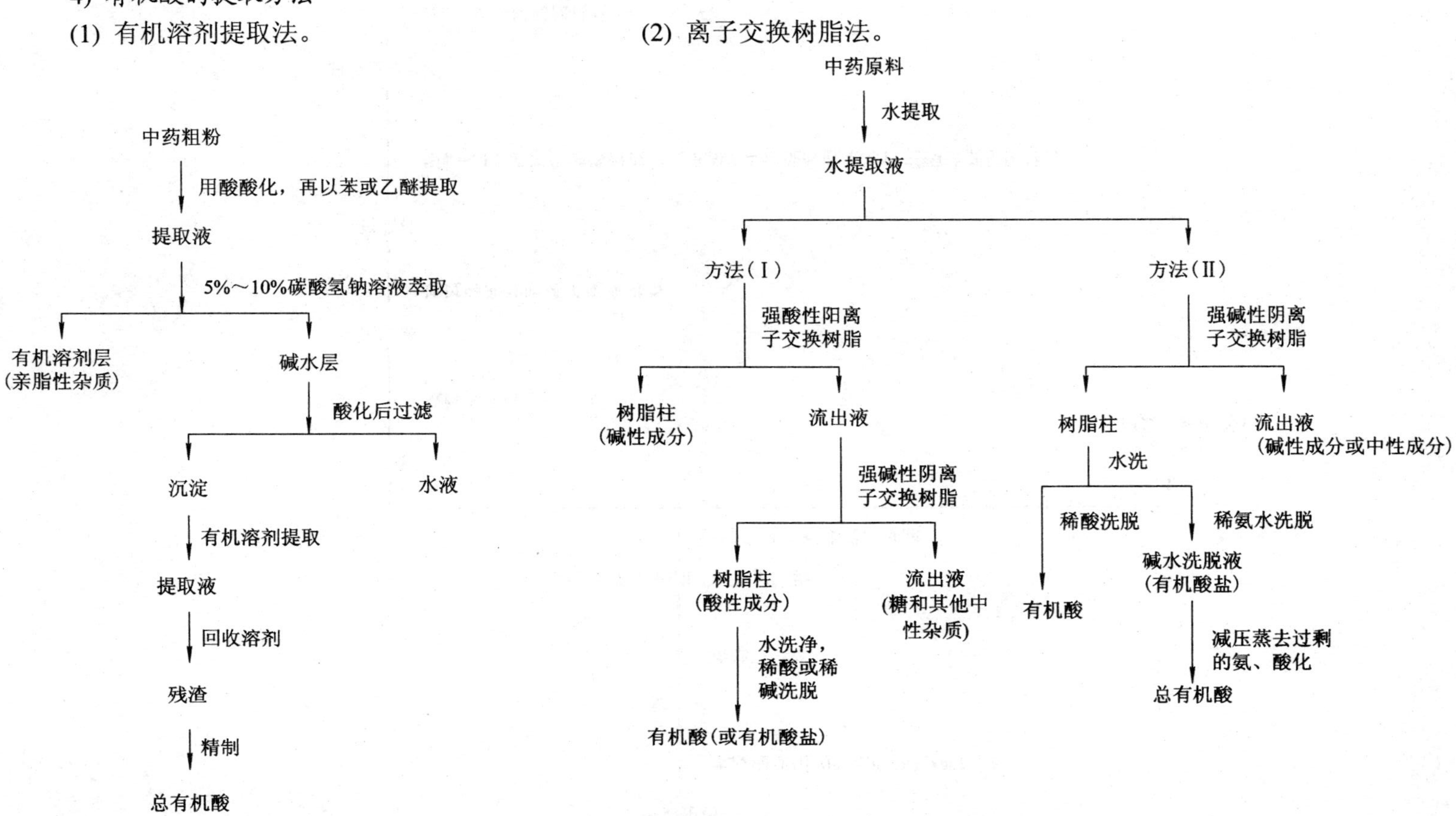

5) 氨基酸的提取、纯化方法

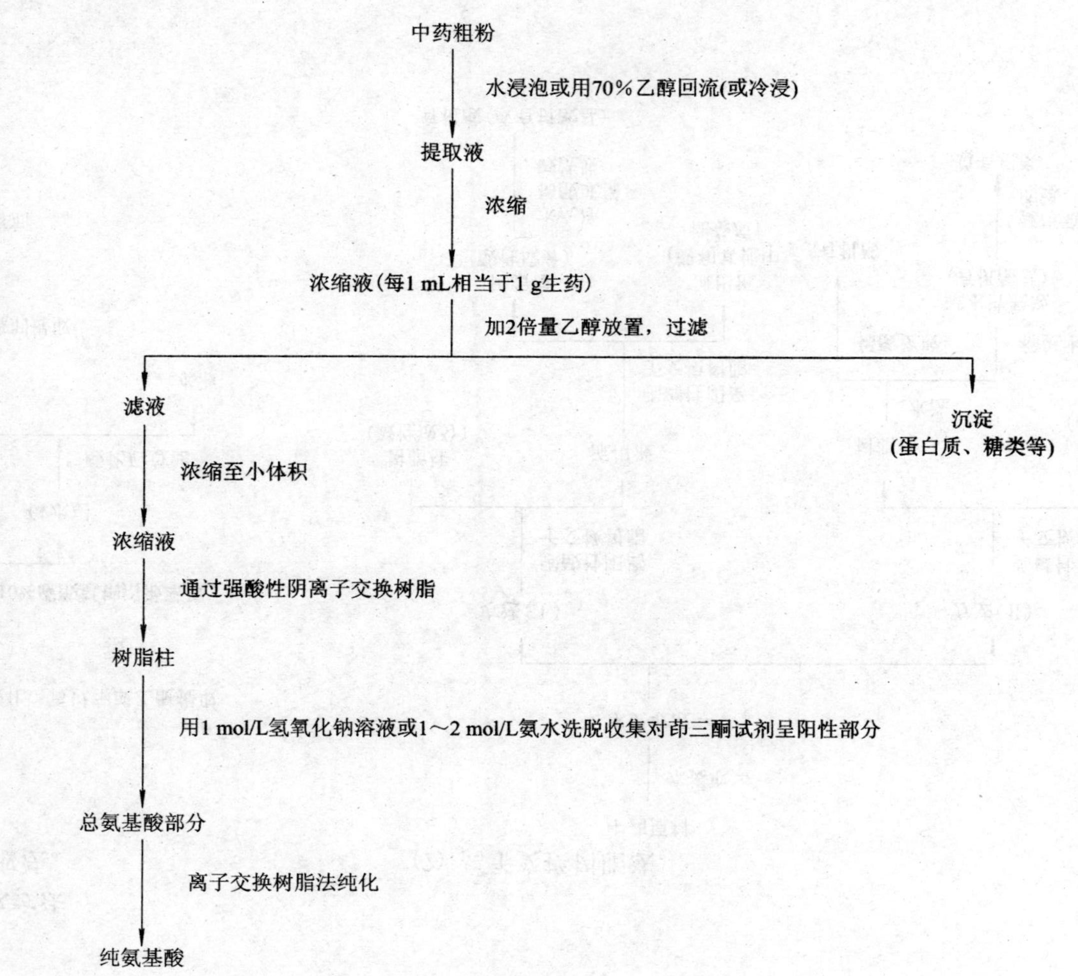
中药粗粉
水浸泡或用70%乙醇回流(或冷浸)
提取液
浓缩
浓缩液(每1 mL相当于1 g生药)
加2倍量乙醇放置，过滤
滤液
沉淀
(蛋白质、糖类等)
浓缩至小体积
浓缩液
通过强酸性阴离子交换树脂
树脂柱
用1 mol/L氢氧化钠溶液或1～2 mol/L氨水洗脱收集对茚三酮试剂呈阳性部分
总氨基酸部分
离子交换树脂法纯化
纯氨基酸

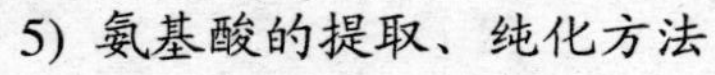

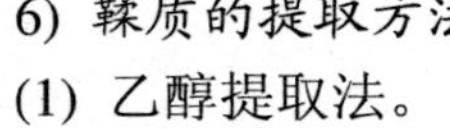

6) 鞣质的提取方法

(1) 乙醇提取法。

(2) 丙酮提取法。

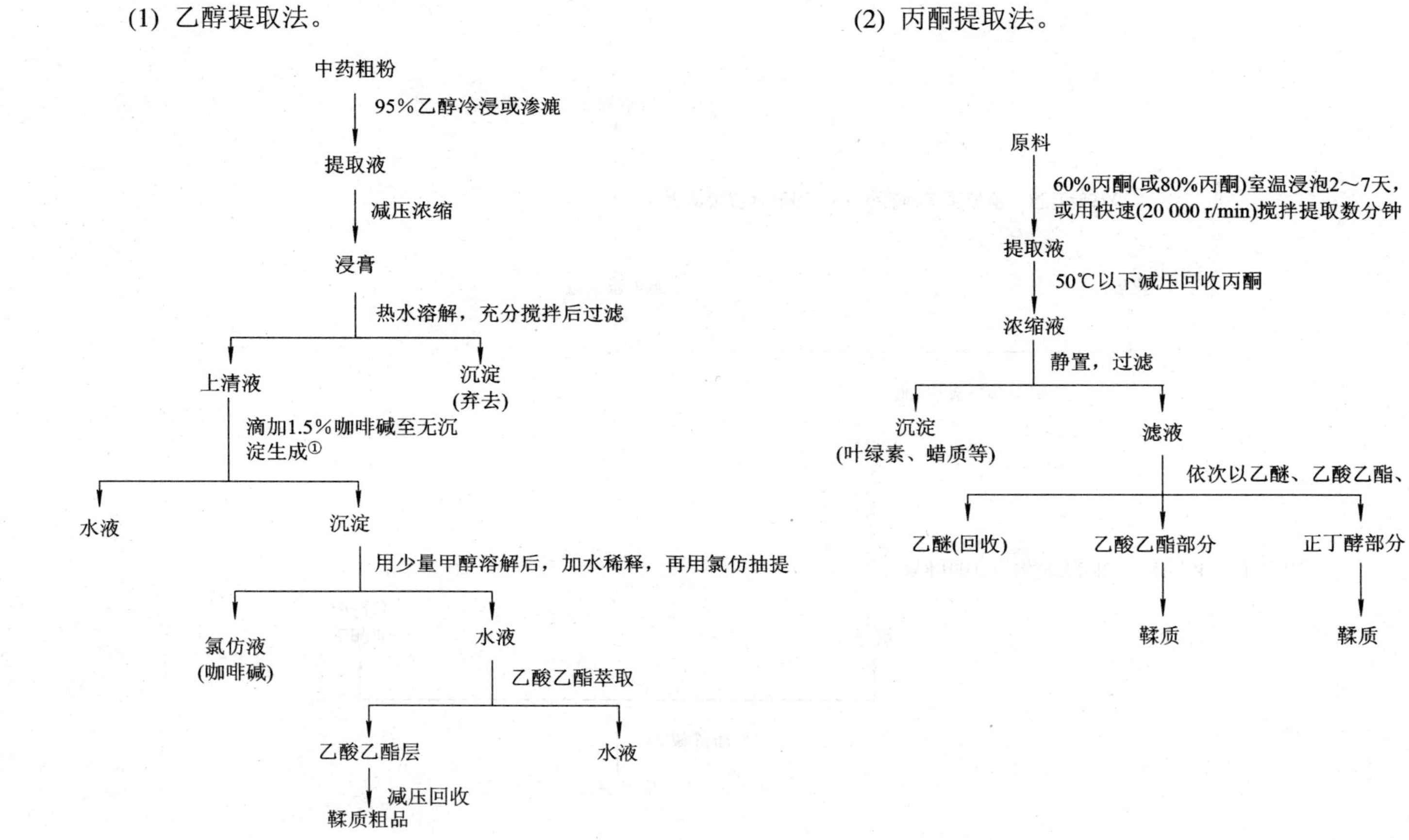

注：① 有的鞣质不与咖啡因产生沉淀，则可加入明胶使其沉淀，如四季青鞣质的提取。

7) 多糖的提取、纯化方法

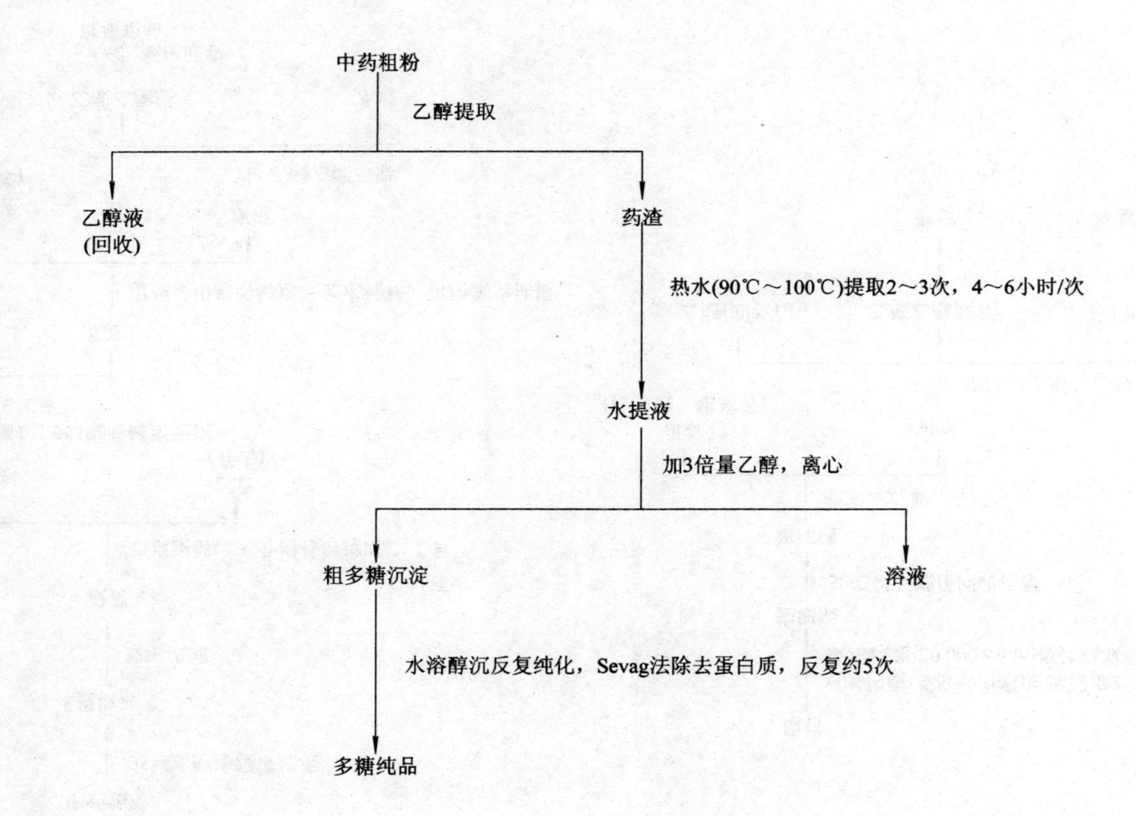
中药粗粉
乙醇提取
乙醇液
(回收)
药渣
热水(90℃～100℃)提取2～3次，4～6小时/次
水提液
加3倍量乙醇，离心
粗多糖沉淀
溶液
水溶醇沉反复纯化，Sevag法除去蛋白质，反复约5次
多糖纯品

附录 9　常用溶剂的回收及精制方法

1. 石油醚

石油醚是石油馏分之一，主要是饱和脂肪烃的混合物，极性很低，不溶于水，不能和甲醇、乙醇等溶剂无限混合。实验室中常用的石油馏分根据沸点不同有下列数种，其再生方法大致相同。

石油馏分	沸　点	比　重
轻石油醚	35℃～60℃	0.59～0.62
重石油醚	60℃～80℃	0.64～0.66
汽油	80℃～120℃	0.67～0.72
汽油	120℃～150℃	0.72～0.75

再生方法：用过的石油醚，如含有少量低分于醇、酮或乙醇，则置分液漏斗中用水洗涤数次，以氯化钙脱水，重蒸，收集一定沸点范围内的部分；如果有少量氯仿，在分液漏斗中先用稀碱液洗涤，再用水洗数次，氧化钙脱水后重蒸。

精制方法：工业规格的石油醚用浓硫酸，每千克加 50～100 g，振摇后放置 1 小时，分去下层硫酸液，可以溶去不饱和烃类。根据硫酸层的颜色深浅酌情用硫酸振摇萃取二三次。上层石油醚液再用 5%稀碱液洗一次，然后用水洗数次，氧化钙脱水后重蒸。如需绝对无水的，再加金属钠丝或五氧化二磷脱水干燥。

2. 环己烷

其沸点为 81℃，性质与石油醚相似，再生时先用稀碱液洗涤，再用水洗，脱水重蒸。其精制方法：将工业规格环己烷加浓硫酸及少量硝酸钾放置数小时后，分去硫酸层再以水洗，重蒸。如需绝对无水的，再加金属钠丝脱水干燥。

3. 苯

苯的沸点为 80℃，比重为 0.879，不溶于水，可与乙醚、氯仿、丙酮等在各种比例下混溶。纯苯在 5.4℃时固化为结晶，常利用此法以纯化。

再生方法：用稀碱水和水洗涤后，氯化钙脱水重蒸。

精制方法：工业规格的苯常含有噻吩、吡啶和高沸点同系物如甲苯等，可将苯 1000 mL 在室温下加浓硫酸每次 80 mL 振摇数次，至硫酸层呈色较浅时为止。再经水洗，氯化钙脱水重蒸，收集 79℃～81℃馏分。对于甲苯等沸点同系物，则用二次冷却结晶法除去。苯在 5.4℃固化成为结晶，可以冷却至 0℃，滤取结晶，杂质留在液体中。

4. 氯仿

氯仿的沸点为 61℃ ，比重为 1.488，不溶于水，易与乙醚、乙醇等混溶。氯仿在阳光下易氧化分解成 Cl_2、HCl、CO_2 及光气($COCl_2$)，后者有毒，故应贮存在棕色瓶中。氯仿在稀碱水作用下，易分解产生甲酸盐，在浓碱水作用下，则生成碳酸盐。

再生及精制方法：医用氯仿含有1%酒精作为安定剂，以防止其分解，可用水洗涤，氯化钙脱水重蒸，收集61℃的馏分，贮于棕色瓶中。

5．四氯化碳

四氯化碳的沸点为 77℃，比重为 1.589，极性很低，不溶于水。工业规格的四氯化碳中常含有2%～3%的二硫化碳，其除去方法为取1000 mL四氯化碳加50%氢氧化钾乙醇溶液100 mL，60℃加热30 min，冷却后，用水洗涤，分去水层，再用少量浓硫酸振摇多次，直至硫酸不变色，最后用水洗涤，用氯化钙或固体氢氧化钠脱水，加石蜡少许后，蒸馏可得精制品。

注意：氯仿和四氯化碳脱水干燥时，切忌用金属钠，否则将发生爆炸事故。

6．二硫化碳

二硫化碳的沸点为46℃，性质与四氯化碳相似。纯的二硫化碳为无色液体，味香，有毒性。市售工业规格的常含硫化氢、硫氧化碳等分解产物，因而其味难闻。二硫化碳久置色变黄，精制时先用金属汞振摇，再用饱和氯化汞冷溶液振摇，最后再用高锰酸钾液洗涤后蒸馏而得。

7．乙醚

乙醚的沸点为35℃，比重为0.714，在水中的溶解度为8.11%。用过的乙醚常含有水及醇，如用水洗涤损失很大，可用饱和氯化钙水溶液洗涤，同时又可去乙醇，再以无水氯化钙脱水干燥，重蒸即得。

乙醚久置于空气中，尤其是日光下曝露，则逐渐氧化成醛、酸及过氧化物。当过氧化物达到万分之几时，若蒸馏则有发生爆炸的危险。过氧化物可以用碘化钾溶液与少量乙醚共振摇生成游离碘而析出。其去除方法可用稀碱液、高锰酸钾液、亚硫酸钠液顺次洗涤，再用水洗，干燥，重蒸即得。贮存时加少量表面洁净的铁丝或铜丝以防止氧化。

另法除去少量醇类，可在乙醚中加少量高锰酸钾粉末和1～2块(10 g左右)氢氧化钠，放置数小时后，在氢氧化钠表面如有棕色的醛缩合树脂生成，则重复这一操作直至氢氧化钠表面不生成棕色物为止，然后将乙醚倒入另一瓶内，加无水氯化钙脱水，蒸馏而得。如需绝对无水的，再将金属钠丝加入。瓶塞打孔，附一氯化钙管，放置，为了减少蒸发，在氯化钙管上安装一根一端成毛细管的玻璃管以与外界相通。

8．丙酮

丙酮的沸点为56℃，比重为0.792，与水、醇能任意混溶。

再生方法：丙酮中如含有多量的水，可加食盐或固体碳酸钾等盐类，盐析成两层，分去下层盐水液，上层丙酮液蒸馏收集45℃～57℃馏分，再用无水氯化钙干燥重蒸。

精制方法：

方法Ⅰ：一般工业用丙酮常含有甲醇、醛和有机酸等杂质，精制时加高锰酸钾粉回流，所加的量应使丙酮一直保持紫色。如不加热，放置3～4天也可。加热后冷却，滤出沉淀，加无水碳酸钾或氯化钙脱水干燥，蒸馏收集。

方法Ⅱ：如丙酮中混有少量乙醇、乙醚、氯仿等溶剂，精制时加2倍量的饱和亚硫酸氢钠溶液振摇，生成亚硫酸氢钠丙酮加成体，再在其中加等量的酒精，析出结晶，过滤收

集，顺次以酒精、乙醚洗涤，干燥。将此结晶与少量水相混合，加入10%碳酸钠或10%盐酸使加成物分解，滤液分级蒸馏，取丙酮之馏分，再加无水氯化钙或碳酸钾脱水干燥，重蒸而得。

注意：丙酮不宜用金属钠或五氧化二磷脱水。

9．乙醇

乙醇的沸点为78℃，比重为0.79，与水能任意混溶，蒸馏时与水共沸，共沸点为78.1℃，其沸混合液含水4.43%，为95%乙醇。

再生方法：先在用过的乙醇中加生石灰(CaO)，每升加25～50 g，加热回流脱水后，分级蒸馏，收集76℃～81℃的馏分，含醇80%～90%；再置圆底烧瓶中，加计算量多一倍的生石灰，回流5小时，再蒸馏收集76℃～78℃的馏分，含醇可达98.5%～99.5%。

精制方法：

方法Ⅰ：99.5%乙醇1000 mL，加27.5 g邻苯二甲酸二乙酯和7 g金属纳，放置后蒸馏，得无水乙醇。

$$C_6H_4(COOC_2H_5)_2 + 2C_2H_5ONa + 2H_2O \rightarrow C_6H_4(COONa)_2 + 4C_2H_5OH$$

方法Ⅱ：98%以上的乙醇60 mL，置于2 L容积的圆底烧瓶中，加入5 g金属镁、0.5 g碘，使之发生反应促进镁溶解成醇镁，再加900 mL乙醇，加热回流5小时，蒸馏可得100%乙醇。其反应式为

$$(C_2H_5O)_2Mg + 2H_2O \rightarrow 2C_2H_5OH + Mg(OH)_2$$

乙醇如用于紫外光谱分析用，要求较高。普通发酵乙醇常混有少量醛和酮，无水乙醇用水共沸蒸馏所得者常含有苯、甲苯，均不宜于光谱分析用。

其精制法如下：95%普通乙醇1000 mL，加入25 mL 1 mol/L硫酸，在水浴上回流加热数小时以除去苯、甲苯等杂质。蒸馏，初馏分50 mL及残馏分100 mL除去。主馏分中加硝酸银8 g，加热使之溶解，溶解后再加入粒状氢氧化钾15 g，回流加热1小时。此时，溶液从黏土色的氢氧化银悬浊液变为黑色的还原银粒凝集沉淀下来。此反应约需20～30分钟。如果黑色沉淀生成很早，表示能被氧化的物质存在较多，蒸馏后的溶液再以少量硝酸银和KOH(1∶2 w/w)加入，重复上述操作直至没有黑色沉淀生成为止，再继续加热30 min。蒸馏，初馏分约50 mL及残留分约100 mL除去。主馏分收集，但有可能带入微量的碱和银离子，会促进乙醇的氧化，应重蒸馏一次。由此法制得的乙醇含水3%～6%。在206 nm处透明，200 nm后有尾端吸收。

10．甲醇

甲醇的沸点为65℃，比重为0.79，能与水、乙醇、乙醚、氯仿作任何比例的混溶，不与水共沸，用分馏法可得99.8%的浓度。绝对无水的甲醇，可用镁和碘的方法制得(同乙醇)。甲醇有毒，对视神经有损伤，应用和操作时应注意。

精制方法：工业规格的甲醇中，主要含丙酮和甲醛杂质，可用硫酸汞酸性溶液与甲醇一起加热，使丙酮生成络合物析出；或与碘的碱性溶液共热，使醛或酮氧化成碘仿，然后再分馏精制。

注意：甲醇不能用生石灰脱水，因氧化钙能吸附20%的甲醇。氧化钙、甲醇、水为一平衡，完全脱水不可能。

11．乙酸乙酯

乙酸乙酯的沸点为77℃，比重为0.90。含水的乙酸乙酯在日光下会逐渐水解为醋酸和乙醇。精制时，以5%碳酸钠(或碳酸钾)溶液、饱和氯化钙溶液分别洗去醋酸和乙醇，再以水洗，分级蒸馏，取乙酸乙酯的馏分，再经无水氯化钙脱水干燥后重蒸一次。或在乙酸乙酯中加少量水(每500 g加2 g水)，蒸馏，水和乙醇在第一馏分中即被蒸出。

12．醋酸

醋酸的沸点为118℃，冰点为16.5℃，比重为1.06。纯的醋酸(99%～100%)在较低温度时结成固体，故又称为冰醋酸。其精制可用冰冻法，即冷却至0℃～10℃醋酸成结晶，分去液体，将结晶加热重复熔化，再经冷冻一次，可得冰醋酸。

醋酸中如含有乙醇和醛等杂质，可在醋酸中加2%左右的重铬酸钾(或钠)后进行分馏。若含有少量水分，则加适量的醋酐后进行分馏，收集117℃～118℃的馏分。

13．吡啶

吡啶的沸点为116℃，比重为0.98，能与水、乙醇等混溶，和水共沸，共沸点为92℃～93℃。吡啶中加适量的固体氢氧化钠放置，分出析出的水层后，再加固体氢氧化钠至无水层分出为止，蒸馏收集116℃馏分，为无水吡啶。

14．二甲基甲酰胺(简称DMF)

二甲基甲酰胺的沸点为153℃，比重为0.95，能与水、乙醇、乙醚等许多有机溶剂任意混溶。二甲基甲酰胺与水形成共沸混合物，故含有水分的二甲基甲酰胺不能用分馏法除去，可加无水碳酸钾干燥后，蒸馏精制。

附录10　薄层色谱常用吸附剂

<table>
<tr><th>中文名称</th><th>英文名称</th><th>组成特性</th><th>备　注</th></tr>
<tr><td>酸性氧化铝</td><td>Alumina，acid</td><td>无黏合剂</td><td rowspan="13">所列的吸附剂均系商品，对于实验室常采用的硅胶-CMC板，一般活化温度为110℃半小时，但实际应用中往往不活化，只需阴干。对于易吸附的化合物有时反而效果更好
国内常用的是青岛海洋化工厂的硅胶G、硅胶H、硅胶CF254等型号，浙江黄岩化工厂生产的同类硅胶也较为常用，且都有预制板出售。上海五四农场化学试剂厂、广州化学试剂厂也为国内生</td></tr>
<tr><td>碱性氧化铝</td><td>Alumina，basic</td><td>无黏合剂</td></tr>
<tr><td>中性氧化铝</td><td>Alumina，neutral</td><td>无黏合剂</td></tr>
<tr><td>氧化铝 GA</td><td>Alumina　NA</td><td>含10%$CaSO_4$</td></tr>
<tr><td>氧化铝HA</td><td>Alumina　HA</td><td>不含黏合剂</td></tr>
<tr><td>氧化铝 G/UA254</td><td>Alumina / UA254</td><td>含有石膏和荧光物质</td></tr>
<tr><td>氧化铝N</td><td>Alumina　N</td><td>无黏合剂</td></tr>
<tr><td>氧化铝N/UV254</td><td>Alumina　N/UV254</td><td>无黏合剂但有荧光物质</td></tr>
<tr><td>氧化铝 GF</td><td>Alumina oxide GF</td><td>含荧光指示剂的碱性氧化铝</td></tr>
<tr><td>硅胶 G</td><td>Silica Gel G</td><td>含有石膏</td></tr>
<tr><td>硅胶H</td><td>Silica Gel H</td><td>无黏合剂</td></tr>
<tr><td>硅胶7</td><td>Silica Gel 7</td><td>无黏合剂的中性硅胶</td></tr>
<tr><td>硅胶150</td><td>Silica Gel 150</td><td>标准品硅胶</td></tr>
</table>

续表

中文名称	英文名称	组成特性	备　注
硅胶 150 G	Silica Gel 150 G	含 15%石膏黏合剂	产吸附剂较多的工厂。国外产品以德国 E.Merck 厂生产的各种规格的吸附剂最为著名 国外不同厂家产品的名称型号规格多不相同，应注意区别 产品标记： G—含有石膏 H—不含黏合剂 N—正常的(无黏合剂) S—含有淀粉 F—含有荧光指示剂 UV254—含在波长 254 nm 处有荧光的物质
硅胶 150S	Silica Gel 150S	含 15%淀粉黏合剂	
硅胶 150LS254	Silica Gel 150LS254	含无机荧光物质	
硅胶 150 G/LS254	Silica Gel 150 G/LS254	含无机荧光物质和石膏	
硅胶 150 G/LS254	Silica Gel 150 G/LS254	含无机荧光物质和淀粉	
硅胶 IB	Silica Gel IB	含惰性黏合剂	
硅胶 GA	Silica Gel GA	含 10% $CaSO_4$ 黏合剂	
硅胶 HA	Silica Gel HA	无黏合剂	
尼龙 66	Polyamide-TLC66	标准级	
尼龙 66	Polyamide-TLC66AC	乙酰化的聚酰胺	
尼龙 66	Polyamide-TLC66 UV254	含荧光物质	
尼龙 6	Polyamide-TLC6	标准级	
尼龙 6	Polyamide-TLC66 UV254	含荧光物质	
尼龙 6	Polyamide-TLC6AC	乙酰化的聚酰胺	

附录 11　国内大孔吸附树脂性能表

型号	生产厂名	树脂结构	极性	骨架密度 /(g/mL)	粒径范围	比表面积 /(m^2/g)	平均孔径 /nm	孔容 /(mL/L)
D	天津制胶厂	α-甲基苯乙烯	非极性			400	100	
D_{101}	天津制胶厂	苯乙烯-二乙烯苯共聚物	非极性					
D_A	天津制胶厂	丙烯腈	弱极性			200～300		
MD	天津制胶厂	α-甲基苯乙烯	非极性			300		
南大	南开大学	苯乙烯	非极性					
南大 D_1	南开大学	乙基苯乙烯	非极性	1.001				
南大 D_2	南开大学	乙基苯乙烯	非极性	0.096		382		
南大 D_3	南开大学	乙基苯乙烯	非极性	1.005				

续表一

型号	生产厂名	树脂结构	极性	骨架密度/(g/mL)	粒径范围	比表面积/(m^2/g)	平均孔径/nm	孔容/(mL/L)
南大 D_5	南开大学	乙基苯乙烯	非极性	0.968				
南大 D_6	南开大学	乙基苯乙烯	非极性	0.993		466	73	
南大 D_8	南开大学	乙基苯乙烯	非极性	1.007		712	66	
南大 DS2	南开大学	苯乙烯	非极性	0.995		462	59	
南大 DS5	南开大学	苯乙烯	非极性	0.940		415	104	
南大 Dm2	南开大学	α-甲基苯乙烯	非极性	1.031		266	24	
南大 Dm4	南开大学	α-甲基苯乙烯	非极性	1.112		413	32	
上试 101	上海试剂厂	苯乙烯	非极性					
上试 102	上海试剂厂	苯乙烯	非极性					
上试 401	上海试剂厂	苯乙烯	非极性					
上试 402	上海试剂厂	苯乙烯	非极性					
新华大孔 100	华北制药							
新华大孔 122	华北制药							
AB-8	南大化工厂		弱极性	1.15	0.3～1.25	480～528	1.3～1.4	0.79～0.77
X-5	南大化工厂		极性		0.3～1.25	500～600	29.0～30.0	1.20～1.24
H-107	南大化工厂				0.3～0.6	1000～1300		1.25～1.29
S-8	南大化工厂		极性		0.3～1.25	100～120	28.0～30.0	0.78～0.82
NKA-9	南大化工厂		极性		0.3～1.25	250～290	15.5～16.5	
D3520	南大化工厂		非极性		0.3～1.0	480～520	8.5～9.0	2.10～2.15

续表二

型号	生产厂名	树脂结构	极性	骨架密度/(g/mL)	粒径范围	比表面积/(m^2/g)	平均孔径/nm	孔容/(mL/L)
D4006	南大化工厂				0.3～1.0	400～440	6.5～7.5	0.73～0.77
R-A	北京化工厂							
SP-1100	上海医药工业研究所					400～450	9.0	
SP-1200	上海医药工业研究所					500～600	12.0	
SP-1300	上海医药工业研究所					500～580	6.0	0.85～0.92
SP-1400	上海医药工业研究所					600～650	7.6	1.0～1.1
GDX-101	天津制剂二厂	苯乙烯	非极性			330		
GDX-102	天津制剂二厂	苯乙烯	非极性			680		
GDX-103	天津制剂二厂	苯乙烯	非极性			670		
GDX-104	天津制剂二厂	苯乙烯	非极性			590		
GDX-105	天津制剂二厂	苯乙烯	非极性			610		
GDX-201	天津制剂二厂	苯乙烯	非极性			510		
GDX-202	天津制剂二厂	苯乙烯	非极性			480		
GDX-203	天津制剂二厂	苯乙烯	非极性			800		
GDX-301	天津制剂二厂	三氯乙烯乙基苯乙烯	非极性			460		
GDX-401	天津制剂二厂	乙烯吡啶	强极性			370		
GDX-403	天津制剂二厂	乙烯吡啶	强极性			280		

续表三

型号	生产厂名	树脂结构	极性	骨架密度/(g/mL)	粒径范围	比表面积/(m^2/g)	平均孔径/nm	孔容/(mL/L)
GDX-501	天津制剂二厂	含氧极性化合物	极性				80	
GDX-601	天津制剂二厂	带强极性基团	极性				90	
HZ-802	华东理工大学	相当于Amberlite XAD-2	非极性			450～550	1.00	
HZ-803	华东理工大学	相当于Amberlite XAD-4	非极性			500～600	0.60	
HZ-806	华东理工大学	相当于Amberlite XAD-6	中等极性			—	—	
HZ-807	华东理工大学	相当于Amberlite XAD-7	中等极性			—	—	

附录 12　国外大孔吸附树脂性能表

吸附剂名称	树脂结构	极性	比表面积(m^2/g)	孔径/μm	孔度/(%)	骨架密度/(g/mL)	交联剂	生产厂名	备注
Amberlite系列	苯乙烯	非极性					二乙烯苯	Rohm-Haas(美)	XAD-1 到 XAD-5 化学组成相接近，故性质相似，但对分子量大小不同的被吸附物，仍表现出不同的吸附量
XAD-1			100	2.00	37	1.07			
XAD-2			330	0.90	42	1.07			
XAD-3			256	0.44	38				
XAD-4			750	0.50	51	1.08			
XAD-5			415	0.68	43				
Amberlite系列		中极性					双α-甲基丙烯酸乙二醇酯	Rohm-Haas(美)	
XAD-6	丙烯酸酯		63	4.98	49				
XAD-7	2-甲基丙烯酸酯		450	0.80	55	1.24			
XAD-8	2-甲基丙烯酸酯		140	2.50	52	1.25			

续表

吸附剂名称	树脂结构	极性	比表面积 (m^2/g)	孔径 /μm	孔度 /(%)	骨架密度/ (g/mL)	交联剂	生产厂名	备注
Amberlite 系列								Rohm-Haas (美)	
XAD-9	亚砜	极性	250	0.80	45	1.26			
XAD-10	丙烯酰胺	极性	69	3.25					
XAD-11	氧化氮类	强极性	170	2.10	41	1.18			
XAD-12	氧化氮类	强极性	25	13.00	45	1.17			
Diaion 系列	苯乙烯	非极性					二乙烯苯	Organo	
HP-10			400	3.00	小	0.64		三菱化成	
HP-20			600	4.60	大	1.16			
HP-30			500～600	2.50	大	0.87			
HP-40			600～700	2.50	小	0.63			
HP-50			400～500	9.00		0.81			

附录 13　交联葡聚糖规格及技术数据

型号	吸水量 /(g 水/g 干凝胶)	床体积 /(mL/g 干凝胶)	工作范围		全排出(kd=0)的最小分子量		最小溶胀时间/小时	
			肽与蛋白质	多糖	蛋白质	多糖	20℃～25℃	90℃～100℃
交联葡聚糖 G-10	1.0±0.1	2～3	<700	<700	—	700	3	1
G-15	1.5±0.2	2.5～3.5	<1500	<1500	—	1500	3	1
G-25	2.5±0.2	5	<5000	<2000	15 000	5000	3	1
G-50	5.0±0.3	10	1500～20 000	500～5000	50 000	10 000	3	1
G-75	7.5±0.5	12～15	3000～70 000	1000～20 000	100 000	50 000	24	3
G-100	10.0±1.0	15～20	4000～150 000	1000～50 000	250 000	100 000	72	5
G-150	15.0±1.5	20～30	5000～300 000	1000～100 000	600 000	150 000	72	5
G-200	20.0±2.0	30～40	5000～500 000	1000～150 000	≥10^6	200 000	72	5

附录 14　常用离子交换纤维素的种类和特性

名 称	缩 写	解离基团	交换当量[①] /(毫克当量/克)	pK[②]	特 点
阴离子 二乙基氨基乙基纤维素	DEAE 纤维素	$—O—CH_2—CH_2—N(C_2H_5)_2$	0.1～1.1	9.1～9.2	弱碱性，在 pH 值为 8.6 以下应用最广
三乙基氨基乙基纤维素	TEAE 纤维素	$—O—CH_2—CH_2—N^+(C_2H_5)_3$	0.5～1.0	10	碱性稍强
胍乙基纤维素	CE 纤维素		0.2～0.5		强碱性，极高 pH 值仍有效
对氨苄基纤维素	PAB 纤维素		0.2～0.5		极弱碱性
E_{CTEOLA} 纤维素[③]阳离子	E_{CTEOLA} 纤维素	$—O—CH_2—CH_2—N^+(C_2H_5OH)_3$ 等	0.1～0.5	7.4～7.6	弱碱性
羧甲基纤维素	CM 纤维素	$—O—CH_2—COOH$	0.5～1.0	3.6	酸性，在 pH 值为 4 以上应用最广
磷酸根纤维素	P 纤维素	$—O—PO_3H_2$	0.7～7.4	pK_1 1～2 pK_2 6.0～6.2	酸性较强，用于低 pH 值
磺乙基纤维素	SE 纤维素	$—O—CH_2—CH_2—SO_3H$	0.2～0.3	2.2	强酸性，用于极低 pH 值

注：① 一般商品注明的交换当量为酸碱当量。通常为 0.2～0.9 毫克当量/克。超过 1.0 毫克当量/克，纤维素就会变成胶状，使流速不理想。

② pK 为外观解离常数负对数。

③ 由于制造这种纤维素时，反应物 3-氧-1，2-环氧丙烷(epichlorohydrin)同三乙醇胺(triethanolamine)的反应为多官能团反应，并发生交联作用，因而不能确定引入纤维素上的为哪一个单一离子基团，故以英文名称中的字母拼写成 E_{CTEOLA}。

附录 15 化学试剂规格表

规 格	级 别	相当规格	应用范围
优级纯	一级	保证试剂(GR) (Guarantee Reagent)	精密科学 研究和分析
分析纯	二级	分析试剂(AR) (Analytical Reagent)	一般科学 研究和分析
化学纯	三级	化学纯(CP) (Chemical Pure)	一般分析
生物试剂	—	生物试剂(BR) (Biological Reagent)	生物实验应用

附录 16 国产层析滤纸的性能与规格

型号	标重/(g/m^2)	厚度/mm	吸水性 (30分钟内水上升的毫米数)	灰分	性能	国外相应产品
1	90	0.17	120～150	0.08	快速	
2	90	0.16	91～120	0.08	中速	Whatman NO.1
3	90	0.15	60～90	0.08	慢速	
4	180	0.34	121～151	0.08	快速	
5	180	0.32	91～120	0.08	中速	Whatman 3MM
6	180	0.30	60～90	0.08	慢速	

附录 17　干燥剂的性质与干燥效率

名　称	优　点	缺　点	25℃ 1 L 空气中干燥后的残水量
五氧化二磷 (P_2O_5)	(1) 吸水力强，1 g 水仅需 3 g P_2O_5 (2) 吸水力至饱和状态时，蒸气压力低，不影响真空度	(1) 吸水后具有腐蚀性，故只限于玻璃干燥器中应用 (2) 不能回收利用 (3) 价格较贵	<0.000025
无水氯化钙 ($CaCl_2$)	(1) 吸水力强，仅次于 P_2O_5 (2) 价格便宜 (3) 成氯盐后可干燥再用	(1) 吸水过程中产生热，增加蒸气压力，影响真空度 (2) 吸水后形成盐卤，容易污染药品	0.14～0.25
无水氧化钙 (CaO)	(1) 吸水力中等，次于氯化钙和硅胶 (2) 价格极便宜，适于大量应用	吸湿后崩裂成细粉，体积增大，易污染药品	0.2
无水硫酸钙 ($CaSO_4$)	(1) 吸水未达饱和时，在任何温度下蒸气压力不变，不影响真空度； (2) 加热脱水，在 180℃～200℃烘干至剩余水分为 0.2%～0.3%时，可回收再用	吸水能力仅为其本身重量的 6.6%	0.005
浓硫酸 (H_2SO_4)	吸水性强	腐蚀性强烈，只限于玻璃干燥器中应用	0.003～0.3
硅胶 ($SiO_2 \cdot nH_2O$)	(1) 吸水力中等，可从含水量 0.3%吸到含水量 4.5% (2) 可加热回收，在 180℃烘干 4～6 小时脱水后可再用 (3) 硅胶中含有氯化钴，为吸水指示剂，干燥时变成无水氯化物，呈蓝紫色，如遇潮湿空气吸水后，变成含有结晶水的氯化物，呈淡红色 $COCl_2 \xleftrightarrow{6H_2O} COCl_2 \cdot 6H_2O$ (4) 吸水后不变形，故适合于成品包装中作吸湿干燥剂	(1) 蒸气压力较高，能影响真空度(在真空干燥器中使用时) (2) 价格比氯化钙等常用吸湿干燥剂贵	约 0.001

附录 18　干燥剂一般应用范围

有 机 物	干 燥 剂
醇类	无水碳酸钾、无水硫酸镁、无水硫酸钙、生石灰
卤烃、芳烃卤化物	无水氯化钙、无水硫酸钠、无水硫酸镁、无水硫酸钙、五氧化二磷
醚类、烷烃、芳香烃	无水氯化钙、无水硫酸钙、五氧化二磷、金属钠
醛	无水硫酸钠、无水硫酸镁、无水硫酸钙
酮	无水硫酸钠、无水硫酸镁、无水硫酸钙、无水碳酸钾
有机碱	固体氢氧化钠、固体氢氧化钾、生石灰
有机酸	无水碳酸钠、无水硫酸镁、无水硫酸钙

附录 19　《中华人民共和国药典》筛号和工业用筛的关系

《中华人民共和国药典》2010 年版选用了国家标准的 R40/3 系列，将药筛分为九种筛号，其中一号筛的筛孔内径最大，九号筛的筛孔内径最小。而工业用筛以每英寸(2.54 cm)长度上有多少孔目来表示筛号，如每英寸 100 孔的筛号叫做 100 目筛，筛号数越大，粉末越细，能通过 80 目筛的粉末就叫 80 目粉。药典筛号与工业筛的关系见下表：

筛号	筛孔内径(平均值)	目号
一号筛	2000 μm ± 70 μm	10 目
二号筛	850 μm ± 29 μm	24 目
三号筛	355 μm ± 13 μm	50 目
四号筛	250 μm ± 9.9 μm	65 目
五号筛	180 μm ± 7.6 μm	80 目
六号筛	150 μm ± 6.6 μm	100 目
七号筛	125 μm ± 5.8 μm	120 目
八号筛	90 μm ± 4.6 μm	150 目
九号筛	75 μm ± 4.1 μm	200 目

参考文献

[1] 中国科学院上海药物研究所. 中草药有效成分提取与分离. 上海：上海科技出版社，1983.

[2] 杨云，等. 天然药物化学成分提取分离手册(修订版). 北京：中国中医药出版社，2003.

[3] 孙文基. 天然药物成分提取分离与制备. 北京：中国医药科技出版社，1999.

[4] 杜方麓. 天然药物化学实验技术与实验. 郑州：河南科技出版社，1998.

[5] 肖崇厚. 中药化学. 上海：上海科学技术出版社，1996.

[6] 匡海学. 中药化学. 北京：中国中医药出版社，2002.

[7] 宋小妹，唐志书. 中药化学成分提取分离与制备. 北京：人民卫生出版社，2004.

[8] 李医明. 中药化学实验. 北京：科学出版社，2009.

[9] 梁敬钰. 天然药物化学实验与指导. 2 版. 北京：中国医药科技出版社，2010.

[10] 裴月湖. 天然药物化学实验指导. 北京：人民卫生出版社，2007.